第五次全国水文化研讨会

水文化文集

学艺术协会 编

黄河水利出版社

图书在版编目（CIP）数据

水文化文集/中国水利文学艺术协会编.郑州：黄河水利出版社，2007.12

ISBN 978-7-80734-341-7

Ⅰ.水… Ⅱ.中… Ⅲ.水-文化-中国-文集 Ⅳ.G122-53

中国版本图书馆 CIP数据核字(2007) 第 182963 号

出 版 社:黄河水利出版社

地址:河南省郑州市金水路 11 号　　邮政编码:450003

发行单位:黄河水利出版社

发行部电话:0371-66026940　　传真:0371-66022620

E-mail:hhslcbs@126.com

承印单位:河南省第二新华印刷厂

开本:890 mm ×1 240 mm　1/32

印张:10.5

字数:295 千字　　印数:1—1 000

版次:2007 年12 月第 1 版　　印次:2007 年 12 月第 1 次印刷

书号:ISBN 978-7-80734-341-7/G · 33　　定价: 25.00 元

《水文化文集》编辑委员会名单

前言

从有人类开始，人就与水相依相伴，并在认识水、改造水、亲近水的过程中创造了与水有关的灿烂文化。随着科学技术水平和生产力的不断提高，人类对水的开发、利用和控制超出了水的承受能力，水对人类发出了警示和惩罚，人和水的关系引起了越来越多的关注。为配合以“水与文化”为主题的世界水日活动，中国水利文学艺术协会以“人水和谐”为主题召开了第五次全国水文化研讨会。主旨是围绕“人水和谐”研究人与水—水与文化—水文化的理论，促进人与自然的和谐相处，保证水资源的可持续利用。

这本《水文化文集》是第五次全国水文化研讨会的论文汇编，也是中国水利文学艺术协会推出的第三本水文化文集。

此次研讨会受到水利部领导的高度重视，得到了各省、市、自治区水利厅（局）的大力支持。全国政协委员、中国水利文协主席、原水利部副部长敬正书同志到会发表了题为《加强水文化建设　促进可持续发展》的讲话；水利部总工程师刘宁作了《文化视野里的中国水资源问题》的学术报告；北京、江苏、山东、浙江等省（市）水利厅（局）的代表应邀介绍了当地传承水文化、贯彻人水和谐的治水理念的实践经验，受到与会代表的一致好评。这些讲话和报告及典型经验一并录入了文集，以保存研讨会内容的完整性。

汇编文集包括三部分内容：第一部分为参加研讨会的部分领导的讲话、报告，第二部分为各省、市、自治区水利厅（局）代表在研讨会上的经验介绍，第三部分为经本次研讨会评委评出的获得一、二、三等奖及优秀奖的论文。这些论文中既有围绕“人水和谐”主题进行的水文化理论阐述，也有坚持人水和谐理念、开展水利实践的经验总结，内容丰富，时代感很强。这些文章从不同层面、不同角度、不同时空和方位，阐述和印证了水文化与人类生活、生产以至经济社会的密切关系。使水与人类、水与文化的关系更加清晰，使水文化的概念、水文化的体系更趋完善，使水利实践的方向更加明确，使水文化的研究更加充满信心。

作为论文汇编，我们尊重作者的原意，对论文的文字没有进行改动。由于刘宁的学术报告是在他的《文化视野里的中国水资源问题》的论文基础上改编的，由作者进行了修改补充，以论文的形式录入，未单独另录。

本书的出版得到了北京市水务局和黄河水利出版社的大力支持，在此表示衷心的感谢。

由于编者的水平有限，缺点和不足一定不少，请广大读者批评、指正。

编　者

2007年9月

目　录

前　言

文　献

经　验

论　文

目 录

附 录

文献

加强水文化建设　促进可持续发展

——在中国水利文协水文化分会第五次全国水文化研讨会上的讲话

全国政协委员、中国水利文协主席　敬正书

各位代表、同志们：

我们今天在这里，召开中国水利文协水文化分会第五次全国水文化研讨会。我国的水文化建设，是社会主义先进文化建设的重要组成部分，近年来受到社会各界的广泛重视，得到了较快的发展。这是各级水利部门领导高度重视和大力支持，以及水文化分会全体工作人员、业余水文化工作者辛勤努力的结果。这次研讨会在北京召开，得到了北京市水务局的大力支持。水务局的领导十分重视，组成了以局领导王真琛同志为首的专门工作班子，做了精心的准备，为会议提供了热情、周到的服务。水务局张寿全副局长又在百忙之中出席会议并做了热情洋溢的讲话。在此，我代表中国水利文协，向高度重视、大力支持水文化建设工作的各单位领导，向积极参与水文化研究的广大水文化工作者致以诚挚的问候！向北京市水务局的领导和为会议服务的全体工作人员表示衷心的感谢！下面，我就水文化建设谈点认识和意见。

2006年5月，胡锦涛总书记在云南考察时强调，要促进和谐文化建设，为构建社会主义和谐社会提供强大的思想道德力量。10月召开的党的十六届六中全会提出，建设和谐文化是构建社会主义和谐社会的重要任务。胡锦涛总书记在11月召开的中国文联第八次、中国作协第七次全国代表大会上的重要讲话中进一步指出：中华民族的优秀文化，生生不息，绵延不绝，是我国人民几千年来克服艰难险阻、战胜内忧外患、创造幸福生活的强大精神力量。讲话还指出：当今时代，文化在综合国力竞争中的地位日益重要。谁占据了文化发展的制高点，谁就能够在激烈的国际竞争中更好地掌握主动权。人类文明进步的历史充分表明，没有先进文化的引领，没有人民精神世界的极大丰富，没有全民族创造精神的发挥，一个国家，一个民族，不可能屹立于世界先进民族之林。这为我国的文化建设提出了新的、更高的要求。水利人尤其是水文化工作者，学习、贯彻党的十六届六中全会精神及胡锦涛总书记在中国文联和中国作协“两代会”上的重要讲话，应认真学习领会关于和谐文化建设的精神，努力加强水文化建设，促进水利可持续发展。

文化，从广义上说，是指人类在认识、改造客观世界的过程中创造和积累起来的物质财富与精神财富。人类受赐于自然，也受制于自然。同时，人类又超越自然，能够认识自然并按照客观自然规律改造自然，从而创造物质财富和精神财富，同时也创造出文化。因此，文化与人的主观能动作用有着密切的关系，它是人类在不断适应和改造所处自然与社会环境的过程中逐渐形成和发展起来的。

水是宝贵的自然资源，又是人类赖以生存的最基本的物质条件，水是生命之源，是世间万物的生存之本。中国几千年的文明史也是治水的历史，中华水文化内涵博大精深，影响深远，是中华民族优秀传统文化的重要组成部分。人们在开发、利用、治理、保护、管理水的实践中，通过对水的认识、感悟、理解和思考，留下了许多充满智慧的哲思，以丰富的精神产品的形式保存了下来。孔子曰“智者乐山，仁者乐水”，道出了人与自然、人与水的关系；老子说“上善若水，水善利万物而不争”，道出了水的人性化；人们常说“黄河是母亲河，是中华民族文化的摇篮”，道出了中华民族文化与水的关系。都江堰“天人合一”、“道法自然”、“三字经”、“六字诀”、“八字格言”，都体现了人水和谐的理念，积累了科学治水的经验。大禹在治水和立国大业中所表现出来的“大禹精神”是中华民族优秀传统文化的主要内容，也是中国水文化之瑰宝。大禹精神体现出难得的奉献精神、可贵的创新精神和高明的治国思想。大禹为民治水，劳身焦思，公而忘私，无私奉献，八年于外、“三过家门而不入”成为千古佳话。在治水中，“用水之力”，改堵为导、导堵相宜的科学方法和创新精神，终除天下之害。大禹治水，奠定了立国的基础。造井示民、赏功诛恶、纳言听谏、兴贤任能、沐首捉发、严以律己的精神是中华民族精神的瑰宝。由此兴建夏王朝，成为立国始祖，受世代景仰。这些名言、治水活动和治水精神，奠定了水文化的深厚底蕴，并最终形成了独特而丰富的中华水文化，令世人瞩目。

1998年大洪水之后，水利部党组认真总结反思，解放思想，实事求是，与时俱进，开拓创新，提出了由传统水利向现代水利、可持续发展水利转变，即资源水利的科学命题，其本质和核心是人与自然和谐相处。资源水利的提出是治水理念的重大转变，是治水思路的重大调整，是中国水文化的继承和升华。经过几年的实践、完善和提升，不仅取得实践成果、理论成果，而且形成了内涵丰富的文化成果，必将载入中国水文化的史册。

中华民族在认识和改造自然的过程中，在与水相伴、相争、相和的实践中，形成了积淀深厚的水文化。这不仅是中华民族传统文化的重要组成部分，而且是中华民族治水智慧和治水精神的结晶，是全人类文化的瑰宝。如何将“生命之源”的文化弘扬光大，再织中华水文化的灿烂云锦，促进水利的可持续发展，是水利人义不容辞的责任。

加强水文化建设，繁荣社会主义先进文化，建设和谐文化，为构建社会主义和谐社会作贡献，是当前我们水文化工作的主题。我们要认清主题，牢记使命，以科学发展观为指导，以促进可持续发展水利为要务，以构建社会主义和谐社会为目标，以水利精神文明和物质文明创建活动为载体，积极自觉地投身到繁荣现代水文化、服务现代水利和人民大众的活动中，创作出颂扬江河湖泊、水利工程建设、水利人的精神风采，以及水利与文化、水利与经济、水利与社会、水利与政治相互关系的水文化作品，拓展水文化领域，突出水利的时代精神，发挥水文化的引领作用，积极宣传水利。兴水利，治水害，实现人水和谐是治国安邦的大事，应让社会更多地了解中国治水的历史、经验、教训和成就，了解水利人治水的艰辛和精神风采。古有都江堰，今有三峡、小浪底等骨干工程的建设，还有长江、黄河等大江大河的综合治理，取得的成就不仅是科学技术的成果、精神文明的成果，还形成了先进的水文化成果。这些工程的建设不仅体现了对人水和谐治水思路的继承和发扬，还集中展现了水利人的精神风采，许多可歌可泣的感人事迹，为水文化工作者的创作和宣传提供了广阔的舞台与丰富的题材。加强水文化建设，宣传水利成就，弘扬水利人精神，必将引发全社会都来重视、关心、支持水利事业的发展，为水利可持续发展创造良好的环境。

加强水文化建设，要把以爱国主义为核心的民族精神和以改革创新为核心的时代精神以及社会主义荣辱观构成的社会主义核心价值体系作为基本内容，以有利于统一思想，凝聚力量，促进水利的可持续发展。文化是感性到理性的升华，是人们思想观念、理想信仰、行为规范、价值取向的集中体现。它影响着人们的思想和行为，能起到潜移默化的教育作用。加强水文化建设，能在水利系统进一步确立水利为广大人民群众服务的价值取向，确立人水和谐的水利发展理念和思路，进一步统一对传统水利向现代水利、可持续发展水利转变科学内涵的深刻认识，凝聚积极推进水利可持续发展的力量。

加强水文化建设，要和关心国家命运、关注社会发展、关怀民生疾苦紧密联系在一起，以强烈的责任感和深邃的思想、优美的文采、真挚的情感，弘扬水利人的优良道德风尚，讴歌水利人的勤劳智慧和艰苦奉献，以有利于培养和弘扬水利行业精神，丰富人们的精神和文化生活，为水利可持续发展提供精神支撑。文化中包含丰富的精神内涵，对于培育人、引导人、激励人起着重要的作用。丰富的精神和文化生活，可以在一个单位形成生动活泼、团结和谐、统一民志、凝聚人心、开拓进取、奋发有为的良好氛围，为水利改革与发展创造充满生机和活力的人文环境。“献身、负责、求实”的水利行业精神，正激励着水利人为水利事业的发展不懈追求，为可持续发展水利建功立业。

加强水文化建设，是我们水文化研究工作者的社会责任和历史使命。要勇于担当起时代赋予我们的神圣使命，积极投身到讴歌时代、弘扬水文化的创作活动中。密切同水利职工的联系，积极反映水利职工的心声和水利建设事业的发展。认真加强自身道德修养，做到德艺双馨，倡导真善美，传播先进水文化，以有利于促进和谐社会建设。社会的和谐，在本质上体现为一种和谐的文化精神，和谐文化促进和谐社会。党的十六届六中全会决定中，为构建社会主义和谐社会而提出的目标和其内容深刻诠释了人与人、人与社会、人与自然的关系。人与自然的和谐是基础，人与自然的和谐将影响人与人、人与社会的和谐。加强水文化建设，就是要以人与自然和谐相处为核心来展开，促进水利发展，服务人民和社会，以人与水、人与自然和谐促进社会的和谐。

加强水文化建设，应坚持“三个结合”。一是坚持继承与创新结合。推进水文化发展，基础在继承，关键在创新。要善于继承，勇于创新，坚持解放思想，实事求是，与时俱进，积极创新，推进水文化事业的发展。水文化在全国各行业文化中，是历史最悠久、内涵最丰富的文化之一。我们应该深入研究水文化的历史，继承和发扬水利行业的优良传统，同时围绕新时期水利事业发展的需要，坚持以人为本，全面、协调、可持续发展的科学发展观，与时俱进，在现代水利的实践中创新现代水文化。二是坚持水利建设与文化建设相结合。在江河湖泊的治理中，无论是城市的发展还是新农村的建设，水利工程都应体现历史背景和时代精神，赋予应有的文化内涵。一方面，水文化建设应体现在治水规划和实践中。水利工程既是具有防洪、引水、发电等经济社会效益的建筑实体，又是传承水文化的载体。在水利工程建设中既要体现工程的经济社会效益，又要体现先进文化的内涵。另一方面，在工作中应一手抓水利建设，一手抓水文化建设，水利建设为水文化建设提供舞台，水文化建设服务于水利建设。因此，既要重视水利建设，又要重视水文化建设和水利精神文明建设，使水利建设、水文化建设、水利精神文明建设相互促进，协调发展，形成促进水利可持续发展的合力。三是坚持水文化研究与水文化成果运用相结合。水文化既是江河湖泊治理的特征之一，又是促进水利工程建设的精神动力。对水文化的研究，不仅要知道事物的存在及文化价值，而且要知道它对当今社会的价值和作用，增强水利建设中的文化内涵，促进人水和谐相处。这样的研究工作才是有意义的，研究成果才是有生命力的。既要重视水文化的研究，又要重视水文化成果的运用。人与自然和谐相处的新理念，可持续发展水利的治水新思路，节水型社会建设的新举措等都是新世纪先进水文化的最新成果，应围绕这些重大水事活动和水利工程建设，组织水文化工作者深入开展研究，并大力宣传，引领人们勇于实践，积极推进水利的可持续发展。

当前我国经济社会持续、快速、协调发展，给我国的文化建设提出了新要求、新挑战。近年来，水利建设投入增加，水利事业迅速发展，为水文化建设提供了难得的良好发展环境。广大水文化工作者应抢抓机遇，开拓进取，扎实工作，加强和谐水文化建设，促进水利可持续发展，为构建社会主义和谐社会、全面建设小康社会作出新的贡献。

致中国水利文协
第五次全国水文化研讨会的贺词

北京市水务局副局长　张寿全

尊敬的敬正书副部长、刘宁总工程师、谭林副主席、各位嘉宾、各位委员、代表：

上午好！

中国水利文协第五次全国水文化研讨会在北京胜利召开，全国各地热衷于水文化研究的专家、学者会聚北京，深入研究人水和谐的理论、实践，促进水利事业的可持续发展，为北京传经送宝，我们感到由衷的欣慰。在此请允许我代表北京市水务局对与会的领导、嘉宾、委员、代表致以亲切的慰问和热烈的欢迎！

北京市水务局自2004年成立以来，与各省市水利、水务厅（局）一样，在水利部的正确领导下，努力实践从工程水利向资源水务转变；从农村水利向城乡水务转变；从传统水利向现代水务、向可持续发展水务转变。针对北京水资源严重短缺、连续8年干旱少雨和2008年要举办奥运会的要求，提出了“以人为本、人水和谐、城乡统筹、循环水务”的工作思路并付诸实施。

人水和谐贯穿于北京水务工作的各个方面，是人与自然和谐共处的主要内容，也是体现以人为本的重要组成部分。北京实现人水和谐必须城乡统筹、必须是循环水务。

近年来，北京水务主要从五个方面努力实现人水和谐。

一、水资源开发利用和保护的和谐

北京辖区面积16400平方公里，其中10000平方公里是山区，是北京的主要水源地；6000平方公里是平原，是北京的主要用水区，水资源的开发利用已经达到极限，保护水源地成为人水和谐的第一任务。在总结多年实践经验的基础上，结合社会主义新农村建设，北京市水务局提出了深山、高山区生态修复，浅山、丘陵区生态治理，河流库滨带生态保护的三道防线和建设生态清洁小流域的思路。实施几年来，保证了密云水库在连续8年干旱的情况下，水库蓄水量由6.5亿立方米恢复到11亿立方米，水质始终保持Ⅱ类；官厅水库1997年退出饮用水源后，实施三道防线建设以来水质明显改善，2006年三家店闸水质已达到Ⅲ类，达到了饮用水水源地要求。

二、供水需求和供水安全的和谐

北京市"十一五"期间的年供水需求约50亿立方米，近几年供水约35亿立方米，缺口很大。以超采地下水、牺牲环境为代价。水质方面不能尽如人意，管网老旧、二次供水和自备井供水水质存在隐患；大部分农村饮用水未能达标。近几年，全市以节水为先，推广节水器具，实现一户一表；建设应急水源地，增加供水能力；大力更新管网，改造二次供水，农村建设集中供水厂；目前城市供水全部达标，农村按城市供水标准达标率已达65%，实现了人口增加、经济增长、用水量下降的目标，在连年干旱情况下保证了基本供水需求。

三、污水排放、处理和循环利用的和谐

北京市年排放污水约13亿吨，其中城近郊区8.6亿吨。过去大部分污水主要向河道排放，既污染水域，又影响市民生活，同时加剧了水资源短缺的局面。治理污水、防治水污染成为人水和谐的重要任务。北京市从20世纪90年代起，大力整治城市河湖；加快污水处理厂和管网建

设；农村推广小型处理设施，集中处理垃圾，改造厕所、养殖场。到目前，城市河湖大多数进行了整治，河湖水质明显改善，城近郊区污水处理率达到90%，郊区城镇达到70%，农村达到21%，全市再生水利用率已达37%，生态环境大大改善，群众满意度大大提高。

四、安全度汛和雨洪利用的和谐

北京是首都，防汛的安全关系着中央及全国的稳定。全市85座水库多数在山区，有37座病险水库。城区300公里河道防洪标准降低，尤其是分布在各主要河道的立交桥，汛期积水是防汛的难点。过去防汛主要以排为主，既要求工程标准高，又浪费水资源。针对这一问题，水务局成立后，提出了改“防汛”为“迎汛”，加强雨洪调度、管理，同时加快了水库除险加固和河湖整治力度，建设了一批滞蓄雨洪的坑塘和洼地，在保证度汛安全的前提下合理调度雨洪。目前，37座病险水库全部完成除险加固任务；城区主要河道达到国家防洪标准；对主要道路、立交桥积水点实施了改造，和交通管理部门的监测系统实现了联网管理；国家机关、事业单位率先建设雨水收集利用设施；山区泥石流易发区实行“四包七落实”，保证了广大农村的度汛安全；全市通过落实各级责任制，做好迎汛准备，实施科学调度，年利用雨洪水量4800万立方米，和污水再生利用一起，对缓解水资源紧缺作出了贡献，使循环水务走出了可喜的一步。

五、城乡水务管理的和谐

北京是大城市、小郊区。城区相对发达，现代化管理水平较高；郊区相对落后，管理粗放。随着人民生活水平的提高，城市人口活动向郊区扩展，节假日到郊区旅游人数大量增加，郊区水务管理的任务加大。解决郊区水资源涵养和保护的问题，建设乡村优美的生态环境，城乡必须统筹规划，城乡水务必须统一管理。为此市政府在2004年组建市水务局后，当年决定各郊区县全部组建区县水务局，乡镇组建水务站，三级机构统管城乡水务。与此同时，山区实施退耕还林，平原退稻还旱，农村所有机井实现一井一表、以量计价，核实用水量，超定额加征水资源费；退耕还林的农民成为护林员，财政每人补贴400元；村水务员管理村涉水事务，财政每人补贴500元；实现城市返补农村，落实城乡统筹、人水和谐政策。

北京市的水务工作遵照以人为本、人水和谐、城乡统筹、循环水务的思路，取得了一些成就，但面临的问题还很多。水资源短缺仍要靠南水北调从根本上解决，目前工程建设正在加紧进行；水环境的改善差距还很大，离市委提出的“经济更加繁荣，城市更加文明，社会更加和谐，环境更加宜居”的要求还有艰巨的任务要完成；农村水务建设的现状和城乡同步发展的标准相比还任重道远；和兄弟省市相比，北京更有很多、很明显的差距。北京参会的同志，将在会上介绍郊区三道防线建设情况，代表们还将参观考察北京的生态清洁小流域建设，我们诚恳地希望，各位在考察和听取汇报后提出批评指正、留下保贵意见和建议，以便改进我们的工作。

会议将在北京进行三天，我们将尽力为各位做好服务，使大家在京期间工作顺利、生活愉快，但是由于水平有限，不周之处请各位包涵、谅解。

最后预祝会议圆满成功!

2007年6月13日

打开视野　深入实践

——第五次全国水文化征文评选综述

王经国

受评委会重托，结合个人在评选论文中的心得体会对征文的特点进行一个概述性的小结。

一、基本情况与总体印象

这次征文的范围仍在水利系统内。征文的内容以“人水和谐”为主题；征文的文体一类是人水和谐的学术论文，另一类是典型单位实现人水和谐的经验总结。征文的时间历时5个月，自2006年3月16日至8月15日；共收到论文86篇，较上一届（70篇）多了16篇。由于各地文协对这项工作付出的力度不同，也带来一定的地区间的不平衡。

这次征文的总体印象是：内容丰富、主题突出、时代感强、联系实际紧密，产生了一批思想性强、学术水平高、理论上有所创新，而且对实践具有指导意义的高水平论文。其中，应首推水利部总工程师刘宁同志的《文化视野里的中国水资源问题》。刘宁总工程师又亲自到会，作了《水与文化流系品说》的学术报告。

二、征文的特点与探讨的收获

（一）服务大局，方向正确

这次征文集中研究和探讨“人水和谐”的问题，作者们都投入了很大的热情，从水与文化的各个层面和不同视角出发，无论是宏观层面上的论述，还是微观层面上进行的典型分析，都是理论与实践结合的积极探索，成果是非常可喜的。可以说，呈现出很多亮点，给人以深刻的启迪。2006年的世界水日，联合国确定的主题是“水与文化”，充分说明了水与文化关系的普遍性和重要性。特别是当今世界多极化与全球经济一体化的时代，全人类对全球气候变暖、水资源短缺、生态与环境问题突出等一系列问题给予高度关注，文化的力量与作用凸现出来。我们水利系统率先提出和组织对水与文化关系的系统研究，其理论意义和实践作用显而易见。正如刘宁总工程师在他的文章中所说的：“解决我国日益严重的水资源问题，必须从文化角度审视我们的观念和思维、目标和行动、政策和策略，重估水的文化功能，注重治水过程中的文化建设，坚定不移地推进可持续发展水利。”

记得我在第四次全国水文化研讨会后，在《中国水利报·现代水利周刊》上斗胆发表了一篇题为《水利领导干部要有水文化意识和水文化素养》的文章，呼吁各级领导干部都来重视水与文化的关系。这次，看到刘总撰写了这么高质量、高水平的论文，从文化视野的角度深刻剖析了中国的水资源问题，对治水中的文化建设提出了一系列很有建树的观点及实践性很强的对策，深感敬佩。水文化研讨得到水利部高层领导的重视与参与，说明我们的研究开始走出少数人的小循环，使我们看到了水文化研究一旦与现代水利的治水事业、治水实践紧密相结合就会显现出它强大的生命力。第五次全国水文化研讨会的研究成果，首要的一点，也是最为重要的一点，就是学术研讨一旦服务于水利工作的大局，紧密围绕当代治水的核心理念，并将这种核心理念（人水和谐）上升到文化层面上来认识，其力量、地位和作用就会变得强大、重要和明显。水文化研讨的前景将是十分广阔的。

（二）深化认识，架构体系

文化是什么？什么是水文化？水与文化的关系到底是什么？这是多少年来萦绕在水文化研究者心中的问题。我想，凡是想对水与文化有透彻了解的人，都会探索和思考。这一问题，也正是水文化研究会近些年来始终绕不开的话题。从这次的征文中，我们看到，比第四次全国水文化研讨会对水文化的认识，又深化了一步。在一些文章中，已基本构架起水文化的体系。上届征文中，湖北的李文芳同志从"大文化"的角度出发，初步划分出水文化、行业文化和企业文化，改变了过去对水文化单一的认知。把三者的联系与区别作了划分以后，对我们从更广的范围和更高的层次廓清一个概念、创建一门学问，科学地指导实践，都是一种理性的选择。在这次征文中，我们同时看到了对水文化探讨的深入。我认为，这种研讨和探索，不是单纯讨论概念，不是在做咬文嚼字，而是开始给水文化架构一个体系。这个体系一旦形成，无疑将对治水实践起到全新的思维方式的指引。当然，我们的路很长，也很艰辛，但起码开始有人在做这件事了。

其实，水与文化的关系，在人类文明的进程中一直有着内在的有机的联系，并与各种方式各种形态的文化相联系。在中国传统文化中，有人称水文化为母体文化，有一定的道理。但过去我们对此一直处于不甚自觉的状态，更不用说作为一门专门的学科去研究它了。加之，古今中外对文化这一概念就有多种解释、多种判定，更增加了研究的难度。长期以来，我们习惯于从工程技术的层面从事水利工作、总结水利工作，忽略了从文化的角度看水利。随着水与社会经济发展越来越复杂的关系，特别是四大水问题日趋严重地出现在我们面前时，不少人开始从更广泛的层面上寻找解决问题的对策。汪恕诚同志在担任水利部部长期间，不仅提出了从传统水利到现代水利的转变，而且在人与自然、人与水的历史发展进程中，划分出依存、利用、掠夺和和谐相处几个阶段。支持他对水利发展作出这种判断的是什么呢？我认为首先是文化。他多次说过，水利工作者要成为思想家、哲学家，言外之意，不能仅仅成为一个只会就工程谈工程、就工程干工程的技术工作者。

由此可以看出，搞清水与文化的关系，用先进的现代的文化理念指导治水实践，解决中国四大水问题，是一个多么重要而且迫切的任务。

人水和谐科学理念的确立，如果没有对水与文化的深刻的理解，是不可能的；如果不将水文化问题置于社会的大层面去把握，也不可能坚持下去。

因此，我想到了，在这次征文中，很多同志仍然要把水文化的概念，把人与水的关系作为一个基础性的理论问题进行不断深入的探讨，是有道理的。

刘宁同志的文章，首先是从阐述水与文化关系开始的。他首先把水作为一种文化资源看待，提出水是文化的载体这一概念。“虽然自然形态的水本身并不能产生文化，但是水作为一种载体，一旦与人类的实践结合在一起，就会产生文化。人类文明的起源离不开水，人类创造文化离不开水，自从人类社会形成以后，水与文化须臾不可分离。”他还写道：“作为文化资源的水，是自然形态的水与人类的物质活动和精神活动相结合的产物，主要由三类文化要素构成：一是物质形态的文化要素，例如被改造和人化的河流湖泊、水工技术、治水工具、水利工程等物质产品。二是制度形态的文化要素，例如以水为载体的风俗习惯、宗教仪式、社会关系和社会组织、法律法规等。三是精神形态的文化要素，例如对水的认识、有关水的价值观念、与水有关的文化心理和文化特征等。这些因素相互依存，共同发挥着社会整合和社会导向的功能。”顺理成章之下，作者接着阐述了水的三种文化功能。即第一，维系人类文明的生存和发展；第二，维护人类的文化多样性；第三，启示、影响和塑造着人类的精神生活。很多零碎的水文化现象，不成系统的渐成系统，不清晰的变得逐渐清晰起来，这就是刘宁同志的文章给我们的重要启发。

董文虎同志在提交的两篇论文中，有一篇是专门论述水文化的，即《要注重水文化的挖掘、赋予及解读》，对我们也有很大启发。在“水文化的赋予”一节中，他提出，社会发展到目前的阶段，水物质产品达到一定水平后，人类对水精神产品包括对水文化产品的需求，已十分明显地摆在我们水利工作者面前，因此，对水利产品赋予一定的文化内涵已成为水利发展新模式中必须具备的内容。在作者所在的泰州主要城区水系综合整治规划和工程设计中，就融入了很多文化元素，使看过的人耳目为之一新。

我认为，对水与文化关系的研究与探索，还会随着治水实践的不断发展，继续深入下去。一方面，人们对文化的理解、对水文化的理论构建会随着视野的开拓、观念的更新，随着经济的发展、社会的进步，随着水问题的不断演变、水生态环境的不断改善，不断注入新的内涵；另一方面，交叉学科的融入，也会为水利行业内、系统内人士的水文化研究提供更多的视角和方法，使之更加全面、系统、科学地对水文化进行研究，改变一些业内同志仅仅把文化当做一个看不见、摸不着的东西，不如工程、项目、资金来得实在的狭隘认识，提高对文化功能的认知水平。

（三）抓住本质，认清使命

人水和谐，是人与自然和谐相处的重要组成部分，也是建设和谐社会的重大历史任务。这次征文的主题定为人水和谐，无疑是人们普遍关注的结果。如何对这一主题展开论述，仁者见仁、智者见智，有难度，也有个人发挥的很大空间。

在这次征文中，我感到有两个显著特点：一是对人水和谐问题，从哲学的高度，通过纵论古今中外，引经据典，阐述了人类认识世界的两大思想体系，分析了人与自然和谐相处在历史发展中的必然性；二是对人水和谐问题，结合某一历史现象或某一治水实践，有理有据地说明了树立人与水和谐相处观念在现代水利建设和工作中的极端重要性。

刘宁同志在他的文章中说："人与自然的关系问题，不仅是水利工作中首先要解决的理论问题，也是水利工作中必须解决的实践问题。纵观古今中外，涉及人与自然的关系，基本有两种观念：一是以自然为核心，从本体论上把人还原于自然界，突出人对自然的从属关系，把人对自然的实践关系等同于生物有机体与生态环境的关系，这是自然中心主义。二是以人类为中心，从本体论上认为'人是万物的尺度'，突出人类的主体地位和能动作用，将人对自然的实践关系统一于自然向人的转化，这是人类中心主义。”接着，作者根据马克思主义，辩证地说明了人与自然的相互依存的关系，并结合水利工作，提出了正确处理此种关系需要把握的三个方面：

一是从本体论上，认识到人是自然的一部分，水是人类生存和发展的基础，河流是人类文明的源头，是人类文化演变的载体，人类在发挥能动性的同时，要充分尊重河流的演变规律及其与相关生态系统的关系，实现主体尺度与客体尺度的统一，协调好人与水的关系。

二是从实践论上，要认识到人与自然的关系是对象性关系。“作为人的对象的自然存在物，不仅按照其自身的发展趋势演化，也按照人的活动指向演化。人与自然的对象性关系统一于人类的实践活动中。”但是只看到这一层还不够，还要看到人与自然关系的后面往往隐藏着人与人的关系，所以要调整好人与自然的关系，必须相应地调整好人与人的关系。联系到水的问题，文章中说：“水资源作为公共资源，应当体现人们在发展权利上的平等，在资源利用上的平等。这就要求我们在治水过程中，必须以流域为共同体，协调上下游、左右岸、干支流之间不同地区的利益关系，统筹经济发达地区和经济落后地区的需求，兼顾一般阶层和弱势群体的用水权利。”论述到这个层面之后，作者的笔锋一转，写道：“还要看到，人类不仅是一种同时性的整体，还是一种历时性的整体。”“必须在开发利用水资源的过程中遵循代际公平的原则，为子孙后代留下源远流长的河流，留下青山绿水。”我想，这就是可持续发展的观点吧！

三是从价值论上，要协调好人类价值与自然价值。“价值的本质是客体属性同主体需要和能力之间的一种统一，是世界的存在对人的意义；价值产生于人按照自己的尺度认识世界和改造世界的活动之中。”我们在水利工作中既要承认河流的自身价值，又要强调河流的服务价值。我们的开发利用要建立在对人类粗放和不理性行为约束的基础上，建立在对河流服务价值的尊重与保护的基础上。

在征文中，与治水实践相结合的经验性的文章不少。大体可以划分为以下4类：

一是结合城市水利建设，发掘文化内涵，运用人水和谐理念，促进水利良性发展的文章。

如，邱志荣同志的《保护、传承绍兴水文化的认识和实践》，唐佑乾的《坚持人水和谐，维系江北水城健康发展》等。

二是结合各地新农村建设，运用人水和谐理念，总结提炼历史和当今实践，阐述新农村发展中的文化能动作用的文章。

如，云南农业大学王发等人撰写的《哈尼梯田水文化及其保护初步研究》，王炎阶、陆剑的《洪湖农村水环境现状、问题、成因与对策》等。

三是结合某一项工程或某一项水利工作，反映水文化与指导实际工作的作用和意义的文章。在这类文章中，有的学术性强一些，有的经验介绍性多一些。凡在理论与实践中结合得比较好的，无论是突出了哪个方面，我们都在评选中给予了充分肯定。

如，山西河津市水文化研究会张俊祥撰写的《与水为善　永续利用》，湖南省南津渡水电站周作斌的《论和谐水电企业的文化建设》等。

四是联系古代治水经验，运用人水和谐理念，深度探索和发掘治水规律，推动可持续发展水利的文章。比较典型的，是从多篇撰写都江堰的文章中选出的，由都江堰管理局办公室吴萌春同志撰写的《珍水万世焉——千古传承的都江堰可持续发展之道》一文。这篇文章从都江堰的千古历史入手，从1974年3月在当地出土的刻在李冰石像上的一句古文字“珍水万世焉”引发，紧密联系可持续发展的大政方针和战略部署，站在一个新颖的角度，以史为鉴，以史为师，对都江堰如何实现可持续发展作了作者自己的判断。其他几篇反映都江堰的文章，也都从不同角度论述了自己的观点，整体质量较高。

这次北京、绍兴、聊城、泰州引江河管理处、江苏灌溉总渠在大会介绍的单位典型经验虽未纳入评选范围，但他们都是在实践中体现人水和谐理念，对指导水利建设与水利工作很有说服力的文章。

（四）视角独到，勇于创新

在征集的论文中，我们发现，还有一些作者不完全局限于“命题作文”的要求，而是开阔视野，从相关学科入手，从不同方面论及了水文化问题。北京水务局党校姚羽中同志的《从传播学的角度看水文化的大众传播》，提出了水文化应借助大众传媒，从专业走向大众；借助文化创意产业的发展，加大水文化传播力度，从而使爱水、亲水、节水成为广大公民的自觉行为，并逐渐固化为一种健康的生产生活方式。湖北汉江河道管理局李文芳同志的《“亲水”休闲与水文化》一文，从时尚生活的角度，论述水文化的作用。认为在“当前，休闲已经成为当代重要需求之一，成为社会文化活动的重要组成部分，高品质休闲成为社会进步与文明标志”的大背景下，从“亲水”休闲入手，探讨“亲水”休闲与水、水文化之间的关联，提出用文化之水打造高品质休闲，同时倡导“亲水”休闲，呼唤人水和谐。中国医促会健康饮用水专业委员会李复兴撰写的文章，从伦理道德的层面，阐述了人类要爱护水、珍惜水的道理，也为我们从树立资源道德的角度打开了一扇人水和谐的窗户。另外，泰州水利局与河海大学根据董文虎同志的建议，共同设置了《长三角经济发展中的水利发展模式研究与应用》的水利科研课题，并形成了论文。提出了“利水水利”——水利发展高级阶段的理性思维模式的概念，通过“人”主动“利水”的行为，实现“水”可持续“利人”的目的。这一概念的提出，虽与课题组定稿时采用的“和谐水利”不同，但作者这种勇于探索的精神，特别是在学术研究问题上鲜明表明自己观点的做法值得提倡。还有刘冠美同志在会上谈到的水工美学问题，都是研究水文化的亮点，都是值得肯定的。

三、尚有不足，共同提高

(1) 从大的方面说，本次征文的视野还不够开阔。我个人认为，水与文化的关系或者说水文化，不是水利行业或水利系统内人士关注的独有话题，联合国2006年将世界水日主题确定为“水与文化”也不只是对水利行业而言的，而是全社会、全世界关注的。实际上，探讨“水文化”问题的人，既包括与水资源、水环境、水利工作有关的科技界的人士，也包括社会科学界的人士，特别是与水利有关的交叉学科的人士，他们对水与文化的认识更会是多方位、多角度的。因此建议，今后如果再继续将水文化研讨会开下去的话，一定要邀请系统外关注水资源问题、水环境问题，尤其是能够从人文方面对水问题研究较深、有创新见解的社会人士参加。欢迎边缘学科的人士参与水文化问题的探讨与研究，扩大研讨的社会面，我们才会更有新知；否则，对水文化的探讨与研究容易局限在行业人的眼光之内，终免不了带有内循环、小循环的痕迹。在与治水实践的结合上，也要尽量动员和组织一些有水平、有经验的领导干部参与进来，尤其是一些从事水利综合规划和水行政公共管理的同志参与进来，这对于推进水文化研究的整体提升，是完全必要和可能的。在这次征文中，刘宁同志带了个好头，我们应该表示感谢。一些水利系统外的人员参加了征文活动，企业界的人士参加了会议，我们都应该认为是个好兆头。

(2) 从征文本身的情况看，各地、各专业领域人士的参与还不平衡，看来，组织、宣传的确很重要，需要将组织动员工作做得更深入、更细致一些。

(3) 这次征文在通知中对参选论文的要求，实际上是个二元标准。鉴于目前水利系统的实际情况，建立二元标准是可以的，但在评选时，应将二者的评判标准条目予以细化，这样，评委在评选作品的判断上才更有章法可依，可减少主观成分，使评选结果更加公正，也给应征作者在选择文体时有所依据。现在评选的结果，一批既不像论文，又不像典型经验的文章就会被忽略。当然，对一些现在还搞不清什么是学术论文，什么是经验总结，什么是通讯报道甚或是抒情散文等体裁的人，统统把这些文章拿来参评就会与获奖失之交臂了。还有一些作者把水文化探讨仅仅看做是一些与水文化有关的知识介绍，或一地一事的轶闻趣事也当做征文，说明在认识上还是有些差距的。一个水文化研究者，不仅要搜集有关水与文化的材料，而且应该通过对这些材料、知识的整理、整合，上升到学术研究的层面，提出自己的观点，这样研究的成果才有价值，才能启发别人，这也是水文化研究会的使命所在，也是广大水文化专业人士与爱好者的希望所在。研讨水文化，贵在探索与发现，在评选优秀论文中，我们几位评委本着这样一个原则尽量去捕捉论文中的亮点，但限于我们的水平，可能不完全尽如人意。

获奖不是目的，通过参与征文活动，打开视野，是为了丰富；加强研讨，是为了升华；认知不足，是为了共同提高。

非常感谢80多位作者提供的这么多、这么好的精神食粮，特别是那些优秀作品，更给了我们精神上的享受与理论上的收获。

感谢水文化研究会给了我们与专家们交流的平台和机会，每有收获，都有如沐春风的感觉。我们明显感到，第五届征文水平比第四届高，相信今后的征文会比第五届更高。我们期待着有更多更好的作品问世，期待着先进文化的力量将现代治水事业扶持得更好，可持续发展水利走向更大的辉煌!

2007年6月

占据制高点　掌握主动权
以先进的水文化引领水利事业可持续发展

——在第五次全国水文化研讨会上的总结发言

李宗新

各位领导，各位朋友：

第五次全国水文化研讨会于6月12日至15日在北京召开，水利行业的领导、专家及水文化爱好者80余人出席了会议。今天会议就要结束了，我受水文化研究会的委托对这次会议作一个总结发言。下面我讲三点意见。

一、这次研讨会的主要收获

这次研讨会是由北京市水务局承办，在祖国的首都北京召开的，又是在北京举办举世闻名的第29届奥运会前夕召开的。特殊的地方和特殊背景为这次研讨会带来了特殊的收获。主要表现在四个方面：

第一，全国政协委员、中国水利文协主席敬正书同志为我们作了《加强水文化建设　促进可持续发展》的工作报告。报告传达了胡锦涛总书记对构建和谐社会、建设和谐文化的一系列重要指示，精辟论述了水文化的主要内容和重要作用，对水文化研究和水文化建设提出了明确的要求，指出了正确方向。我们一定要认真学习，领会精神，贯彻执行。

第二，水利部总工程师刘宁同志为我们作了非常精彩的水文化学术报告。这是这次研讨会最大的亮点。报告高屋建瓴地从水文化对水利事业的引领作用，有理论、有实践地作了深刻的阐述。刘总作为在任的水利部领导为我们会议撰写学术论文，并作学术报告这还是第一次。它标志着水文化在水利部高层领导的心目中有了一定位置，标志着水文化在全国水利事业的宏观决策中正在发挥应有的作用。

第三，这次会议预示水文化研究和水文化教育即将揭开新的篇章。教育部门对这次会议特别重视。这次教育部门提供的水文化论文的数量和参加会议的人数都超过了以往任何一次征文和会议。特别是由河海大学党委书记郑大俊带领各方面的教授、专家共7人光临指导我们的会议，体现了教育部门对水文化教育的高度重视。郑书记在会上作了热情洋溢而深切实际的发言，提出了开展水文化研究、加强水文化教育的构想和措施。此事意义非同寻常。说明水文化即将正式进入高等学府的神圣殿堂。标志着水文化的研究将由分散的个体行为逐步转入有专职人员、专职机构、专门课题进行深入研究并较系统进行水文化教育的新阶段。这必将大大提高水文化的研究水平，为创建和传承中国水文化学，为增强全社会的水意识，提高水工程的文化品位，丰富和繁荣中华民族文化作出应有贡献。华北水利水电学院已开始把水文化作为选修课之一，安徽省水利水电职工学院和南昌水利工程学院也拟开展水文化的研究和教育。这一切对水文化的传播和水利事业的发展将产生不可估量的积极作用。

第四，水文化的研究和建设又取得了新的丰收。这次研讨会共收到学术论文86篇。其中有5篇是介绍本单位在水文化研究和水文化建设方面的认识、体会、做法和经验的，都在会上作了介绍，并且与会人员到北京市的先进单位进行了实地考察。这些单位的经验各有特点，也有共同之处。共同之处集中到一点，就是具有自觉而较强的水文化意识，并付诸实践取得了显著的效果。这次论文与过去相比，总体水平都有提高，又涌现一些水文化研究新的优秀人才和新的优秀作品。这方面的情况王经国社长已作了很好的评点，对大家今后撰写水文化论文有很好的指导意义。从这个意义上讲，每一次水文化研讨会也是一次水文化的培训班。这次论文大部分对文体、主题和文化的关系处理很好。但也有少数论文有点偏差。正确处理三者关系的途径是：以论文的文体，抓住征文的主题，深入探讨其文化意义，要对文体、主题、文化这三大要素进行有机组合，在此基础上提高论文的思想性、学术性和可读性。

二、对下一步工作的初步打算

第一，大力宣传、认真贯彻这次会议精神。这次会议既是一次水文化学术研讨会，又是一次水文化的工作会议。会上敬正书部长和刘宁总工程师对水文化研究与水文化建设有许多重要指示，水文化研究和建设方面先进单位的宝贵经验，与会同志对开展水文化研究、加强水文化建设大好形势的介绍和提出的许多很有建树的意见，这些都应该很好地宣传，认真地贯彻。除了通过各种媒体宣传外，我们每一个与会者都应该当好宣传员，首先是向各级领导宣传，向他们汇报会议精神，争取他们对水文化工作的重视和支持。

第二，做好《中华水文化概论》和这次会议文集的编辑出版工作。《中华水文化概论》是由中国水利文协组织武汉大学、河海大学、华北水利水电学院等高校教授和水利行业的专家、学者共同编写的一本介绍中华水文化一般知识的读物。本书对水与社会、水与政治、水与经济、水与文化等方面的关系进行了初步探索，提出了由水文化的一些基本观点和形态、工程、行为、精神、地域、时代等六大要素构建的水文化的基本架构。这是一家之言，目的在于抛砖引玉。本书将在2007年内出版，希望大家协助做好宣传和发行工作。

与此同时，要抓紧做好这次会议的水文化文集的编辑出版工作。把这次会议上领导讲话、学术报告、论文评点和优秀论文汇编成册，作为这次研讨会的一项正式成果，保存下来，传播开去。

第三，与有关单位联合，召开一次全国地方水文化社团、组织和单位的联谊会。通过联谊会的形式把目前全国各省市、各地区成立的水文化研究组织联系起来，互相交流经验，商讨建立定期联系的机制，以便更加深入地推进全国的水文化建设。这也是改变当前水文化研究会活动方式单一的一种尝试。

第四，由中国水利文协水文化研究会与陕西省江河水库管理局联合举办一次渭河水文化论坛，旨在呼吁全社会共同保护好、管理好中华民族母亲河的最大支流——渭河。

第五，积极做好水文化分会的换届准备工作。水文化分会第二届理事会到2008年5月将完成其历史使命。从现在起要准备推荐新一届理事会的人选，特别是理事会会长单位和会长人选。要把一些关心和支持理事会工作的老理事保留下来，连选连任，保持水文化工作的连续性。同时，也要把近几年涌现出来的水文化新秀推荐到新一届的理事会，还要积极创造条件吸纳社会上关心和支持水文化工作有影响的人士参加新一届理事会。希望通过水文化分会理事会的换届，中华民族文化中的这支奇葩常开常新，永不败谢，为引领水利事业的发展，为繁荣中华民族的文化不断作出新的贡献。

三、抓住大好时机，占据水文化发展的制高点

当前发展先进的水文化的形势很好，主要表现在三个方面。

第一，党中央对加强社会主义文化建设高度重视。党中央把建设和谐文化作为落实科学发展观和构建和谐社会的重要内容。国家专门制定了《“十一五”时期文化发展规划纲要》，党中央对加强社会主义文化建设有一系列重要指示。特别是胡锦涛总书记在2006年11月召开的中国文联第八次、中国作协第七次全国代表大会上的重要讲话中指出：当今时代，文化在综合国力竞争中的地位日益重要。谁占据了文化发展的制高点，谁就能够在激烈的国际竞争中更好地掌握主动权。这一切为发展先进水文化提供了很好的大环境。

第二，发展先进水文化已成为水利行业的共识。对水文化的定位可用三句话概括：第一句话是水文化是中华民族文化的重要组成部分，也就是说，它首先是一种民族文化、一种社会文化。第二句话是水文化是

水行业的思想精神旗帜，也就是说，它同时又是一种水行业文化。第三句话是水文化是一门历史特别悠久、生命力极强的人文科学，也就是说，它与人类社会的发展有着十分密切的关系。水文化虽然不仅仅是水利行业的文化，但水利行业的人研究水文化首先关心的是如何占据先进的水文化的制高点，掌握发展水利事业的主动权，引领水利事业的可持续发展。在这方面已经做了大量工作，取得了初步成果。

1988年水利行业倡导进行水文化研究。1995年成立中国水利文协水文化研究会，这是目前唯一合法的全国性水文化社团。水文化研究会成立后，在中国水利文协的领导下，先后召开了五次全国水文化研讨会，累计征集水文化论文400多篇，与会人员350余人，初步形成了一支分散在各地的水文化研究队伍。在此期间，许多省市也先后成立了水文化的研究组织，如江苏省泰州市成立了泰州市水文化研究和咨询组织、无锡市成立了太湖文化研究会，山西省成立了水文化文学研究会、河津市水事文化研究会，四川省成都市成立了河流文化研究会。这些组织都开展了许多切实有效的水文化活动，对推进水文化研究和建设发挥了积极作用。

与此同时，中国水利学会、中国水利教育学会、水利部精神文明建设指导委员会办公室、中国水利职工思想政治工作研究会等单位也在开展水文化研究，加强水文化建设方面开展了积极有效的工作，并取得了显著成绩。

在水文化的新闻出版方面也做了大量的工作。《中国水利报》作为水利行业最权威的新闻媒体在宣传水文化中发挥了不可替代的作用。不仅举办过水文化知识的竞赛，还大量刊载了水文化的文章。特别是现代水利周刊在我们看来就是水文化的专刊，或者说是《中国水利报》的文化专刊，越办越精彩。由中国水利文协与松花江辽河水利委员会创办的《水文化》刊物，还有《江苏水利》等期刊开辟的水文化专栏，对宣传水文化都发挥了积极作用。水文化的著作逐步问世。《水科学与水文化》、《四川水文化》、《笔谈水文化》、《水文化初探》等著作相继出版。 特别是靳怀堾同志著的《中华文化与水》是一部水文化的鸿篇巨制，全面而系统地论述了我国古代博大精深的水文化，成为当今人们了解我国古代水文化的百科全书，在社会上产生了很大影响。

敬正书主席在前天的报告中指出加强水文化建设，应坚持继承与创新相结合、水利建设与文化建设相结合和水文化研究与水文化成果运用相结合。这一“三结合”原则已经取得初步成果。涌现出北京市、天津市、上海市、韶兴市、泰州市、聊城市、姜堰市等水利、水务局以及江苏省泰州引江河、淮安水利枢纽等一大批水文化建设的先进单位和一大批水文化爱好者。这些单位和个人在实践“三结合”方面起到了很好的示范作用，对提高水利工程和水利建设在文化品位、满足人民日益增长的物质和文化的需要、振兴可持续发展水利等方面都发挥了积极作用。

第三，社会上越来越关注水文化。北京大学哲学系王守常教授曾说：“将水利提到文化问题研究是很有意义的。将一个具体对象提升到文化层次来认识，将会加深人们对此问题的了解。水治理和管理不完全是技术问题，也是观念问题所使然。”《人民中国》杂志社编委沈兴大同志也说：“提出水文化研究，的确是一件值得提倡的事情。一部人类史，其实就是一部水文化史，而我国的水文化尤其悠久，尤其丰富，尤其值得研究。这种研究，尤其具有现实的和战略的意义。”1995年3月中国经济出版社出版了张耀南、吴铭能编著的《水文化》。1998年4月，中国人民大学出版社出版了郑国铨先生的专著《水文化》。2001年武汉大学出版社出版了陈水云先生编著的《中国山水文化》，其中大量介绍了中国水文化。最近得知吴蔚先生写了一本《中国水文化》，很希望能拜读这部大作。可能还有不少其他的水文化著作。

2002年江苏省姜堰市《现代快报》工作站的王荣华同志，发起成立了姜堰市华夏水文化研究所，2005年他又创办了中国水文化网站。目前在全国涉及水文化内容的网站已达30多个，初步估计约有8万项水文化的选项，虽说其中有不少是房地产商家和旅游商家的水文化广告，但也在社会上扩大了水文化的影响。

在2005年全国十运会的闭幕式上，举行了以“江、河、湖、海”为主题的大型文艺演出，人们也许并不意识到这就是水文化。但这确实是一部高品位的水文化的精品大作，是一曲高亢宏亮的水文化的时代凯歌，是一束姹紫嫣红的水文化的鲜艳花朵。

2005年9月6日至8日，国际历史学会和云南省社会科学院联合在昆明召开了“水文化与水环境保护国际会议”，来自中国、德国、挪威、瑞典、日本等10多个国家的专家、学者带来了各自关于水文化和水环境的最新研究成果。

2006年联合国把“世界水日”的主题确定为“水与文化”。就是希望能进一步提高人们对文化在解决水资源问题中重要性的认识，让文化为水资源的可持续利用注入新的活力。希望水资源的管理和支配必须充分考虑到文化和生物多样性。正因如此，联合国教科文组织认为水的文化层面值得进一步探究，以便更好地理解它的效应。

2006年的“世界水日”这一天，由世界水文化研究会和国家发改委公众营养发展中心主办的以“水、人、和谐社会”为主题的“中国首届水文化高峰论坛”在人民大会堂举行。高峰论坛通过了《北京水文化宣言》。宣言中指出：水不仅是一种基础性的自然资源和战略性的经济资源，同时也是一种重要的文化资源。解决水资源的问题，不仅要依靠技术、工程及行政的力量，也要依靠文化力量的支撑。宣言呼吁要在人们的心目中，在全社会树立起一面鲜艳的“水文化”旗帜，激励人们为发展先进的水文化，加强精神文明建设，发展水行业，促进经济社会的可持续发展而努力奋斗。

2007年，由中央电视台拍摄的大型系列片《水与中华》已在西藏开机。我们水文化研究会的副秘书长靳怀堾同志为本片总撰稿人。这部系列片的顾问余秋雨说：我们今天太不尊重水了，因为我们缺乏对水的崇拜。对水的崇拜就是对自然的崇拜，就是对我们民族的崇拜，对我们祖先的崇拜，对我们大河文明的崇拜。中华文明之所以能够延续到今天，就是水文化的胜利。他还说：我非常希望中国能进一步建立起对水的崇拜，建立起一种水是不可浪费、不可糟践的心理遗传，敲响水资源缺乏的民族警钟。这样的话，延续我们的民族血脉就会更好一点，我们应该站在这样的高度上。

最近，我们还从有关方面获悉，有些有远见卓识的企业家投资宣传中华水文化或准备投资设立中华水文化发展基金。《水与中华》这部电视片就是由一家企业投资拍摄的。这些对推进全国水文化建设无疑是一个可喜的福音。

上述种种情况说明，当前发展水文化的形势是很好的，摆在我们面前的任务是，按照敬正书主席在这次会议上提出的要求，抓住大好时机，脚踏实地，再接再厉，认清主题，牢记使命，加强水文化建设。繁荣社会主义先进文化，建设和谐文化，为构建社会主义和谐社会做贡献，这是当前我们水文化工作的主题。我们的历史使命就是以科学发展观为指导，以促进可持续发展水利为要务，以构建社会主义和谐社会为目标，以水利精神文明和物质文明创建活动为载体，积极自觉地投身到繁荣现代水文化、服务现代水利和人民大众的活动中。根据这一要求，我认为今后水文化的研究应向四个方面深入：一是向人们的思想意识深入，增强人们尊重水、爱惜水、保护水的意识；二是向社会深入，改变水利行业专门研究水文化的局面，使水文化进农村、进城市、进企业、进社区、进学校；三是向基层深入，改变单纯组织全国性水文化研讨会的活动形式，提倡和组织各基层单位开展多种形式的水文化活动；四是向水利建设事业深入，把水文化的研究渗透到水利建设的各个领域，从而把水文化研究和水文化建设不断推向前进。

经验

建设生态清洁小流域　促进人水和谐

北京市水务局

北京依山傍水，天然形胜。全市面积1.64万平方公里，市区坐落在三面环山、水系发达的平原区西部。山区占总面积的61%，是北京主要的水源涵养及供给源地，也是市区的生态屏障和居民休闲旅游度假地。由于山区处在华北平原向蒙古高原的过度地带，山高坡陡，地貌复杂，长期以来特别是元明以来的过度垦殖，造成大面积的水土流失。经过新中国成立后的持续治理，大部分地区的水土流失得到了有效控制，山区面貌发生了重大变化。

随着首都经济社会的快速发展，山区水土保持和水源保护面临新的形势与任务。一方面山区的功能定位和人们的实际需求发生了显著的变化，北京市“十一五”规划将山区大部分区域定位为生态涵养发展区，人们对水环境和生态环境的要求在不断提高；另一方面一些地区并没有协调好生活、生产、生态之间的关系，过于注重经济发展，对生态环境和水源安全构成威胁。特别是1999年以后北京遭受连续干旱，水资源紧缺和水生态环境脆弱矛盾突出。统筹水源保护与城乡经济社会协调发展，既改善山区农民的生产生活条件，又保护水源安全，促进生产生活方式的改变，成为水务工作的重要任务。而水土保持工作必须从单纯服务农业生产向服务首都经济社会全面发展转变，承担起保护首都饮用水源、提高城市综合防灾减灾功能、促进宜居城市建设和人水和谐的任务。

一、构筑“三道防线”，保证首都水源安全

针对上述问题，北京市水务局从2003年开始逐步确立了“以水源保护为中心，构筑‘生态修复、生态治理、生态保护’三道防线，建设生态清洁小流域”的思路。

（一）生态修复防线

在中山低山及人烟稀少地区，实行全面封禁，禁止人为开垦、盲目割灌和放牧等活动，实施生态移民，减少人为活动和人为干扰，充分依靠大自然的力量修复生态，发挥植被特别是灌草植被的生态功能，实现自然保水。重点采取了“封、移、补”等措施。

封：市政府印发了《关于进一步加强禁止放牧管理工作的通知》，截至2006年，全市累计实施封禁面积1523平方公里，通过封山禁牧，减少人为活动，依靠大自然的自我修复能力，恢复灌草植被，减少水土流失。

移：对一级泥石流易发区、采空区险村险户2.8万人逐步进行生态移民，减轻环境压力，保障居民安全。现已完成搬迁2万余人。

补：从2004年开始，对郊区农村集体所有的水源涵养林、水土保持林所在村的4万农民给予补助，支持该地区农民做好水源保护工作；设立水源地保护专项资金，2005年度从水资源费中安排8000万元专项资金用于郊区县水源地保护；投入资金420万元，对白河沿线退稻农民进行补助。

（二）生态治理防线

在人口相对密集的浅山、山麓、坡脚等农区，进行农业种植结构调整，减少化肥农药的使用，发展与水源保护相适应的生态农业、观光农业、休闲农业，减少面源污染。加强小型水利基础设施建设，改善生产条件，同时在村镇及旅游景点等人类活动和聚集区建设小型污水处理及流域垃圾处理设施，改善人居环境，工程建设的重要原则是“道法自然”，注重与周边环境的协调。主要采取“节、治、调”等措施。

节：以发展节水型产业为重点，建设基本农田，发展节水灌溉，完成农业高效节水工程30万亩；推进透水型谷坊建设，减少耗水，促进水库增加蓄水。

治：以水源地为重点，改造3万多个农厕，建设小型污水处理设施219处，新增日处理能力3169吨，有效减少了农村污水对水源造成的污染；建立农村垃圾的“村收、镇运、县处理”的管理机制，积极推动垃圾定点分类堆放，定时清理，建设垃圾处理设施694处，基本解决了水源地4万户、2.5万余人的生活垃圾污染问题；督促开发建设单位严格执行水土保持“三同时”制度，减少开发建设活动造成的水土流失。

调：调整农业种植结构，减少化肥农药的施用量。在密云水库上游退耕还林还草9300公顷，营造水保林1700公顷；在水库白河沿线实施退稻400公顷，减少化肥施用243吨，有效减少了面源污染。

（三）生态保护防线

以河道两侧及湖库周边为重点，加强管理并通过适当的生物和工程措施，营造并维系河道及湖库周边和谐自然的生态系统，充分发挥系统自我调节与自净功能，达到控制侵蚀、改善水质、美化环境的目标。重点实施“清、育、保”等措施。

清：在密云、怀柔水库上游16条一级支流以及潮白河、永定河、温榆河、拒马河等河道禁止采砂，清理河道垃圾、障碍物，封河育草育灌，杜绝人为破坏，建设生态河道，维护河流健康生命。

育：保育植被，恢复湿地，生态治污，改善水质。在密云水库高岭库滨带建设1000亩水源保护示范工程建设，建设水库拦污缓冲过滤带；实施了官厅黑土洼、延庆三里河、昌平白各庄、海淀翠湖、顺义汉石桥、密云和怀柔水库入库口等湿地恢复工程，共保护和恢复湿地1713公顷，有效保护了水源地的水环境。

保：保护库边、河边、渠边、河口，减少人为扰动，恢复生态。通过制定密云水库一级水源保护区保护政策，加强种植业管理，减少化肥使用，制定政策要求居住在密云水库一级水源保护区、依靠耕种155米以下押宝地维持生活的3.5万农民在耕种押宝地时，严格执行“七不准”，即不准机械翻耕，严格执行保护性耕作；不准施用化肥；不准使用化学农药；不准建筑设施；不准栽植林木；不准用水库水灌溉；不准放养牲畜，使当地农民生产生活与密云水库水源保护工作有机结合。

构筑水土保持“三道防线”的目标就是建设生态清洁型小流域，保护饮用水源，促进水土资源的可持续利用和生态环境的可持续维护，进而促进经济社会的可持续发展。

生态清洁型小流域建设是指以小流域为单元统一规划，综合采取工程、经济、法律、管理等各项措施，实现流域资源的优化配置和合理利用，达到人水和谐、人与自然和谐的目标。在规划上突出以水源保护为中心，以小流域为单元，综合治理；在实施上建立政府主导，政策集成，部门联动，农民参与的机制；在效果上对自然的改造和扰动尽可能限制在能为生态系统所承受、吸收、降解和恢复的范围内，以实现生态系统良性循环，区域经济社会可持续发展。

二、生态清洁小流域建设效果

目前，生态清洁型小流域建设正稳步推进，但已取得了积极成果。一是每年可减少农村入河入库污水300万吨。二是水库上游地区调整种植结构，发展节水灌溉，年节水1000万立方米。三是密云水库在连续8年干旱、蓄水量徘徊在6.5亿~10亿立方米的情况下，水质仍然保持在地表水Ⅱ类水质标准；官厅水库水质由超Ⅴ类改善到Ⅴ类，其中门头沟三家店闸由Ⅳ类改善到Ⅲ类。四是使水源保护区基础设施和人居环境得到改善，减少了点面源污染，有效保护了水资源，为新农村建设打下了坚实的水务基础。五是为山区农民致富创造了条件，经过综合治理的小流域农民平均年增收20%以上。

北京已建成的30余条生态清洁型小流域中，怀柔区神堂峪和昌平区响潭小流域具有一定的代表性。

神堂峪小流域总面积15.6平方公里，林草覆盖率84%左右，流域内有居民199户、502人，该流域每年接待游人数以万计，旅游产业的发展使水源保护的任务愈加艰巨。2005年初按照人水和谐的治水理念，围绕生态涵养发展区的功能定位，开展生态清洁型小流域建设。以流域内水资源、土地资源、生物资源承载力为基础，以水源保护为中心，以优化生态环境为重点，从山顶到河谷依次建设生态修复、生态治理、生态保护三道防线。工程建设主要内容包括封育保护12.34平方公里；安装智能化小型污水处理设备71套；实施和推广垃圾无害化处理管理体系建设，实现垃圾分类、专人回收、专车运送、集中处理，使垃圾从走出农户起就进行全封闭的无害化处理；修建坡面石坎14710立方米，护树盘3600个，整地30亩，栽植水源涵养林153亩；清理河道内垃圾、障碍物，河岸绿化1800平方米；以维护和恢复河流的自然形态为前提实施生态治河2公里。

通过该工程的实施，最大程度地保护了原地貌，减少了人为破坏因素，为神堂峪小流域自然的生态修复创造条件。河道的生态治理，使河道逐步恢复生态自然良性循环体系，美化和绿化了生态环境，涵养了水源，同时促进了当地旅游业的发展，实现了水源保护与区域经济社会发展的“双赢”。

三、认识与思考

山区农村经济社会发展必然面临着人与自然关系的调整问题，是被动应付、无所作为，还是主动应对、寻求解决问题的科学途径，不仅是个简单的技术路线问题，而且是能否按照科学发展观的要求，实现山区人水和谐、可持续发展的工作思路问题。

科学发展观的核心是以人为本，我们在山区生态清洁小流域建设上强调以人为本、城乡统筹，重点围绕以下方面开展工作：一是解决农村的发展和农民的致富问题。三道防线建设起到了这一作用，无论是发展生态旅游，还是进行种植结构调整，都为农村发展和农民增收开辟了途径。二是改善农民的生产生活条件。保护生态、保护水源不能以牺牲农民的利益为代价，而是在更高的层次上让山区农民享受到发展的成果。改善农村的基础设施，建设高效农业基地，以及实施生态补偿和生态移民都是本着这一出发点。三是体现城乡统筹，从全市全面协调发展的宏观角度建设山区。山区生态涵养区是北京宜居城市建设的重要组成部分，山区生产发展必须完成转型，生活方式必须逐步转变，山区生态旅游经济的兴起集中体现了这种转型。而生态清洁小流域建设应成为这一转型的前导和基础。

可以说，从传统的小流域治理到生态清洁型小流域建设，不仅是思路理念和技术路线的调整，更是促进小流域内生产生活方式转变的过程，是促进文化观念变革的过程，也是新的水文化形成和发展的过程。为使山区农民更加自觉地保护水源，保护生态环境，必须提高其参与生态建设与水源保护的程度。只有让山区干部群众深刻认识到山清水秀不仅是自己的生存环境，更是发展和致富的基础，才能形成生态建设与水源保护的长效机制。在实施“三道防线”、建设生态清洁型小流域的过程中，我们注重把工程及设施建设同制度建设，文化建设结合起来进行，形成新的村容村貌，也形成新的乡俗民风。提高了农民的水资源保护意识、参与程度和自律意识。

虽然北京生态清洁小流域建设取得了一定的成果，但区县发展还很不平衡。生态清洁小流域建设是一个系统的、艰巨的、复杂的工程，需要政府、农民及社会各界的广泛参与和积极努力。而随着工作的深入，一些新的问题和新的情况将不断出现，需要我们进一步研究和解决。我们已结合水源保护、新农村建设等制定出规划，按照人水和谐的理念，因地制宜、分类指导，切实把北京山区建设成北京发展规划所要求的生态涵养区，为北京经济社会可持续发展提供生态和水源保障。

（执笔：冉连启　刘大根）

传承中华水文化　打造风光引江河

江苏省泰州引江河管理处

泰州引江河是国家南水北调东线水源工程，位于素有“汉唐古郡、淮海名区”之称的历史文化名城——江苏泰州，南起长江，北接新通扬运河，全长24公里，是以引水为主，灌溉、排涝、航运、生态、旅游综合利用的大型水利工程。其主要控制口门高港枢纽由泵站、节制闸、调度闸、送水闸、船闸以及110千伏专用变电所组成。作为江苏省水利厅直属水利工程管理单位，江苏省泰州引江河管理处主要负责高港枢纽、24公里河道的行业管理以及机动防汛抢险等，与江苏省灌溉动力管理一处实行“两块牌子、一套班子”管理。

近年来，我们以科学发展观为指导，在抓好基础管理工作、充分发挥水利工程的效用，为工农业生产和群众生活提供优良服务的同时，加强文化建设，认真学习、传承、弘扬中国历史悠久的水文化，并赋予水文化新的时代内涵，以先进的水文化促发展、促和谐、展示现代水利新形象，使全处各项工作取得了积极进展。现在，水利工程安全高效运行，经济效益持续快速增长，单位环境面貌日新月异，职工精神状态热情饱满，管理处先后被评为“全国水利系统文明单位”、“全国水利系统综合经营先进单位”、“国家水利风景区”、“全国水利风景区建设与管理工作先进集体”、“全国保护母亲河行动先进集体”、“江苏省园林式单位”、“绿色江苏建设先进单位”、“江苏省水利管理先进单位”。这一切，水文化的建设在其中发挥了精神动力和智力支持的重要作用。

一、凝练管理处精神，创建全处干部职工的共同价值观

事在人为,人在精神。从远古的大禹治水到现今的三峡工程,无数治水英雄用不畏艰险、无私奉献的精神，厚积了中华民族源远流长的水文化,形成了灿古烁今的辉煌成就。因此,我们认为,弘扬水文化、加快水利工程现代化进程,必须把培育全处干部职工的良好精神状态,努力凝聚具有自身特色的昂扬向上的管理处精神作为水文化建设的首要任务。

引江河管理处的前身是动力一处，主要从事机动抗旱排涝。自20世纪60年代起，我们怀着对水利事业的无限忠诚，出动机动抗排设备，转战大江南北，风餐露宿，为受灾地区工农业生产和人民生命财产安全提供了保障。1999年，参与泰州引江河工程建设与管理后，我们凭着高度的责任感和强烈的事业心，肩挑人抬，在二次创业中，形成了“艰苦奋斗，无私奉献”的优良作风，为凝聚管理处精神奠定了良好的基础。同时，我们结合单位多年来改革发展的实际，根据“献身、负责、求实”的全国水利行业精神，结合本处实际，凝练了“求实、竞争、创新”的管理处精神。求实——求真务实，力求实效。求实是我们过去几十年工作的真实写照。全处上下正是靠苦干实干，看准一件、干一件，干一件、成一件，把发展的思路、发展的蓝图，变成发展的现实、发展的成果。水利行业关乎国计民生，面对新的征程，只有脚踏实地，扎实工作，才能求得实效，获得发展。竞争——物竞天择，适者生存。竞争就是要善于找差距，敢于挑重担。过去在发展化纤机械综合经营时，我们靠的是优质的产品、合理的价格、一流的服务，厚积薄发，全方位参与竞争，在市场的夹缝中赢得了发展。如今，面对社会现实竞相发展的逼人态势，只有树立竞争意识，锐意进取，永不满足，才能顺应时代，乘势而上。创新——民族进步的灵魂，也是一个单位发展的不竭动力。随着时代变迁、形势变化，只有变革和创新才能使我们永立潮头，走在时代的前列。管理处精神的凝聚，统一了员工的共同追求，激发了员工的创业热情，凝聚了团结奋斗的合力。几年来，干部职工观念显著改变，

以前“有困难找厅长不找市场”，现在“有困难找市场不找厅长”；以前“因循守旧”，现在“求索创新”；以前“领导叫我干”，现在“我要自觉干”；水利工程高效运行，高港枢纽灌溉引水150亿立方米、抽排涝水16亿立方米，为里下河地区的防洪抗灾作出了巨大贡献；综合经营稳步发展，效益以每年10%的速度递增；在全国、全省的各种行业评比和竞赛中，引江河管理处都取得了优异的成绩。如今，全处上下精神饱满，意气风发，瞄准“国内一流、国际先进”的奋斗目标，加强规范管理，加快科技创新，走上了制度化、规范化、科学化、现代化的道路。

二、统一形象策划，让鲜明生动的水文化深入人心

单位形象是文化建设最鲜明的外在体现。对外，能给社会公众形成直观的印象，扩大宣传效果；对内，能使职工产生与单位荣辱与共的主人翁观念，形成强劲的活力与凝聚力。因此，我们以规范管理处形象标识为抓手，围绕水文化的建设，突出主题，延伸内涵，提升单位形象。我们先后设计了处徽，标志主体由草书“引江”二字抽象组合而成，突出单位名称；“引江”二字形成汉字“水”，点明水利单位的行业特征；“江”右侧演变为一只小鸟，展翅飞翔，喻意单位生机勃勃、充满活力、永远向前；红色圆形象征单位及水利行业犹如旭日初升，蒸蒸日上、前程似锦。以处徽为基础，我们对车船外观、处旗及信封、信纸、挂历、贺年卡、名片等都进行了一系列的形象策划，引起了社会公众对泰州引江河工程的极大关注。同时，我们还印制了宣传画册，制作了泰州引江河网站、处属江苏华纶机械厂网站、沃特龙大酒店网站和中英文对照的多媒体介绍片等，展示水利工程的巨大贡献，宣扬全处干部职工的艰苦拼搏、无私奉献精神，以及引江河的旖旎风光。目前，全处职工自豪感大幅增强，爱岗敬业、无私奉献的热情空前高涨。引江河虽然处于扬州和泰州交界之处，但已成为扬泰地区广大民众耳熟能详的地标性工程。

三、加强制度建设，促进管理模式由传统经验型向文化管理型转变

现代管理学认为：管理的最高境界在于单位内部的文化管理，而制度建设则是单位文化贯彻执行的重要抓手。早在20世纪90年代初，作为江苏省灌溉动力管理一处的管理者，针对当时管理方式落后、职工思想保守等情况，经过几年的摸索实践，我们在动力一处逐步推行了事业单位企业化管理的模式。制定和完善了若干管理制度，并加强政策宣传和思想引导，使遵守规章制度、按章办事成为职工的自觉行为，以往管理中人盯人的战术也成功地转变为制度化管理，制度也就慢慢地变成了一种文化，这可以算作我们对文化建设的初步尝试，从初步的尝试中体会到了文化建设对单位发展的重要促进作用。1999年管理泰州引江河工程后，我们按照制度化、规范化的要求，结合单位实际，对每个岗位、每个环节，都制定了详细的职责说明和操作规范，其中高港闸站管理所、高港船闸管理所、设备修理所等单位，已将规章制度汇编成册，并在高港船闸推行准军事化管理，职工统一着装，佩证上岗，上下班列队行走，文明用语，规范操作，受到社会各界好评。同时，我们又根据在实施中所遇到的具体问题，对规章制度不断加以完善，真正做到管理制度完善、各种流程顺畅，体现着制度的约束性、控制性、统一性和公平性。人性化管理的核心在于以人为本，在于依靠人、尊重人、激励人，所以在制度的建设上，我们既推行“硬性管理”、“指标管理”、“数字管理”，强化考核评比及奖惩激励措施，又注重贯彻“儒风待人”的思想，体现“上善若水、厚德载物”的精神。在制定管理制度前，通过座谈会等各种渠道倾听职工心声，了解职工想法，对重要的规章制度还提交职代会审议通过，从而充分体现人性化的管理，形成具有本单位特色的管理制度和管理环境，在提高管理水平的过程中使职工普遍理解和认同新的规章制度，并感受到个人价值的充分实现。

四、营造优美环境，彰显传统与现代相融的文化魅力

建筑本来是一种实用的物质产品，但中国建筑却以其高超的技艺和独特的风格，成为中国古代艺术的一个重要门类，并以其所寄寓的丰富的思想观念，成为中国传统精神文化的重要组成部分。作为现代化的水利工程，我们力图摆脱过去水利工程建筑单纯讲实用的局限性，把环境建设作为水文化建设的重要组成部分，作为影响人们精神面貌的重要因素来看待，使之蕴涵美化生活、绿化环境、亮化景点、优化生态的文化内涵。

高港枢纽主体建筑中的泵站，远看宛如一艘远航的巨舰，寓意高港枢纽在现代化水利事业中乘风破浪、扬帆远航。而高港船闸闸首则一改房屋建筑常规，呈倒八字形，既像风帆，又寓意“发展”的蕴涵。船闸口门，则是千桅林立，人声鼎沸，构成了一幅新版的《清明上河图》。在配套建筑物的设计中，我们充分注重个体建筑与主体建筑的衬托协调。高港枢纽职工生活区、船闸票务中心等几座配套建筑，与高港枢纽主体建筑物协调一致，互为一体，同时配以圆弧、波浪等小造型，成为跳跃的亮点。此外，我们还注重小环境统一协调的布置，注重景观的美化。环境优雅的音乐茶座、神态逼真的乐队雕塑、造型别致的音乐喷泉广场、起伏的山丘、潺潺的溪流以及婀娜的杨柳等，使高港枢纽既有高楼广厦的大气磅礴，又有水榭亭台的温文尔雅；使高港枢纽既洋溢着蓝天绿草、平坦宽阔的现代美感，又散发出小桥流水、曲径通幽的古典韵味。全处绿化覆盖率达到98%以上，构建了“桃李争春、绿荫护夏、枫叶染秋、红梅暖冬”的景观，24公里河道根据不同时节植物的色调巧妙地勾勒了一幅色彩斑斓的写意长卷。枢纽入口处的路标、引江河工程纪念碑、棋园、琴园、绣园、壁画、润南亭、滋北亭等，更是如同散落在沿线的粒粒珍珠，闪烁着熠熠光彩，显示了深厚的文化内涵。在交通桥上，我们还安装100多只宣传水资源、水环境的图文灯箱，营造了珍惜水、节约水、保护水的文化氛围。在引江河这片热土上，曾孕育了灿烂

辉煌的历史文化。相传，南宋建炎四年（1130年）秋，岳飞在柴墟西侧（即高港枢纽）迎战过金国四太子金兀术。为充分挖掘这一段历史文化遗存，引江河管理处拟规划建设岳飞抗金遗址，以重现当年岳家军柴墟大败金兵的景象。另外，明武宗正德年间，乡贤薛存昕在古柴墟西侧垂钓时，偶逢雁落河塘之情景，而当即赋《垂钓近晚偶见雁落河塘》诗一首：秋晚柴墟景色新，金风送爽绮霞明，斜阳落雁俱自得，苇草蓼花皆有情。据此，我们对古落雁塘遗址上的池塘进行了清理，建成了垂钓中心，配套建设曲桥、艺术雕塑、水天阁茶楼，并根据薛存昕诗意，创作国画，用以再现当年薛存昕垂钓时的情景。

除以上文化包装外，我们还加大投入，对动力一处旧有环境进行改造，尽可能地对原有破旧杂乱的房屋进行整修，将生产区和生活区分开，提高绿化美化层次，建成了安全、现代的生产区和舒适、宁静的生活区。为了让后人铭记创业的艰辛，我们又特地题赋自度曲二阕："古村渔市，苏中佳绝地。水环三面，莺飞撩得人凝睇。池弯桥曲，游鱼竞相戏。绿倚红依，夕阳斜照花艳丽。回眸往昔，苍凉成旧忆。国门初启，巧抓发展好机遇。共为唇齿，众同一心意。运筹精细，一朝变作新天地。"咏赞动力一处，勒石在招待所迎门的墙面上。

人创造环境，环境也塑造着人的心灵。优美协调、催人奋进的环境充分展现了单位文化的魅力，不仅使置身于其中的全体职工心情舒畅、干劲倍增，同样也给社会公众以美的享受、美的激励，体现现代水利的文化品位和文化蕴涵。

五、丰富文体活动，把水利新形象传入千家万户

文体活动是文化建设的重要载体，也是陶冶职工情操、提高职工素质、加强单位宣传的有效载体。几年来，我们一方面加强文化阵地建设，建成了职工活动中心，包括图书阅览室、网吧、乒乓室、练歌房、电视室、台球室、棋牌室、篮球场、网球场等，丰富了职工的业余生活；另一方面，组织开展群众喜闻乐见的文体活动。每两年组织开展十

件大事评选活动，让职工了解单位发展和变化，增强爱岗敬业的责任感和自豪感。每年举办职工运动会，有篮球、拔河、乒乓球、台球、象棋、“80分”和卡拉OK比赛等项目。积极组织职工参加省水利厅及地方开展的群众性文体运动会。同时，围绕引江河工程建设和管理，组织创作了小品、相声、诗歌、快板等文艺作品，举行了《情系引江河》大型文艺会演，宣传和弘扬了水文化。

歌曲是最具有群众性和流传性的文化艺术活动，它可以启迪人们的心志，给人们以心灵上的感动，从而丰富人们的精神世界，增进人们创造美好生活的激情。几年来，我们把管理处干部职工多年来奉献引江河的奋斗历史、取得的辉煌成就以及对美好未来的憧憬，创作成了《清清引江河》、《走进引江河》、《牵着长江走》、《难忘引江河》等系列独唱、合唱歌曲和舞曲。歌曲《清清引江河》以舒缓的叙事方式，展现了引江河的美好风光，它以歌词“苏中大地举银杯，斟满长江水，清清一条引江河，江畔舞彩练……”为人们勾画出如诗如画的意境，道出了人们心中对引江河的赞美。而《走进引江河》则以“南水从此向北调，涌涌流不停”、“引江河水送北京，点滴都是情”等词句，说明了引江河在南水北调工程中的重要作用，表达了引江河人着力构建人水和谐环境的豪情壮志。《牵着长江走》是一首合唱曲，词意反映了引江河人热爱水利事业、依靠科技创新、挥洒汗水热情、造福社会大众的良好愿望。我们还将歌曲制作成MTV，在电视、广播等媒体上播放，得到了社会各界的认同和赞赏。现今，广为传唱的歌曲和系列宣传活动，既使广大民众对引江河工程有了更加深刻的认识，对引江河浓郁的水文化有了更深刻的印象，同时，还赢得了地方党委政府和广大市民的关注与支持，为引江河工程赢得了更好的外在发展环境。

六、拓宽发展空间，让独特的水文化发挥经济效益

经济是形，文化是神。经济发展为文化建设提供物质基础，文化发展又为经济建设提供精神动力和智力支持。引江河高港枢纽依江傍水，

地处国家水利风景区的核心地带，既有现代水利工程的壮丽雄伟，又有自然景观的优美清新。这里水土资源丰富，河清、岸绿、景美，是天然的大氧吧。这些都是发展水利旅游得天独厚的有利条件。我们通过认真研究和思考，确立了依托水利工程、优先开发餐饮娱乐、逐步拉动水利旅游的发展思路。同时，我们还认识到，在高港枢纽发展餐饮娱乐业必须面对一些实际困难，主要是泰州市周边地区餐饮经济比较发达，三星级以上宾馆数量众多，加之高港枢纽距泰州主城区有近30公里的路程，位置相对偏远，酒店要想取得成功，就必须拥有别人所不具备的独特魅力。有特色才有品位，有品位才能有成效。在物质文明迅猛发展的今天，旅游者的消费在很大程度上是一种文化消费行为，其动机和目的，往往归结为如何获得精神上的享受和心理上的满足。因此，我们借鉴“文化搭台、经济唱戏”的做法，围绕“水”字做足文章，让独特的水文化发挥其经济效益。酒店取名“沃特龙”大酒店（WATER DRAGON HOTEL），采用英文发音加中文意译相结合，名为“水龙”。龙既是中华民族的图腾，又是掌管水的神灵，这样的取意既具吉祥的寓意，又体现了水利行业的特征。在各餐厅、包房的起名上，个个都与水结缘，观澜厅、沧海厅、滟波厅、镜泊厅、归潮轩等，每个名字都承载着水的故事。在酒店内部装饰上，我们处处注重体现水的韵味，如：走进星灿园，首先映入眼帘的是上空悬布的一条深蓝色的银河，其间繁星闪烁，地面则以大理石勾勒出浩淼的长江，营造出“天上有银河，地下有长江”的意境，给人以深邃、宁静的享受。坐在咖啡厅，既可以享受到味美香浓的各种咖啡，又可透过明亮的玻璃饱览窗外美景，使人完全陶醉于诗情画意中。在酒店的餐饮定位上，我们也以毗邻的长江做文章，选定以长江江鲜为主题，同时，衬以其他菜系，丰富酒店产品，增强吸引力。目前，我们先后推出了“江鲜美食节”、“徽菜美食节”、“杭州菜美食节”、“红膏蟹美食节”，吸引了众多宾客，取得了巨大成功。在酒店外环境的布置上，直接展示水的魅力，如音乐喷泉广场、溪流、香茗缘、垂钓中心、亲水平台等。又在宁通高速公路出口及主要交通路口设置了形象广告牌，方便游客进入景区游览；在景区入口处还安装了景点示意图及指路牌，完善了服务功能。目前，泰州引江河风景区已成为泰州市重点景区，泰州引江河以其独特的个性魅力，吸引着国内外宾客游人。自建处以来已有20多万人前来参观考察。温家宝总理视察泰州引江河时，高兴地说："搞现代化水利工程，就要这样！"沃特龙大酒店也已成为泰州及其周边地区最具吸引力的酒店之一，开业当年便跻身于三星级涉外酒店的行列。如今，上海、南京等长三角地区城市众多客人纷纷慕名前来，酒店还成功地接待过博鳌亚洲论坛国际医药产业大会等高规格的会议，宾客们给予沃特龙大酒店这样的评价："世外桃源，就在身边，吃的是品位、玩的是潮流、享受的是文化。"

水文化建设是一个庞大的系统工程，需要长期而艰苦的创建。我们将以本次会议为契机，虚心学习先进单位水文化建设的经验，积极吸纳国内优秀水文化的精髓，从本单位的实际出发，有计划、有重点、有步骤地扎实推进，充分发挥水文化内聚人心、外塑形象、转变观念、增强实力的重要作用。

（王积生）

坚持人水和谐 传承发展水文化 建设卓越秀美江北水城

山东省聊城市水利局

一、水文化底蕴深厚的聊城市

聊城，位于山东西部，京杭大运河畔，是鲁西政治、经济、文化、交通中心。聊城是国家历史文化名城，城市格局独特，城中有湖，湖中有城，城、湖、河交错，市内文物古迹众多。1998年3月聊城撤地建市，现辖临清市和冠县、莘县、阳谷、东阿、茌平、高唐6县及东昌府区、经济开发区。

聊城是一座有魅力的城市，她的魅力用一个字概括就是"水"。黄河在东部奔腾咆哮百余里，运河从中部蜿蜒曲折过市区，卫河从西部挟水弄潮冀鲁豫，还有马颊河、徒骇河等纵横交错，东昌湖、金水湖相互辉映。仅聊城市区，湖、河水域面积就多达13平方公里，占建成区面积的1/4。众多的河流，美丽的湖泊，使聊城形成了"湖水相连，城湖相依，城在水中，水在城中，城中有湖，湖中有城，城河湖一体"的独特水城风貌。这一优势是中国江北许多城市无法比拟的。

水孕育了生命，也造就了文明。明清时期，聊城因水而兴盛400余年。当时聊城运河漕运发达，经济昌盛，文化繁荣。这里"舟楫如云，帆樯蔽日"，被誉为"漕挽之咽喉，天都之肘腋，江北一都会"。作为国家级历史文化名城，聊城的文化底蕴非常深厚，黄河文化和运河文化在此交汇，人文资源独具特色，保留下来的文物古迹有400多处。景阳冈龙山文化遗址、临清运河钞关、明代的光岳楼、清代的山陕会馆和三国时期的曹植墓等，都是国家级文物保护单位。清代江南河道总督杨以增创办的海源阁，藏书之珍贵丰富名闻天下。中外读者比较熟悉的《水浒传》、《金瓶梅》、《聊斋志异》、《老残游记》等古典名著中描述的许多故事都发生在聊城。优秀的人文环境造就了一代又一代名人志士，战国时期的军事家孙膑、唐初名相马周、哲学家吕才、宋代医学家成无己、明代文学家谢榛、清代开国状元傅以渐、“义学正”武训、抗日名将张自忠、国画大师李苦禅、领导干部的楷模孔繁森、国学泰斗季羡林等，都是聊城人。

东昌湖的文化积淀非常丰富。据传说，很久以前，聊城一带下起大雨，全城变成一片汪洋大海，城南100里处的黄河又决了口，在城里冲出一个湖来，深不可测。有一次王母娘娘和玉皇大帝来此云游，但见湖里映出五彩霞光，于是就把随行的雌凤仙子留在这里，建起六角攒尖飞檐亭，遍植奇花异草，使东昌湖成为圣境。这仅仅是传说，现实的情况是：东昌湖初建于宋熙宁三年，也就是公元1070年，引黄河水为源，当时的水域面积为4.2平方公里。到了元代，东昌湖又引来京杭大运河的水。穿过聊城城区的运河全长5公里，中间设有一闸，不仅南北货运必经聊城，而且“达官富商皆取道于此”，由于船多，又在闸口以东开出1公里长的越河，越河上架起12座形状各异的小桥，称为“十二连桥”。那时的聊城，“舟楫如云，帆樯蔽日”，是一个商业大埠，也是一个物流中心。别的知府是四品官，只有东昌府是三品，可见其地位之重要。东昌湖曾经叫“胭脂湖”，与杭州西子湖、南京莫愁湖并称为“三大美人湖”。蒲松龄在《聊斋志异》里写过一个叫《胭脂》的故事，就发生在东昌湖畔。东昌湖的水文化养育了一代代性格鲜明的聊城人。山东人的性格东西有差异，齐文化和鲁文化也不尽相同。聊城文化呈现典型的鲁文化特征，民风厚重朴实，纯朴自然，重视传统道德，但也封闭保守。因此，围绕东昌湖风景区，开发传承聊城水文化具有重要的现实意义。

京杭运河文化的开发对聊城市经济社会的发展有非常重要的意义。

开发建设京杭运河，不仅可以完善交通运输条件，而且还可以提供充足的水源。国家南水北调东线工程建成通水后，对补充聊城市地下水资源、改善生态环境的作用很大。从另一方面来说，京杭运河的开发建设，有利于促进和改善聊城市的自然景观与人文景观。京杭运河流经聊城的500多年里，不仅给这里的经济发展带来过数百年的辉煌，而且形成了内涵丰富的运河文化，其中既包括丰富的民风民俗，又有大量的名胜古迹和文化遗产。如沿河的山陕会馆、海源阁和海慧寺等都是因京杭运河而建，光岳楼、铁塔、东昌湖和临清清真寺、舍利寺等名胜古迹皆是因京杭运河而来，垢堌等大汶口文化、仰韶文化、龙山文化时期的文化遗址，还有皇姑冢、景阳岗、狮子楼等名胜古迹都和京杭运河有着渊源。从本源上讲，只有运河文化的开发建设，才能真正使这些名胜古迹和文化遗产重放光彩，进而纳入并丰富“江北水城”旅游网。因此，围绕聊城段京杭运河风景区的建设，加快运河文化的研究与开发，利用运河文化发展旅游业，让京杭运河重新焕发青春，进一步服务聊城、造福人民，具有重要的现实意义和深远的历史意义。

1855年，黄河在河南铜瓦厢大决口，运河被拦腰折断。从此，北运河漕运断绝，聊城区位优势尽失，工商业一蹶不振，繁华落尽，日渐萧条起来，直到后来成为山东省有名的“穷三区”之一。

二、坚持人水和谐，建设卓越秀美江北水城

改革开放以后，聊城人曾长时间为发展中“找不到北”而叹息。经过多年的艰苦摸索，蓦然回首的聊城人突然间发现了脚下那方水的价值。江北罕见、面积可与杭州西湖媲美的东昌湖给了聊城人发展的灵感。

为改善聊城人民的生活居住环境，促进人水和谐和经济社会可持续发展，传承和开发水文化，聊城市委、市政府审时度势，结合聊城实际，作出了建设卓越秀美的“江北水城”的重大战略决策。

熟悉聊城的人，用“焕然一新”来形容她近几年的变化绝不为过。

而其中变化最大的，当属聊城的“水”。聊城市打出“水文化”牌，把“江北水城”作为城市名片，整治了东昌湖、徒骇河和古运河沿岸。古运河文化线上有众多传统街巷、商业建筑和文物古迹，聊城古城内有完好的十字大街、光岳楼、民居、街巷的格局，城内房屋高度和街道宽度都有严格限制。

聊城市在城市建设与发展中突出“水城”特色，规划将城区内的东昌湖、古运河、徒骇河等水系连通，确定统一的水位标高，进行两岸绿化，形成“城中有水，水中有城，城河湖一体”的独特城市布局，乘船可以浏览整个城市，岸边杨柳依依，景点相连，营造“船在水上行，人在画中游”的美好意境，古老的聊城开始以崭新的面貌展现在世人面前。

一是开发建设了东昌湖风景区。规划面积21平方公里，是江北水城的重要组成部分。改革开放特别是1993年以来，结合京九铁路路基备土和聊城发电厂供水，先后对东昌湖西南部和西北的几个湖区进行了清淤扩挖，对西部的三个湖区进行了岸边绿化和护砌。如今，占地1600亩的湖滨公园已经建成，公园内小桥流水，绿草如茵，水城明珠剧场富丽堂皇，大大小小的雕塑和建筑小品点缀其间，成为市民休闲娱乐的好去处。

二是开发建设了古运河风景区。为再现聊城昔日繁荣的景象，从1999年8月开始，聊城市相继实施了古运河一、二、三期开发工程。经过改造的古运河在城区内蜿蜒，运河之上桥梁样式各异，新建了绿化带和仿古建筑。如今聊城的古运河两岸，店铺林立，河堤绿柳成荫，河中轻舟戏水。每到夜晚，两岸华灯绽放，古运河流光溢彩。同时，经过开发治理，实现了东昌湖和古运河的连通。

三是开发建设了徒骇河风景区。市区东南部的徒骇河过去是一条行洪河道，古为禹疏九河之一。2000年开始建设徒骇河风景区，建设了昌东橡胶坝，并对昌东橡胶坝至上游陈口桥进行了河道扩挖，河槽扩宽至140~180米。2001年春开始按规划进行美化绿化，兴建了独具特色的巨龙广场，初步建成的占地1000多亩的徒骇河风景区，与东昌湖风景区、古运河风景区共构成了“一湖两河”的江北水城大格局。

四是为保持东昌湖水位的相对稳定，在聊城市区南部建设了816万立方米的谭庄水库，即风景秀丽的金水湖，为东昌湖、古运河及徒骇河风景区的用水随时进行调剂补充，为江北水城提供了可靠的水源保证。

五是实施完成了江北水城徒骇河上游截污导流工程。工程沿位山三干渠铺设管道，将赵王河、小运河的污水，通过管道汇流入徒骇河（一期工程），连同徒骇河王堤口闸以上污水经新开明渠排入西新河，再通过西新河排入徒骇河昌东橡胶坝以下（二期工程待建）。工程完成后作为保证江北水城水质安全的第一道防线，并正在筹划建设城南水系整治工程，以确保两河一湖水质安全。

六是实施了东昌湖截污导流工程、新水河改造、青年渠治理工程。旧城区污水通过污水管道进入污水处理厂，新城区污水汇流通过河道、管道有序排放、有限处理，极大改善了城区环境。

七是举办了江北水城文化旅游节。水凝灵气，水聚人气，水揽财气。以水为媒，聊城市从2002年起，每年利用“五一”、“十一”黄金周，举办“中国江北水城文化旅游节”和“水城之秋观光周”。水城、水韵、水趣——秀美的自然风光和浓厚的文化底蕴，吸引了大批游人。

八是建设中国运河文化博物馆。中国运河文化博物馆于2004年11月动工建设。该博物馆总建筑面积1万平方米，分为陈列区、收藏区和研究及学术交流区3个功能区域。该馆的建设对于研究和传承运河文明、弘扬京杭大运河的历史文化、促进和提升运河沿线城市乃至在国内外的知名度具有重要意义。该博物馆将系统介绍运河发展史、科技史以及沿岸地区的重要文化面貌和文化内涵，对于进一步弘扬运河文化具有重要的促进作用。

为充分发挥水的优势，传承和发展水文化，塑造城市个性，聊城市把城市形象定位在园林式、生态型、卓越秀美的“中国江北水城”上，着力打造融南方水韵和北方风情于一体、自然景观与人文景观交相辉映、风格独特的全国优秀旅游城市，使之成为济南的西花园、京津的度假村。2003年“江北水城”被水利部授予国家级水利风景区称号。

三、传承和发展江北水城水文化的意义

经过近几年的建设，江北水城已经初具规模，中国北方最大的城内湖泊——东昌湖，湖水清澈，波光潋滟，景色宜人，可与杭州的西湖相媲美，是传说中美女胭脂浣纱的地方。千百年来，“半是诗意半是情”的东昌湖水，一直让文人痴迷，引英雄折腰。东昌大桥如长虹卧波，横跨水势浩淼的湖泊。凤凰广场，腾龙广场，生肖广场，喷泉广场，湖滨浴场，江北水寨，如同一颗颗珍珠，散落在湖泊周围。乘着一叶小舟，漂荡在清风徐来的湖上，如同在画中游弋；而今的大运河已整修一新，南水北调东线工程顺流而下；宽阔的徒骇河，像一轮巨大的弯月，簇拥着南部半个城区；古老的黄河，孕育华夏文明的摇篮，它通过引水渠道，为城区编织出一条条水网。小桥流水，轻舟漂荡，别具风情。两岸绿树成荫，商铺林立，又显当年繁华。湖河相连，城湖相依，城在水上，水在城中，可以这样说，在中国长江以北，还没有哪一座城市拥有这样多、这样美的水，有这样独特诱人的城市格局。一个城市有了水，才有她的灵气和韵味。聊城的水如梦、如歌，水边的景如画、如诗。那碧波荡漾的涟漪，那清风垂柳的絮语，给这座城市增添了几多浪漫。漫步聊城，不仅可以欣赏卓越秀美的水城景色，还可以领略源远流长的水城文化。京杭大运河宛若玉带，蜿蜒曲折，穿越南北，把众多的人文景观有机地连在了一起。沿河两岸，古桥、古楼、古寺、古塔比肩接踵；石雕、石刻、庙宇遥立相望。让人觉得，在这里抓一把泥土就是文化，捡一片陶瓦就有传说。聊城是国家历史文化名城，黄河文明和运河文明在此融合，灿烂的文化令人叹为观止。

聊城将水和历史遗留下来的文化古迹巧妙地结合起来，使江北水城水文化独具特色。原来的山陕会馆、宋代铁塔、清代四大私人藏书楼——海源阁等分布在水城河湖岸边，形成了人文景点相映成辉。通过

水和文化行之有效的结合，既丰富了水的内涵又增添了文化的韵味。古城风貌保留完好，以古城正中的光岳楼为中心，向四面辐射，形成东西南北四条古城区干道，其他大街小巷，也都是泾渭分明，垂直交叉，形成棋盘方格网状骨架。古城区民居，至今保留白墙、灰瓦、城屋顶的传统风格，古老的京杭运河两岸，街巷布列，各种店铺民居，随坡就势，依河而建。古城内湖畔河边悠闲地品茶的老居民，临水而居的民宅和光滑的石板路衬托的街景，水中之城特有的民俗风情，透出这里独特的魅力和感染力，令游客回味，并为珍惜并保留这种民俗风情而惊奇。

聊城人打水的主意，做水文化的文章，可谓独到，也打响了“中国江北水城”的城市品牌。水文化和古城文化凸显了聊城的特色，产生了巨大的吸引力和聚合力，成为聊城发展的新动力，借助城市文化提升城市形象，城市的知名度上升；聊城的城市文化也借助城市形象的推广得到更好的发展和更广泛的传播。

（唐佑乾）

绍兴城市水利的继承和发展

浙江省绍兴市水利局

城市水利直接关系城市生存、制约城市发展、影响城市生态环境和社会环境。绍兴在2000多年的建城历史中，由于独特的自然地理环境，无论是过去和现在，都十分重视城市水利建设，使绍兴成为具有独特城市风貌的江南著名水城。

一、水与绍兴

水生城之态，水筑城之形。绍兴与水有着不解之缘，水养育了绍兴人，孕育了绍兴城，见证着越地变迁，演绎着古越文明。

（一）绍兴是江南水乡城市

1.独特的地理环境

绍兴平原水网发达，河湖众多。在规划绍兴大城市三大组团中，鉴湖水系纵横交织，杭甬运河穿过市区，镜湖、青甸湖、瓜渚湖、大坂湖等分布其中，河湖总面积达到53.6平方公里，占总用地面积的20.2%。

2.独特的城市形态

“城在水中，水在城中”是古城绍兴独特的城市形态。古城绍兴有“三山万户巷盘曲，百桥千街水纵横”的形象描写，新中国成立初期，在古城8.3平方公里范围内，尚有各类河道30条，河道总长度近60公里。其中环城河环绕古城一周，城内河道四通八达，有街就有河，河道如街道。通过历代的城市水利建设，河道与街道、民居之间，形成了“一河一街、一河两街、有河无街”等多元城河格局，是典型的江南水乡城市形态。

（二）水为绍兴城市之魂

1.水是绍兴城市兴起之源

水是万物之源，水产生了生命，产生了人居，产生了城市，促进了城市文明。绍兴城也不例外。绍兴城因水而兴，有了水才有绍兴这座城市；有了悠久的治水历史；成就了绍兴的城市发展，造就了绍兴的鱼米之乡。绍兴城因水而美，粉墙、黛瓦、小桥、流水、人家是水城绍兴的生动写照，古城居民户户临水居，家家尽枕河。绍兴城因水而名，水养育了历代名人，孕育了历史文化，绍兴城因此获得了名士之乡的美誉，有历史文化名城之称。

2.水是绍兴城市发展之本

独特的地理环境决定着水是绍兴城市发展之本。首先城市要生存和发展必须有良好的水利保障作基础，其次良好的水生态环境是提升城市人居环境的基础，第三良好的水环境也是发展城市文明的基础。因此，绍兴要开展大城市建设，首先要做好水文章，建设保障绍兴经济社会发展的城市防洪排涝体系，建设具有较高安全保障的城乡供排水体系，开展城市生态景观河湖体系建设，形成一个完整的城市水生态系统。

二、绍兴城市水利的辉煌历史

绍兴城市水利曾经有辉煌的历史，城市水利建设贯穿了绍兴城市的发展史。历代以来，绍兴城市水利的辉煌主要有三个时期，一是吴越时期，二是东汉至宋的鉴湖时期，三是明清时期。

（一）越国建城确立了水城框架

春秋越国水利不仅是绍兴城市水利的起源，而且是我国最早的代表性水利工程之一，如最早的系统堤防富中大塘，最古老的运河之一山阴古水道，最早的有坝取水枢纽吴塘，第一条石筑海塘石塘等。公元前

490年，越国都城从山麓地带迁到平原中部，先后筑起勾践小城和山阴大城，城内河流纵横，内外河道沟通，形成了"一河一街、一河两街、有河无街"的水城格局，确立了绍兴城市"城在水中、水在城中"的初步框架。

（二）修筑鉴湖奠定了城市水系基础

东汉永和五年（公元140年），会稽太守马臻主持修筑我国古代最大的蓄水工程鉴湖。该湖总面积189.95平方公里，正常库容2.68亿立方米。在东汉至南宋千余年的存续时间，鉴湖以防洪、灌溉、供淡、释咸、交通、水产和水环境、水文化等方面的巨大综合效益，确立了在中国水利史上的不朽地位，同时对绍兴城市水利产生了广泛而深远的影响。通过鉴湖的建设，拦蓄北部会稽山全部洪水，经斗门、闸、堰等69座水门泄洪或灌溉既解除了对城市的洪水威胁，又使下游九千余顷沼泽之地得到灌溉，奠定了以鉴湖为龙头，河、渠纵横交错的城市水系基础。

（三）筑塘建闸形成了"东方威尼斯"

鉴湖在南宋末年湮废，山会地区水利进入调整时期，唐代修建海棠；明代修建三江闸，封闭山会海塘，形成山会平原内河河网水系。这些工程的接连完成，对绍兴城市水利继续产生重大影响，而且在解决城市水利"防洪、拒潮、蓄淡、航运"等方面达到了辉煌的顶峰。山会平原成为能抗拒旱涝灾害的鱼米之乡和富庶之地，绍兴古城成为一座坐落在纵横密布的河流湖泊之中的著名水城，水城内外河道结构完备，功能齐全，排放畅通，内外联网，自成体系。在18世纪被外国传教士评价为"东方威尼斯"。

三、现代城市水利的发展和特点

（一）现代城市水利得到快速发展

近年来，随着绍兴经济社会的快速发展，绍兴的城市水利建设也得到了快速发展，按照大城市发展规划，先后开展了城市水利供排水治理系统化建设。

1.城市供水惠及百万城乡居民

2000年底，投资20亿元的小舜江供水工程建成通水，从此绍兴平原130万人口同饮舜江源头水，彻底改变饮用水环境，实现优质、清洁、方便、安全的城市供水目标，开创了古城市民饮用源头活水的新纪元。

2.城市水环境治理成效显著

按照城市水环境整治与旧城改造同步实施、与城市拓展同步实施的原则，几年来先后投入近30亿元整治了近100公里城市主要骨干河道，其中2001年完成了环城河综合整治，2002年完成了平水东江，2003年完成了大环河南河以及古运河工程建设，2005年完成了龙横江综合整治工程，以及一系列新区河道、古城河道的整治，城市防洪能力显著提高，城市水环境明显改善。

3.城市污水处理截住污水源头

投资35亿元建成了日处理能力达60万吨污水处理厂和城市污水收集系统，工业污水100%进入管网，生活污水70%进入管网，从源头上截住污水进入河网，确保一河清水。

4.城市活水工程置活河网水系

投资15亿元正在建设的曹娥江大闸，为国内第一河口大闸，使曹娥江江道成为近50平方公里的河道水库，为建设大城市活水工程奠定了基础，规划城市活水工程，从曹娥江中游引水，进入绍兴大城市南部山区，通过节制闸控制，置活整个城区水体。

（二）现代城市水利建设的主要特点

绍兴是一座历史文化名城，有悠久的治水历史和丰富的城市水文化。我们在开展现代城市水利建设中，充分认识到水文化对水利建设的作用和意义，在治水规划、治水思路以及工程建设的各个方面，十分注重历史水文化的传承和发扬，使现代城市水利更具有生命力。

1.传承和发扬传统城市水利的治水理念

首先是始终把开展城市水利建设作为促进和发展城市文明的重要基础。水利兴，则文明兴。绍兴历史上几个重要的发展阶段，从越王勾践到东汉鉴湖、唐修海塘、明修三江闸，每一次重大的水利建设，都是绍兴城市文明发展的一次重大飞跃。建设绍兴大城市和发展绍兴现代城市文明，重要任务是大力开展现代城市水利建设，以良好的水环境来保障和支撑现代城市文明的快速发展。其次是城市水利建设始终把符合经济社会发展需要作为首要目标。每个历史发展时期对城市水利有不同的需求，历史上绍兴城市文明的发展，对城市水利提出的首要任务是交通运输和泄洪排涝，绍兴的城市水利建设也是围绕这两大任务展开的，随着现代绍兴城市文明的不断发展，建设良好的水生态环境、和谐的亲水空间、高标准的城市供水等成为城市水利的首要任务，近几年来，我们在开展城市水利建设中也重点抓好了这些方面。第三是注重城市水利的系统规划和建设。按照大城市发展要求，从城市水利的上水、中水、下水及供水、治水、排水、活水等各个方面开展系统规划和建设，充分发挥城市水利的综合效益，保障现代城市的可持续快速发展。

2.发掘并弘扬丰富的历史文化内涵

绍兴有悠久的治水历史，有丰富的城市水文化。在开展现代城市水利建设中，我们注重历史文化内涵的发掘。与水有关的历史，与水有关的传说，与水有关的人物，与水有关的古迹，与水有关的文化，通过发掘、整理和恢复，都成了我们开展现代城市水利建设的宝贵财富和一大特色，并以现代城市水利工程为载体，使悠久的历史文化得到进一步的弘扬和光大。同时许多古老的水工程在现代城市文明发展中继续发挥着重要作用，环城河、古鉴湖、古运河、萧绍海塘等有着几百年甚至上千年历史的古老水利工程，随着社会文明的发展，其综合效益将会更加显著，现代水利功能将会更加凸现。发掘历史文化内涵主要有三个方面：一是对历史遗迹的恢复和重建。通过历史文献的记载，利用古材料、古人物、古记载原汁原味地还原历史，在环城河综合整治中，我们对西园、迎恩门和都泗门等历史遗迹进行了恢复；在浙东古运河整治中，围绕“古”字做深做透，利用老石材，对运河沿岸与运河历史有关的石桥、石亭、石碑坊、纤道、避塘、石雕构件等进行原汁原味的恢复和展示。二是使用绍兴的特色文化元素来体现绍兴的文化。在城市河道整治中，普遍使用具有绍兴特色的建筑材料、建筑形式、园林布局等文化元素充分体现绍兴城河特色，环城河沿河粉墙黛瓦、石板铺地、小桥流水人家等都是绍兴历史文化的体现和发掘。三是突出文化主题。并不是每一条河道都有丰富的历史文化内涵，都有历史遗迹和典故可以发掘，为此我们重点做好了文化主题的布局工作，平水东江的千石诗林和大环河的名人广场等沿河每一座公园景点都具有鲜明的文化主题，以此提高公园景点的品位和档次。

3.延伸和扩展现代城市水利新功能

绍兴是水乡城市，传统城市水利主要围绕几方面需求开展。一是防洪排涝功能。纵横交错的河道，使洪水能够得到尽快宣泄。二是交通功能。绍兴的城市河道都是依街傍宅，水上交通十分发达，市民出行、运货主要交通工具是船只，古运河、山阴古水道、富中大塘等都是各个时期重要的水上交通要道，连接着主要的生产基地和城市。三是给水、消防和日常洗涤等功能。随着现代城市文明的发展，城市水利功能有了新的扩展和调整，首先是生态环境功能显现十分重要的位置。按照文明进步的要求，生态建设、环境建设成为城市文明的重要标志，有良好的水域条件是开展城市生态环境建设的重要载体，城市水利生态环境功能也就更加凸现。其次是对城市供水功能提出了较高的要求。洁净、安全的优质饮用水是现代城市发展的目标，传统的取用河网水作为城市供水已不能满足城市发展的需要，建设供水水库、保护优质水源成为城市水利的一个重要内容。其三是水上交通功能起了明显的变化。依靠水上交通开展大宗货物运输仍是其重要功能，而且仍具有较大的经济优势，居民利用水上交通出行功能已经逐渐弱化，并基本丧失。其四是水上休闲旅游功能越来越显著。绍兴河网四通八达，连接了许多著名的旅游景点，通过河道水环境整治后，环城河、大环河、古运河等都成为了一条水上旅游线，夜游环河已成为了一个重要旅游项目，同时，河道两岸公园、景点、绿化带已成为广大市民休闲运动的主要场所。

4.融入大城市建设之中

城市水利不同于传统农村水利，在城市里面建水利，特别是在现代城市发展中，不能单纯地就水利建设而建设，把城市水利和城市建设人为地割裂开来，而必须把城市水利融入大城市建设发展之中，把它当做城市建设的一个重要方面。首先是规划上融入。城市水利规划必须符合城市发展总体规划，要作为城市发展总体规划的主要内容和基础。在绍兴大城市发展纲要中，我们提出围绕大城市建设，建成完整的、功能健全的城市水生态系统，以水为脉络，连接组团，融合绿心，形成水绕城走、城依水建的“水中大城市”新格局。并以此开展了大城市河湖水系规划，规划建设“三纵三横”和“四环四网”的大城市河湖体系。其次是功能上融入。城市水利的主要功能除了防洪、供水等传统水利功能外，还应有城市建设的功能、环境保护的功能、文化的功能、旅游的功能等。城市水利工程应集多功能于一体。第三是建设上融入。在城市水利工程实施中，应结合周边环境改造、城市建设同步规划、同步建设，并可由同一家建设单位组织实施，既提高工程实施效率，又避免重复建设，有效节省工程投资。

5.体现了人水和谐的治水理念

我们在开展现代城市水利建设中，注重人水和谐的治水理念，把人与自然和谐相处体现在规划、设计和建设之中。在开展大城市水系规划中，按照河网自身特性，加以顺应，力求符合自然规律而不违反，符合城市发展功能要求，力争形成完整的、功能健全的城市水生态环境体系。在河网水系规划建设中，既把满足防洪排涝作为必要条件，同时注重满足城市水生态环境建设需要，尽量保护河道原有生态环境。2006年

5月，国家建设部根据绍兴城市河湖水系保护情况，批准命名为全省首个国家城市湿地公园。在河网水系整治工程实施中，则处处体现生态性和亲水性，在硬质河坎中设计鱼类洄游通道，尽量采用自然叠石河坎，变浆砌河坎为干砌以及在浅水河岸种植水生植物等手法，以达到生态保护目的，同时降低河坎高程，建设临水景观，设置水岸休憩平台，营造人水和谐相处的自然环境。

总理故乡水奇观　人水和谐谋发展

江苏省灌溉总渠管理处

淮安，是开国总理周恩来的故乡，在举国上下享有很高的知名度。可淮安水利工程的奇特壮美、熠熠生辉，却是鲜为人知的。

淮安，有一座标志性建筑，叫“镇淮楼”，建于宋代，雄伟壮观，期望“镇慑淮水，保一方安澜”。千百年来，镇淮楼经历了宋元明清四个朝代，经历了战火的洗礼，经历了淮水的沉浮，经历了人间的沧桑，留下了许多历史典故。“周恩来故居”在镇淮楼西北角的驸马巷内，距离镇淮楼不足200米。镇淮楼的历史典故，也给童年时期的周恩来留下了不可磨灭的印象。12岁时，他告别故里，就学他乡，“为中华之崛起而读书”(周恩来语)，还高兴地向亲友介绍他“生于斯，长于斯，渐习为淮人”。

后来，他在路漫漫、水迢迢的革命征程中，历尽千辛万苦，仍然惦记着故乡人民。1946年秋，淮、黄、沂、沭洪水泛滥，苏北人民处在水深火热之中。这时候，国民党已经撕毁了抗日胜利后国共双方签订的停战协定，悍然发动了规模空前的全面内战。在这种“时局极端险恶，人心异常悲愤”的情况下，周恩来作为中共中央副主席和国民党谈判的全权代表，同国民党进行了艰苦卓绝的谈判斗争，同时，对苏北的水灾，向国民党进行了义正词严的交涉，要求国民党政府立即开放沿江各坝泄洪，以挽救岌岌可危的苏北千百万人民。在当时的战争形势下，国民党反动政府只顾打内战，根本不顾人民的死活。苏北人民在中国共产党的领导下，一面配合人民军队阻止国民党军队沿运河北犯，一面与暴雨风浪搏斗，加紧培修里运河东西两堤，经过英勇奋战，终于保住了里运河两堤的安全，避免了里下河人民惨遭灭顶之灾。

总理爱人民　故乡记深情

1949年，苏北刚刚获得新生，又遭到沂沭河洪水的侵害，百万灾民外出逃荒。同年秋天，毛泽东主席和周恩来总理电告中共苏北区委和苏北行署，指出：我们党和政府“对在革命战争中作出重大贡献的苏北人民所遭受的苦难，负有拯救的严重责任”。

当时，全国范围内的战争尚未结束，国家经济十分困难，周总理报经毛主席批准，毅然决定组织苏鲁两省人民向洪水开战，兴办“导沂整沭”工程。苏北人民担任“导沂”任务，拉开了治淮工程的序幕，在1949年冬到1950年6月，组织50多万人，采取“以工代赈”的方法，在淮北平原上开挖了一条长144公里、宽1~3公里横穿东西的通道——新沂河。1950年汛期，沂河又发生了相当于1949年的洪水，上游出现了5次洪峰，滔滔洪水驯服地沿着新沂河河道流向大海。淮北大地欢庆安澜，第一次战胜了千年为患的洪水，迎来了安宁与幸福。周总理得知喜讯后，兴奋地说：“在这样困难的条件下，导沂取得了初步成功，说明我们共产党人不仅能打天下，也可以搞建设治理国家。”

1950年，淮河流域又闹起了水灾，千百万灾民流离失所。作为中国革命胜利后第一届中央人民政府的总理，在日理万机的情况下，把对家乡的感情，对人民的热爱，倾注到治淮工程上，于1950年10月14日，主持了具有历史意义的政务院会议，作出了《关于治理淮河的决定》。

江苏治淮从何处开始？周总理专门召开会议，听取了苏北行署主任惠浴宇，水利局副局长熊梯云、总工程师王元颐的汇报，并认真地作了记录。苏北选准开挖灌溉总渠作为响应毛主席“一定要把淮河修好”伟大号召的第一仗。会上产生了不同意见。当时，正值志愿军入朝作战，财政和物资之紧张可想而知。按当时的国力，解决防灾抗洪解脱人民的痛苦就已经勉为其难了。要办灌溉兴利工程，是否早了一点？总理最后拍板说："苏北人民在战争期间，响应党的号召，上去那么多人，流了那么多血，出了那么多烈士……我们应该支援他们。"总理又对苏北的同志说："今天晚上就批准灌溉总渠，你们要像搞新沂河那样搞好这条河。"

淮河下游在初步控制了洪水泛滥之后，接着就转入洪、涝、旱兼治的阶段，向稳产高产和旱涝保收的生产领域的广度与深度进军。不论是建设里下河商品粮生产基地，解决"沤改旱"（一熟改两熟）问题，还是开发淮北商品粮生产基地，解决"旱改水"（旱谷改水稻）问题，都需要大量的水源来保证，这就要实施跨流域调水，进行一系列的调水工程建设。

1957年初，安徽省省委书记刘顺元将"淮水北调"方案送到北京，向周总理汇报。刘顺元说："淮水北调，不仅有利于苏北的农业、工业和交通，还可以把水一直送到新海连（今连云港），支援那里的海军设施和部队，有利于国防建设。"周总理听后，称赞"江苏同志有大局观念，想得好，搞水利工程还能想到国防建设"。当即就批准了"淮水北调"工程。

随着时间的推移，淮河水源不足的矛盾越来越尖锐。淮水可用不可靠，江水想用用不到。因此，提出了"江水北调、引江济淮"的规划设想。1960年1月，中共中央召开上海会议，周总理到了上海。省委书记刘顺元即乘此机会，带着水利厅厅长陈克天和水利专家沈日迈、许荫桐去上海向总理当面汇报。总理会务很忙，但还是安排时间接待了他们。总理听了顺元同志的汇报，觉得有理，高兴地说："江水北调是个创举。将来我们国家还要搞南水北调。调水要打破省界，哪里缺水就往哪里调。"总理当即批准了"江水北调"工程的建设，并批示："请一波、北一同志处理。"后来，水利部和国家计委都很快批准了江苏"江水北调"的实施方案。

现在回想起来，按当时的情况，要把江水北调工程搞上去，真不容易啊！20世纪60年代初，帝国主义对我国实行全面封锁；苏联撕毁合同，撤走专家，逼债要钱；国家又发生严重自然灾害，国民经济极端困难。要不是总理支持，江水北调工程在那种困难时期怎么能上马呢？

淮安是江水北调的第二梯级翻水站。几十年来，这里所建的水利工程，超过了历史上几千年来所建水利工程的总和。总理对人民的深情关怀，故乡人民是永远不会忘记的。

淮安水奇观 “三水”听调遣

在环境优美、风光如画的淮安水利枢纽工程管理区内，有一对新建成的淮河入海水道——淮安枢纽“安澜塔”。她与淮安“镇淮楼”南北相望，雄视古今，相互辉映，光彩夺目，是古代文化与现代文明的最好见证。

“安澜塔”，屹立在大运河东西两侧，塔高30多米，七层，是江苏省最高的一处水工建筑物，中间有铁索桥相连。当我们登上安澜塔顶，环顾四周，人文景观和自然景观尽收眼底，大有心旷神怡、无限美好的感觉。大地上，有连接江湖河海的水工建筑群，有宽广辽阔的平原，闪闪发光的水网，船泊云集的港口，工厂争雄的城市，欣欣向荣的农村。这一切，向人们展示出了“淮安水奇观”的壮丽画卷。

奇观之一：千里淮河与京杭大运河在此交汇，淮河文化与运河文化在此交融，运河与总渠在此平面交叉、与入海水道在此立体交叉，蕴藏着丰富的水文化内涵。东西向的灌溉总渠与入海水道，平时像两条驯服的“蛟龙”，静静地横卧在苏北平原上，头枕洪泽湖，脚踩黄海波，身长160多公里。当淮河暴发洪水时，入海水道经过这里，“西吞淮河千里水，东吐黄海万顷浪。”立交工程，上槽下洞。槽宽80米，洞长108米，是水利工程的精美艺术品。上层，南北大运河日夜通航，船队往来如梭，林带绿满两岸。下层，入海水道畅通无阻。泄洪时，滚滚洪流奔腾东去，气吞百里如虎。

奇观之二：这里，呈现出密集型的水工建筑群。新中国成立50多年来，在这不到3平方公里的范围内，先后建成了运东分水闸、运南引江闸、沙庄引江闸等10座涵闸，淮安一、二、三、四站4座大型泵站和清安河、楚州2座中型泵站，大运河上淮安一、二、三号3座复线船闸和灌溉总渠上1座运东船闸，还有运东、运西5座水电站，共25座高大的水工建筑物。这样的规划布局和工程密度，穿越时空，在江苏水利发展史上首次显现，专家们说，在世界上也不多见。

奇观之三：江水、淮水、运河水在这里连成一片，听从调遣。根据人的意志，可东去，可西行，可南下，可北上。随着开机的一声令下，长江水可以滚滚涌来，北上滋润淮北城乡，灌溉万顷良田；还可以通过各梯级翻水站，奔向华北大地，实现国家南水北调的伟大构想。而昔日汹涌不羁的淮河洪水也得乖乖地由此入海为安。淮安枢纽工程，在这里成为连接江海河湖的一大亮点，使长江、淮河、大运河、灌溉总渠、入海水道、洪泽湖、白马湖的水源可以互济互调，以它们楚楚动人的光华为淮安增添了更加绚丽多姿的色彩。

奇观之四：水利工程的综合效益在这里得到了充分的显示。防洪、灌溉、排涝、航运、发电、水资源调配供给等，类型不同，规模不一，功能各异，却整合在一个系统工程内，按照调度使用的要求，控制各种水位，发挥抗旱、排涝、泄洪、灌溉等多种功能，体现出它的科学性、多样性、先进性和实效性，为社会经济的发展插上了腾飞的翅膀。靠总渠灌溉的里下河地区，和靠淮水北调、江水北上灌溉的淮北地区，先后建成国家两个新型的粮食基地。淮北地区的粮棉产量，早已超过江南富绕的苏锡常地区。淮北赶江南，旧貌变新颜。

尤其是淮河入海水道近期工程的完成，经济效益、社会效益、环境效益更为凸现出来。

一是实现了人与洪水的和谐相处。2003年6月28日，淮河入海水道提前两年半建成主体工程，实现全线通水。在刚刚建成后的第六天，即投入淮河1954年以来最大洪水泄洪，连续泄洪33天，排泄洪水44亿立方米，相当于近两个洪泽湖的正常蓄水量，有效地降低了洪泽湖最高洪水位40厘米，避免了洪泽湖周边350平方公里范围滞洪，避免了30万人大转移，直接减灾效益达27.68亿元。一次行洪等于收回了工程2/3的总投资。同时，和淮河中游茨淮新河、怀洪新河实行三河接力，使得安徽省比1991年少开启8个滞洪区滞洪，减少了滞洪损失，经济效益和社会效益十分可观。这就充分说明，在处理人与洪水的关系上，最核心的一条就是要给洪水以出路，才能实现人与洪水的和谐相处。

二是实现了人与环境的和谐相处。淮河入海水道工程也是江苏水利史上举办的大型环保工程，环保投资2.17亿元，占工程总投资的5%以上。河成、堤成、林成、绿化成。2003年，淮河入海水道行洪后，对沙土段又加强了水土保持，护砌堤坡113公里，护砌泓坡32公里，做到了建一处，成一处，管一处，收效一处。堤防、滩地、泓道做到宜林则林，宜草则草，保持了水土，美化了环境。许多堤段已形成“堤顶绿叶做帽，堤坡绿草护腰，堤脚块石护牢”。

三是实现了人与人的和谐相处。淮河入海水道清污分流，是水利工程在新时期落实科学发展观的一个创举。在淮河入海水道建成前，上游清污混流，下游苦不堪言，诉不完的苦，告不完的状。现在，清污分流，总渠水体和北泓灌溉水源不受污染，改善了渠北地区的水利生态条件，实现了水资源的优化调度，结束了多年来污水排入总渠的历史，总渠沿线上百公里几十万人从此喝上了干净的清水，出现了上下游之间、人与人之间和谐相处的新局面。

在总渠和入海水道的北面，历史上留下一条漫长的黄河故道，成了“沙尘暴”的发源地。过去，“大风起兮沙飞扬，沙尘滚滚满天黄”。老百姓怨“三不开”：眼睛睁不开，嘴巴张不开，锅盖揭不开。现在，数百里沙荒地，随着治淮工程的兴建，已被生态林网所替代，沙尘暴消失了，建成了美丽的果园，果树成林，香飘万里。

妙手绘蓝图　和谐谱新篇

党中央提出了构建社会主义和谐社会的重大战略任务，江苏省第十一次党代会也为我们指明了构建社会主义和谐社会的方向途径。我们结合单位实际贯彻中央精神和省委部署，认为管好灌溉总渠和淮河入海水道等重要水利工程，在促进和谐社会建设的历史进程中负有重要责任。这是关系到防御水旱灾害、促进经济稳定发展、保障社会安定和谐和人民安居乐业的一件大事。在管理工作中，必须倡导和谐理念，开拓和谐思路，培育和谐精神，创新和谐成果。

水，是生命之源、生存之本，也是构建和谐社会的重要因素和宝贵资源。水与工程建筑、水与民风民俗、水与园林绿化、水与诗词歌赋、水与音乐舞蹈等，关系密切，内容丰富。努力营造水文化，对于构建和谐单位意义重大。

淮安，历史悠久，吴风楚韵，人文荟萃，文化底蕴深邃丰厚，名胜古迹灿若群星。自古得舟楫之便，享鱼米之丰，素有“襟吴带楚客多游，壮丽东南第一州”的美誉（明·姚广孝《淮安览古》诗句）。

淮安水利枢纽有着厚重的水文化底蕴。我们力求充分利用淮安水利枢纽所具有的工程多、规模大、水利科技含量高、水面辽阔、生态环境好、水土资源丰富、景区基础设施建设完善、周边人文景观数不胜数等优势，挖掘水文化内涵，打造水文化品牌。努力创新管理模式，别具匠心，精雕细琢，高标准地规划建设好淮安水利枢纽。

2003年，国家水利部命名淮安水利枢纽为国家水利风景区。为开发、利用好淮安水利风景区的文化资源和旅游资源，管理处按照“统一规划，分期实施”的原则，对淮安水利枢纽进行了景区规划。近期规划将淮安水利枢纽分为核心景区和外围景区两部分。设置展览旅游及办公、野外生活休闲、接待服务、运行管理、经济林木及禽鸟养殖、苗木花卉生产及展览、水上娱乐七大功能区，分期建设淮河入海水道展控调度中心、淮河安澜展示馆、淮河微缩景观等40余个景点。规划中，以生态环境和景区资源保护为可持续发展原则，立足当前，放眼长远，适度超前，综合考虑水利枢纽开发建设的经济、社会效益和环境效益，结合淮安水利枢纽的水文化实际，努力打造文化水利的品牌。将淮安水利枢纽规划为具有科普教育、休闲度假、观光旅游、会议论坛等功能的水利主题公园，使淮安水利枢纽因水而瑰丽，因水而神奇。

淮河入海水道展控调度中心是展示水文化的新区。配套景点已初具规模，淮河微缩景观将呈现在人们面前的是“两岸花岗写胜迹，桐柏清溪向海流”的原生态型的美丽淮河。这一景点的设立是为人们在领略自然风光的同时走读淮河而精心设计的。

建设中的淮河安澜展示馆，是一项重要的水文化建设工程，是提升淮安水利枢纽文化品位的一项重要举措。它以科学发展观为指导，坚持先进文化的前进方向，综合反映淮河流域的历史变迁、治淮历程和治淮展望；体现治淮工程在当地经济、社会发展中的作用与地位；体现以人为本、人水和谐、尊重规律的科学治水思路；弘扬水利精神，讴歌党和政府带领淮河儿女治理淮河的丰功伟绩。

忆往昔，豪情满怀，思未来，壮志倍增。我们面临的是一个和谐发展的时代，是开拓创新的时代，是百舸争流的时代。加快发展的形势对于管理处来讲，比以往任何时候都显得重要和紧迫。治淮工程的发展、南水北调工程的实施，为管理处提供了发展机遇。我们要充分抓住前进中不可多得的机遇，着力建设效益水利、数字水利、人文水利和品牌水利，把实现人与自然的和谐作为永恒追求的目标，把淮安水利枢纽建设得更加美好。

20世纪的风雨历程，为我们铸就了水利伟业，也为我们21世纪更好更快地前进奠定了坚实基础。现在，我们可以告慰周总理在天之灵：家乡变化了，水害变水利，淮安成了真正意义上的淮安。

淮河安澜梦正圆！南水北调铸辉煌！一个更加和谐美好的明天正加快步伐向我们走来。

（关翔）

论文

文化视野里的中国水资源问题

水利部总工程师　刘　宁

水与文化之间存在着密切关系，水利实践也是一种广义的文化现象。然而，自工业社会以来，人类过分依赖于从技术的角度去解决紧迫的水问题，不但没有达到预设的目标，反而导致人水关系更加紧张。人类日益认识到，水具有强大的文化功能，尽管科学技术对于了解水循环和利用水资源至关重要，但是，科学技术的发展又受到社会和文化因素的影响。从文化的角度来研究水资源问题，已经受到世界各国的高度重视，以至于联合国把2007年开展的第14个世界水日的主题确定为“水与文化”。深入研究水与文化的密切关系，深入了解文化与水的复杂作用，制定相应对策，采取相应措施，对解决我国日益严重的水资源问题无疑具有重要的理论和实践意义。

一、作为文化资源的水

（一）水是文化的载体

文化是人类社会特有的现象，人的存在是文化产生的前提。但是，人们对文化概念的界定，定义最多，分歧最大，也最难统一。有人统计，“英语中文化的定义有260多种，据说是英语词汇中意义最丰富的二三个词之一”[1]。从汉语词源来看，甲骨文中的“文”字就像一个人，正面站着，这个人的胸口有一个交错的图案。郑玄注《礼记》：“文，犹美，善也。”甲骨文的“化”字，为一正一反两人正倒相对，其意义是转化、变化。“文化”一词在我国最早出现在汉代，刘向《说苑·指武篇》：“圣人之治天下也，先文德而后武力。凡武之兴，为不服也。文化不改，然后加诛。”这里文化主要指“教化”、“文治”。西方的“文化”一词源于拉丁文的culture一词，与种植技术有关，后来逐渐演化成涵义十分丰富的概念。例如，英国人类学家爱德华·泰勒1871年在《原始文化》一书中关于“文化”的定义是：“文化或者文明，就其广泛的民族学意义而言，乃是这样一个复杂整体，它包括知识、信仰、艺术、道德、法律、风俗以及所有其他作为社会一员的人习得的能力和习惯。”泰勒的定义在世界上颇具影响。

综观文化的不同定义，可以归纳为三种情况：一是广义的文化概念，指人们在认识、改造客观世界的过程中创造和积累起来的物质财富与精神财富的总和。二是狭义的文化，将文化视为精神财富的总和，即在一定的物质生产方式基础上发生和发展的精神文化。这是观念形态的文化概念。三是特定意义上的文化概念，将文化视为文学艺术，文化与文学艺术并用。

无论是广义的文化还是狭义的文化，都是作为有理性的人类的创造，都反映了人与自然的关系，是人类适应自然、改造自然，并在这一过程中改造自身的产物。水是生命之源，是人类赖以生存和发展的物质条件。虽然自然形态的水本身并不能产生文化，但是水作为一种载体，一旦与人类的实践结合在一起，就会产生文化。人类文明的起源离不开水，人类创造文化离不开水，自从人类社会形成以后，水与文化须臾不可分离。

作为文化资源的水，是自然形态的水与人类的物质活动和精神活动相结合的产物，主要由三类文化要素构成：一是物质形态的文化要素，例如被改造和人化的河流湖泊、水工技术、治水工具、水利工程等物质产品。二是制度形态的文化要素，例如以水为载体的风俗习惯、宗教仪式、社会关系和社会组织、法律法规等。三是精神形态的文化要素，例如对水的认识、有关水的价值观念、与水有关的文化心理和文化特征等。这些因素相互依存，共同发挥着社会整合和社会导向的功能。

（二）水的文化功能

作为文化资源的水，具有强大的功能。

第一，维系人类文明的生存和发展。人类文明的发祥和发展与水密不可分。尼罗河孕育了古埃及文明，幼发拉底河和底格里斯河诞生了古巴比伦文明，恒河催生了古印度文明，黄河与长江哺育了华夏文明。一些早期文明的衰落也与人类没有珍惜水、善待水有关。古巴比伦文明在发展了将近4000年后终于毁灭并被埋藏在沙漠下将近2000年，其根本原因是不合理的灌溉。古巴比伦人对森林的破坏，导致河道和灌溉沟渠淤塞，人们不得不重新开挖新的灌溉渠道，如此恶性循环，使得水越来越难以流入农田。更严重的是，古巴比伦人只知道引水灌溉，不懂得排水洗田，由于缺乏排水，致使美索不达米亚平原的地下水位不断上升，淤泥和土地的盐渍化，终于使古巴比伦生态系统崩溃，高大的神庙和美丽的花园也随着马其顿征服者的重新建都及人们被迫离开家园而坍塌，如今在伊拉克境内的古巴比伦遗址已是满目荒凉。

黄河流域是华夏文明的发祥地。先秦时期，黄河中上游地区乃是气候温和，植被茂密，整个黄土高原森林覆盖率超过50%。先民在此逐水而居，繁衍生息，创造了辉煌的古代文明。自秦始皇统一中国之后，这里开始大兴土木，毁伐森林，人水争地。经过历代砍伐开荒和争夺水利，导致黄河流域生态环境破坏严重，黄土高原沟壑纵横，满目疮痍，黄河频繁泛滥。天灾加上人祸，使黄河流域经济渐趋衰落，等到“安史之乱”之后，昔日繁华的黄河流域，竟到了“居无尺椽，人无烟灶，萧条凄惨，兽游鬼哭”（《旧唐书·列传七十三》）的地步。田地荒芜，水利失修，人口大量死亡和南移，使黄河流域社会经济开始衰落，我国经济文化的中心也渐渐移至长江流域。

历史的经验教训告诉我们，河流不是人类欲望的函数，而是人类赖以生存的母体。华夏文明的命运，与长江、黄河的命运紧密交织在一起，与我们能否珍惜水、保护水密不可分。

第二，维护人类的文化多样性。文化多样性是实施可持续发展、维护地球生物圈和人类延续的精神基础。根据联合国教科文组织2001年9月11日通过的《文化多样性宣言》：文化多样性是指文化在不同的时代和不同的地域具有各种不同的表现形式。人类文化的多样性，不仅反映出人类生活方式的不同，而且反映出人类在不同环境下为了生存而采取的自然利用、管理和保护的方式与策略的不同。河流是独特的人文地理单元，是联系上下游地区社会经济发展与文化传播的重要通道。流域内往往分散或聚集着不同的民族，他们既有着共同的普世价值，又保留了各自的文化认同和文化传承，不同民族的文化特征、风俗习惯、宗教习俗很多与水、与河流湖泊联系在一起。例如泼水节（傣族、阿昌族）、沐浴节（藏族）、背吉祥水（藏族）、杀鱼节（苗族）、汲新水（壮族）、春水节（白族）、澡堂会（傈僳族）等民族习俗，敬水、祭水、放河灯、迎河神、龙王庙祭、洞祭、龙潭祭等宗教仪规，抛舟（高山族）、淋更（壮族）、抢头水（湘西苗族）、担血水（湘西苗族）、喝伶俐水（壮族）等方术析占，以及许多行业风俗，离开了水将不复存在。同时，还要看到，治水活动也提供了独特的景观文化、历史遗存。例如，都江堰的修建，本身就是古代人民利用水流自然规律造福人类的实践，具有高超的智慧，工程在2000年的利用过程中已经形成了独特的都江堰文化。又如，京杭大运河不仅仅是水利与运输通道，南北不同的民族、语言、风俗、习惯等，也通过运河而交汇，而碰撞，而融合。运河对中华民族的融合，对于“大一统”观念的扩展和深入人心，起着不可估量的作用。再如，三峡工程的修建，不仅改变了三峡地区既往的自然风光和文化风貌，还提供了新的文化景观，三峡工程本身也成为中华民族伟大复兴的重要标志。

第三，启示、影响和塑造着人类的精神生活。自然形态的水是通过审美进入人类精神生活从而获得文化生命的，至今仍在启示、影响和塑造着当代中国人民的精神生活。语言文字是民族文化赖以生存和发展的基础，《说文解字》：“水，准也，北方之行，象众水并流，中有微阳之气，凡水之属皆从水。”在《说文解字》中，水部文字有469个，占全部（9353个）汉字的5.01%；如加上川部、泉部、永部等，则有522个，占5.58%[2]；从词汇上看，水部文字在汉语中的基础地位更为明显，这些词语的本意及其引申，构成了中国文化最基本的概念和范畴体系，深刻地影响着中国文化的演变进程，深刻地影响着中国人的精神生活。中国古代的法律也起源于水，甲骨刻辞有“御廌”的字样，周初彝器《盂鼎》、《师酉簋》、《克鼎》、《恒簋》铭文刻有“灋”字。《说文解字》十部上“廌”部说：“灋，刑也。平之如水，从水。廌所以触不直者去之，从‘廌’去。法，今文省。”“水”旁在“法”中的意义是“平之如水”的象征，这一解释高度凝聚了秦汉时期人们的传统认识，并影响后代中国人对法律的理解和实践。在追寻世界的本原时，古代中国和西方的哲学家不约而同地想到了水，被誉为古希腊第一位哲学家泰勒斯所说的“万物的本原是水”，是人类最初的哲学命题。无独有偶，我国最早的哲学文献、号称“群经之首”的《周易》，八卦中坎卦为河水、一般的水，兑卦为“泽”，也是水的一种；《管子·水地篇》也提出“水者何也？万物之本原也”的命题。儒、释、道三家都从水中感悟人生，孔子说“智者乐水，仁者乐山”，是儒家“比德”之滥觞；老子认为“上善若水”、水“几于道”；佛家说“一水四见”。同样是水，不同的用心，就有不同的观照。我国历史上涌现出无数治水英雄，集中体现了中华民族的伟大智慧、创造能力和优秀品质，许多治水英雄被人们视若“水神”而顶礼膜拜。在当代，“万众一心、众志成城，不怕困难、顽强拼搏，坚韧不拔、敢于胜利”的伟大抗洪精神，由“顾全大局的爱国精神，舍己为公的奉献精神，万众一心的协作精神，艰苦创业的拼搏精神”汇成的三峡移民精神，“献身、负责、求实”的水利行业精神，丰富和发展了中华民族的精神内涵。

第四，历史上的治水理论和实践至今仍然对我们有着十分重要的借鉴意义。中华民族在长期治水实践中，既创造了光辉灿烂的文明成果，也饱尝失败的艰辛和教训，值得我们在处理今天的人水关系中给予充分的重视和借鉴。在治水理论方面，大禹采取“疏导”的方法治水，对于后世关于堵塞与疏导关系的认识，产生了重大影响；西汉贾让治河三策中的“上策”，充分体现了人与洪水和谐相处的思想；潘季驯在长期治黄实践中总结出的“筑堤束水、以水攻沙”的治黄方略，体现了治黄的系统性、整体性和辩证法观念，对今天的黄河治理仍然有着十分重要的意义。在水利工程建设方面，例如，都江堰主体工程将岷江水流分成两条，其中一条水流引入成都平原，既可以分洪减灾，又达到了引水灌田、变害为利的目的，并在飞沙堰的设计中很好地运用了回旋流的理论，即使在今天看来，也是水工设计中遵循自然规律、利用自然规律的典范。素称“火洲”、“风库”，气候极其干旱的吐鲁番，很久以来就出现了大片的绿洲，其奥秘之一就在于吐鲁番盆地上分布着四通八达、犹如人体血脉似的坎儿井群和潜流网络，巧妙地利用了当地的地理条件，使得夏季大量的融雪和雨水流向盆地，渗入戈壁地下变为潜流，提供丰富的水源，井里的清泉浇灌滋润吐鲁番大地，使火洲戈壁变成绿洲粮田，以至于林则徐在吐鲁番时，对坎儿井大为赞赏，称其为“不可思议之事”。北京北海公园团城，早在公元15世纪初就建立起雨水利用工程，在地面上采用干铺倒梯形青砖和深埋渗排涵洞的做法，起到了良好的节水、存水效果，使得这里的古树屹立800年而葱翠常青。在水利管理实践中，也蕴涵着丰富的文化、科学和技术内涵，许多灌区的延续就是管理的延续，我国古代水利管理留下的规章、制度和经验也为我们今天的水利管理提供了借鉴。当然，我国古代水利实践中的教训，例如前所述及的黄河流域农田水利的衰败，江南地区圩田开发中导致的水系破坏，治水中以邻为壑，甚至以水代兵、殃及无辜的做法，需要我们永远记取。

二、当代中国水资源问题中的文化成因

水资源短缺、洪涝灾害、水污染和水土流失是我国当代四大水问题，并呈现出三个明显特征：一是水资源短缺与用水浪费并存。正常年份全国每年缺水量近400亿立方米，北方地区尤甚。同时，我国许多地

方用水结构不合理，浪费严重，用水效率低，效益较差。二是防洪能力总体提高与洪水风险不断加大并存。我国已初步建立了大江大河综合防洪减灾体系，主要江河具备了防御20世纪50年代以来最大洪水的能力。但是，人水争地矛盾突出，洪水高风险区域与人口高密度区域、经济财富集中区域相互重合，洪涝灾害仍然是中华民族的心腹之患。三是水生态和环境状况局部好转，但整体形势严峻的状况依然没有改变。全国污水排放总量仍在逐年上升，流经城市的河段普遍受到污染，水土流失量大面广的问题仍然突出。

造成这种严峻形势，有客观的原因，也有文化的因素。人多水少，水资源时空分布不均，水土资源与经济社会发展布局不相匹配，是我国的基本水情，这一基本水情决定了我国水利发展的长期性、复杂性和艰巨性。同时，我们在长期治水过程中，逐渐形成了以人类自我为主宰的用水意识、用水习惯以及价值体系。这种文化片面强调了人类的主观能动作用，忽略或否定了水在自然界的主体地位，经济增长过程中付出了沉重的资源和环境代价，粗放的经济增长方式，以及不合理的人类活动，进一步加剧了我国水资源问题的严重程度，也加大了这些问题的解决难度。这是我国水资源问题的根本文化原因。具体分析，主要表现在以下几个方面。

（一）人与水的关系不和谐

人与自然的关系是人类社会发展过程中必须面对的基本问题，对人水关系的认识是治水文化中的核心价值观念。华夏民族既有“天人合一”、人与自然和谐相处的思想，也有人定胜天的思想，这两种思想路线左右着古代的治水实践。新中国成立以来，在相当长时期内，我们并没有很好地处理人与自然的关系，人水争地、人与自然的对立和对抗没有得到根本转变，有时甚至还有所加重。例如，北方水资源紧缺地区不顾水资源条件，延续古老的种植制度、耕作制度和大水漫灌的用水方式，盲目扩大城市人口规模，发展高耗水的能源和重化工业，致使北方大多数河流水资源开发利用超出水资源承载能力，淮河流域、西北部分内陆河流、辽河和黄河流域水资源开发利用率均超过或接近60%，海河流域已经超过100%，远远超过流域允许的水资源开发利用极限，进一步加剧了水资源的短缺。又如，我国大江大河中下游地区集中了全国半数以上的人口和2/3以上的工农业产值，人水争地的矛盾十分突出，仅湖北、湖南、江西三省的湖泊面积新中国成立以来就缩减了40%以上，在洪水高风险的地区，甚至在国家规划的蓄滞洪区内，人口和产业过于集中，侵占行洪通道，进一步加剧了洪水的风险。再如，在生态环境脆弱的地区盲目开发建设，在水源地区超量排污，进一步加剧了水土流失、荒漠化和水资源污染。

水的最普遍的特性就是循环性。人类活动改变了天然水循环过程，形成了人工水循环。通过水资源的开发利用，人类改变了江河湖泊的关系，改变了地下水的赋存环境，也改变了地表水、土壤水和地下水的转化路径。这种改变超出了一定的度，就会严重损害水的循环，甚至导致循环系统的崩溃。例如，上游无节制的引水，就会导致下游河湖的干涸；无序和过度的大坝建设，就会损害河湖的连通性；大量超采地下水，就会导致地面沉陷，损害对地下水的补充和循环。水的循环性和流动性同时决定了它的流域性，同一流域内的水不会因其行政划分而改变其自然特性，同一流域内的地上水和地下水、上游和下游、左岸和右岸共同构成一个流域生态系统。但是，由于地区之间和部门之间的目标不同、利益不同，往往在水资源的开发利用中出现转嫁风险、以邻为壑的地方保护主义行为和各自为战、损害全局的部门分割管理。

（二）对水的文化属性重视不够

水既有自然属性，又有文化属性。前者是一种自然客体属性，后者是以前者为载体的人文属性，具有鲜明的文化特征。水的文化属性在水资源开发利用中具有重要地位和重大价值。然而，人类在水资源治理开发利用过程中，往往关注的是其自然属性，最大限度地发挥其自然服务功能，而忽视了它的文化功能。这种状况在新中国成立以后仍然没有得到根本改变。例如，水文化观念淡漠，从未把水作为文化和文明传承的载体来看待，不仅社会上缺少对水文化的研究和普及，就是从事水利实践工作的人员也很少从文化和哲学高度来思考治水工作，片面地认为人类可以凭借科学技术来解决水资源问题，以至于对我国古代人民在治水中积累起来的经验没有能够及时有效地加以汲取、继承和发扬光大，历史上一些治水教训仍然时有发生。不仅在水资源的开发利用中违背自然规律和生态规律，而且忽视了水的文化功能；不仅新建工程缺少文化底蕴，水工设计千篇一律，突兀、单调的工程布局与河流自然景观极不协调，破坏了河流的美学价值，而且已有水利工程的文化也没有进行有效保护，最终导致水资源开发利用与国土整治、旅游文化资源开发和历史文物保护的严重错位，水的文化功能受到严重破坏，河流景观系统紊乱，以本土文化为特征的人文资源，比如历史遗迹和文物、民族风俗、宗教仪规、饮食风俗、行业风俗等等从此消失。在这方面，京杭运河文化的衰落就是一个典型例子。大运河全面开通之后，一直是元、明、清三个朝代的重要生命线，在很多地方，由于各类街巷商铺、特色民居、寺庙道观、教堂楼所、地方会馆、皇家园林、官商庭院、名人遗迹等历史痕迹沉积在运河边，才造就了运河两岸独特的文化带。新中国成立后，特别是20世纪70年代，在运河河道的治理上只是突出了河流的排水功能，为了防患水灾对于河流进行疏通。这种情况下，人们同样没有带着文化的、历史的眼光看运河，河流传递给我们的大量信息和功能被忽视，一些城市，如杭州，运河沿岸大部分建筑非拆即毁，很多具有历史价值的东西已经消失，还有些地段的运河成了排污河。又如，许多地方在城市化进程中，到处都是“为城市化妆”的景观大道，到处都弄“城市广场”，到处都搞“河道美化”，到处都在“为美化城市建公园”。这种不考虑资源条件、不顾及成本的发展模式，早在100年前的美国和其他国家已有教训。

（三）水务的制度文明不完善

制度是一个文化体中要求所有成员都必须共同遵守的规章或准则。越来越多的人们相信，制度也是稀缺要素，制度短缺或制度供给滞后同样会制约经济发展。同样的生产要素在不同国家经济绩效的差异，实质上就是一种制度上的差异。从某种意义上讲，水利工程建设是对作为客体的水的治理，而制度建设则更多地是对以水为载体的人类活动的治理。

我国古代在水管理中的制度建设方面积累了丰富的理论和实践，古代一些水利工程之所以至今还在发挥功能和效益，无不是重视管理制度、注重维修和养护的结果。周文王伐崇侯虎时颁布了一条讨伐令，其中就有“毋填井”的条款，这是我国最早以文字形式出现的水法规。秦汉时期水利法规和制度建设得到了高度重视，制定了《田律》、《水令》、《均水约束》等水利法规。唐代制定了我国历史上第一部比较完善的水利法规——《水部式》，对后世影响极大，一些原则至今还在沿用，并对日本、朝鲜、越南等周边国家产生很大影响。宋代的《农田水利约束》、金《河防令》、明《水规》以及清代的水利法规均极为严格。与水利管理制度相配套的我国古代水利职官制度也比较完善，深深渗透到国家机器之中。清代汉中地区民间兴修水利所占比重达到48%，成为最为常见的堰渠水利修建的形式，民间比官方更广泛地参与了堰渠水利的修建。民间水利工程的最高管理者，如堰长或渠长，一般由水利组织内颇具威望和能力的人充任，掌管渠道上的大小事务。光绪三十年《留坝厅水利章程碑》记载：“轮举堰长，以专责成也。每年应举公正绅耆一人，专司渠事，名曰堰长。凡渠道壅淤疏浚，催稞换约等事，皆归稽查经理，由沾渠利益各户，按年轮流。”[3] 乡约在民间水利的管理中具有很高的地位和权威，尽管官府具有水事纠纷最后的裁决权，但从水利冲突的解决过程看，双方当事人往往会尽量在正式的诉讼判决前由堰长、乡约予以协调解决。

新中国成立以来，我国水利建设取得了辉煌的历史成就，但是，总的来看，水利管理还比较滞后，制度建设还没有得到应有的重视，长期存在“重工程建设轻制度建设”的倾向。目前我国402处大型灌区的骨干建筑物损坏率近40%，大型排灌泵站老化破坏率达75%左右。尽管我国灌区已建立7000多个农民用水户协会，但是与实际需要相比还远远不够，管理能力也有待提高。除灌区管理以外，我国非政府组织、民间自律组织以及社会中介机构参与水资源管理还很少见。治水体制长期滞后于治水需求，制度建设滞后，难以适应日益复杂的治水环境。

三、文化视野中的水资源问题对策

解决我国日益严重的水资源问题，必须从文化角度审视我们的观念和思维、目标和行动、政策和策略，重估水的文化功能，注重治水过程中的文化建设，坚定不移地推进可持续发展水利。

（一）牢固树立人与自然和谐相处的理念

人与自然的关系问题，不仅是水利工作中首先要解决的理论问题，也是水利工作中必须解决的实践问题。综观古今中外，涉及人与自然的关系，基本有两种观念：一是以自然为核心，从本体论上把人还原于自然界，突出人对自然的从属关系，把人对自然的实践关系等同于生物有机体与生态环境的关系，这是自然中心主义。二是以人类为中心，从本体论上认为“人是万物的尺度”，突出人类的主体地位和能动作用，将人对自然的实践关系统一于自然向人的转化，这是人类中心主义。

马克思主义认为，人既是自然存在物，又是社会存在物。马克思在《关于费尔巴哈的提纲》中指出：“人的本质并不是单个人所固有的抽象物。在其现实性上，它是一切社会关系的总和。”[4] 这就说明，人虽然具有自然性，但这种自然性已经是社会化了的自然性。马克思主义同时认为，自然不仅包括人类尚未认识的原始自然、自在自然，又称第一自然，还包括作为人类实践对象的人化自然、社会自然（马克思还称之为“人类学的自然”、“历史的自然”），后者是人类生存和发展的自然基础，也是人与自然关系的重要组成部分。

水利工作中正确处理人与自然的关系，要求我们把握好三个方面：

一是从本体论上，要认识到人是自然的产物。马克思明确指出，“人直接地是自然存在物”，“我们连同肉、血和脑都是属于自然界并存在于其中的”[5]，“历史本身是自然史的一个现实部分，是自然界生成为人这一过程中的一个现实的部分”[6]。按照马克思主义的本体论观点，我们要充分认识到人是自然的一部分，水是人类生存和发展的基础，河流是人类文明的源头，是人类文化演变的载体，人类在发挥能动性的同时，要充分尊重河流的演变规律及其与相关生态系统的关系，实现主体尺度与客体尺度的统一，协调好人与水的关系。正如恩格斯在《自然辩证法》里告诫我们的那样，“我们不要过分陶醉于我们对自然界的胜利。对于每一次这样的胜利，自然界都报复了我们。每一次胜利，在第一步都确实取得了我们预期的结果，但是在第二步和第三步却有了完全不同的、出乎预料的影响，常常把第一个结果又取消了”。

二是从实践论上，要认识到人与自然的关系是对象性关系。人作为一种“对象性的存在物”，不能离开他的对象自然界而存在，同时，作为人的对象的自然存在物，不仅按照其自身的发展趋势演化，也按照人的活动指向演化。人与自然的对象性关系统一于人类的实践活动中。与只看到人与人的关系或者只看到人与自然的关系的社会学家不同，马克思、恩格斯在研究人的实践活动时，首先承认和肯定存在着人与自然的关系，即肯定“劳动首先是人和自然之间的过程，是以人自身的活动来引起、调整和控制人和自然之间的物质变换的过程”[7]；然后，透过表面的人与自然的关系看到隐藏的人与自然的关系，即“人们在生产中不仅仅同自然界发生关系。他们如果不以一定方式结合起来共同活动和互相交换其活动，便不能进行生产。为了进行生产，人们便发生一定的联系和关系；只有在这些社会联系和社会关系的范围内，才会有他们对自然界的关系，才会有生产”[8]。由于在人与自然的关系的后面往往隐藏着人与人的关系，所以要调整好人与自然的关系，必须相应地调整好人与人的关系。水资源作为公共资源，应当体现人们在发展权利上的平等，在资源享用权利上的平等。这就要求我们在治水过程中，必须以流域为共同体，协调上下游、左右岸、干支流之间不同地区的利益关系，统筹经济发达地区和经济落后地区的需求，兼顾一般阶层和弱势群体的用水权利。还要看到，人类不仅是一种同时性的整体，还是一种历时性的整体，“我们不应该把后代抽象地理解为‘未来的人类’，而应该理解为通过‘直系子孙’的‘爱的纽带’”（帕斯莫尔《人对自然的责任》第153页）[9]。必须在开发利用水资源的过程中遵循代际公平的原则，为子孙后代留下源远流长的河流，留下青山绿水。

三是从价值论上，要协调好人类价值与自然价值。马克思主义认为，价值是人类特有的对象性活动中的普遍内容，而不是外在于人类生存发展活动的、某种先验的、神秘的现象。价值的本质是客体属性同主体需要和能力之间的一种统一，是世界的存在对人的意义；价值产生于人按照自己的尺度去认识世界和改造世界的活动之中。我们在水利工作中，要立足于河流价值与人类需要价值之间的有机统一，既承认河流的自身价值，同时又强调这种价值是与人类的需要相联系、相适应的互动关系，也就是河流的服务价值。从价值构成的主客体关系来看，一条健康的河流，既是生态良好的河流，也是造福人类的河流。特别是作为发展中国家的中国，在水资源约束和生态约束日益突出的情况下，全面建设小康社会，加快推进社会主义现代化，着力构建和谐社会，都需要河流发挥其重要作用，但是，我们的开发利用是建立在对人类粗放和不理性行为约束的基础上，是建立在对河流服务价值的尊重与保护的基础上。

（二）推进社会生产和消费方式的变革

马克思、恩格斯不仅承认人与自然和谐共处的重要性，还指出了人类调整人与自然的关系的基本途径和方法。马克思和恩格斯发现，当时的环境污染和资源破坏问题与工业生产和农业生产存在着密切的联系，“经济的再生产过程，不管它的特殊的社会性质如何，在这个部门（农业）内，总是同一个自然的再生产过程交织在一起。”[10] 据此，他们提出了结合经济生产过程解决资源和环境问题的基本方法，强调通过“生产排泄物的再利用而造成的节约和由于废料的减少而造成的节约”[11] 来防治资源浪费和环境破坏。从这些论述中我们可以发现当代循环经济中减量化（reduce）、再利用（reuse）、再循环（recycle）“3R”原则的思想。

因此，解决我国的水资源问题，必须推动经济增长方式的转变，建立合理的消费文化。

一要把水资源的多种价值和开发利用的外部性纳入国民经济核算体系。水资源是典型的公共资源，不仅具有经济价值，即为人类活动提供生产要素或直接作为商品的价值，同时还具有精神价值、环境价值、生态价值和选择价值。从可持续发展的角度看，应当将这些价值纳入水资源开发利用的成本和收益的核算体系。同时，由于公共资源的非排他性，水资源开发利用中产生的外部效益，无论是正的外部效益还是负的外部效益，都应当计入，使得水资源开发利用保护的外部效益内在化。

二要根据水资源承载能力和水环境承载能力的约束，推动经济结构调整、经济增长方式转变。在水资源紧缺地区，产业结构和生产力布局要与两个承载能力相适应，严格限制高耗水、高污染项目。在洪水威胁严重的地区，城镇发展和产业布局必须符合防洪规划的要求，严禁盲目围垦、设障、侵占河滩及行洪通道，科学建设、合理运用分蓄洪区，规避洪水风险。在生态环境脆弱地区，实行保护优先、适度开发的方针，加强生态环境保护，因地制宜发展特色产业，严禁不符合功能定位的开发活动。

三要倡导文明合理的生产和消费方式。在生产环节坚持“3R”原则，注重从生产过程的始端控制资源的消耗和污废物的产生，加强技术改造和工艺流程再造，尽可能提高水资源的利用效率和效益，尽可能提高再生水的重复利用率，尽可能减少污水排放。倡导和实践可持续的消费方式，加强对水资源的节约和保护。

（三）维护河流健康

河流的自然生命是其文化生命的本体基础。河流消亡了，其文化生命也就随之而亡。河流只有健康地存在着，才能积极地启示、影响和塑造人类精神生活。

我国对河流的大规模开发利用，既促进了经济社会发展，也带来不少问题，如水质严重污染、下游河湖干涸、洪灾威胁依然严重、近海海域生态系统退化等，不仅直接导致河流生态系统的损害，也影响人民的生活和生产，危及社会经济的可持续发展。我国河流的开发正面临一个关键时刻。必须坚持人与河流和谐发展：一方面，人类为了本身的发展，必须开发、利用和改造河流；另一方面，利用要有限度，改造必须适当，必须从总体上不损害河流的自然功能，保持河流的永续利用。

维护河流健康，要因地制宜，区别对待。对江河源区，原则上划为自然保护区，基本禁止开发；对水源丰富而关系重大的江河，例如长江和珠江，应在保护中开发，并以开发促进保护；对水源不够丰富而关系重大的河流，例如黄河、淮河和辽河，应调整原有的开发规划并采取适当的补救措施加以保护；对经济发达的东部地区某些河流，例如海河中下游和淮河下游，应改进和完善原来的规划，建成符合总体自然环境、可永续利用的人工化河流系统。

维护河流健康，必须合理配置水资源，保证河流的生态和环境需水。从狭义方面理解，河流的生态需水主要是指河道内水生生态系统的需水。但从我国的实际情况出发，对河流生态需水的研究重点，应当从广义方面理解，即宏观自然环境对河流的要求，包括维持河流的水沙平衡、水盐平衡以及河流与地下水的互补关系。广义的生态需水量应当是保持河流整体环境功能的需水量，广义的生态需水量可以涵盖狭义的生态需水量。国际上多认为河流水资源的合理开发利用率是30%，极限开发利用率是40%。由于我国河流处于各种不同的自然环境，承担的环境功能和永续利用的要求也有所不同，当前需要参考国际标准，进一步研究各河的具体情况，确定相应的生态和环境需水量，据此确定合理的开发利用率。

维护河流健康，需要建立健全河流健康指标体系，并落实在流域或区域水资源综合规划中，落实到水资源开发利用和管理中。水资源综合规划必须考虑环境和生态需水的要求，包括水量和水质两方面的要求，并规定一些关键的控制性指标。在工程设计阶段，应重视工程的环境影响评价，坚决防止以牺牲环境和生态效益为代价的河道外超量引水和超采地下水，并防止河流遭受污染，以免造成不可挽回的不良后果。在管理运用层面，探索水资源开发利用的生态调度运行模式，最大程度地发挥水利工程的生态功能，并及时对已建各类水工程进行环境和生态影响的评价，提出改进意见和修复措施[12]。

（四）注重水文化景观建设

水利事业的发展要与文化发展更加紧密地结合起来，充分发挥水、河流、水利工程的文化功能，把水与文化研究当做整个水利工作的一部分来谋划。未来水利的重要内容之一就是努力营造清新优美的水环境，提高人居环境质量，为经济社会的可持续发展提供重要支撑。水环境只有突出文化品位，才能满足人们的精神文化生活需要；水景观只有注入文化内涵，才更有魅力，才更能展示水的个性。水工程只有发挥审美效应，才能更生动、更和谐、更富有活力。我们要从文化角度来审视水利工作，认真加以谋划。

水利规划要与经济社会发展规划、国土资源规划、文化发展规划更加紧密地结合起来，把水文化景观建设与建筑、旅游、交通、环保、绿化等有机结合，使水文化景观成为展示现代文明的一颗颗璀璨明珠。对历史上形成的水文化工程和水文化产品，要深入挖掘其文化内涵，加强文化保护，让其在现代生活中继续发挥作用。对新建的水利工程，要认真搞好项目规划，既体现自然景观特色，又要反映历史文化渊源，突出水与文化的完美结合、人与自然的和谐协调，精心构思，精雕细琢，全力打造每一处水文化景观，让水利工程充分展示丰厚的水文化底蕴，展现独特的水环境风采。

（五）进一步加强制度建设

如果说新中国成立50多年来水利事业的发展主要体现工程建设上，那么，今天，我们要在工程建设的同时更加注重制度建设，重建治水文化理念，加强对以水为纽带的人类行为的矫正。重点要放在以下三个方面。

一是建立流域综合管理体制。从长远来看，水资源的自然属性、水资源的多功能性，以及我国特定的国情，都要求实行流域综合管理。为此，要正确处理中央和地方、流域管理与行政区域管理、统一管理与分级管理以及水资源管理与开发、利用、节约和保护的关系，明确各自权限分工，建立流域与区域、统一管理与分级管理的会商机制和信息交换制度，充分运用间接管理、动态管理和事后监督管理等手段，把流域管理提高到新的水平。

二是建立健全法律法规体系。法律是一种文化形式和文化形态，水法是文化的一个重要组成部分。在水立法时要将科学精神与人文精神结合起来，将以水为载体的生态伦理道德规范上升为法律，维护河流的健康；建立中国特色的水权制度，通过制定和完善相关的政策法规，形成一整套体制、机制、制度，来调整水资源再配置（包括开源、节流、保护）中的经济利益关系。同时，河流立法和流域立法必须反映和考虑河流的文化背景与文化特色。

三是促进公众参与。公众参与是制度建设能否成功的重要因素。制度安排如果不能得到公众的认可、支持和遵守，制度的有效性就要大打折扣。从总体上看，我国用水户协会等民间自律组织和社会中介组织还很不发育，应建立健全信息公开制度，增加决策的透明度，推动利益相关方的平等对话，确保和维护利益相关方参与水资源管理的权利。

注 释

[1] 金元浦：《定义大众文化》，《中华读书报》2001年7月25日。

[2] 乔清举：《河流的文化生命》，《人民日报》2006年6月9日。

[3] 陈显远：《汉中碑石》，三秦出版社1996年版，第372页。

[4]《马克思恩格斯选集》第1卷，人民出版社1972年版，第18页。

[5] 恩格斯：《自然辩证法》，人民出版社1984年版，第304~305页。

[6] 马克思：《1844年经济学哲学手稿》，《马克思恩格斯全集》第42卷，人民出版社1979年版，第82页。

[7] 马克思：《资本论》，《马克思恩格斯全集》第23卷，人民出版社1974年版，第201~202页。

[8] 马克思：《雇佣劳动与资本》，《马克思恩格斯全集》第6卷，人民出版社1961年版，第486页。在1891年的《雇佣劳动与资本》版本中，“不仅仅与自然界发生关系”改为“不仅仅影响自然界，而且也互相影响”；“对自然界的关系”改为“对自然界的影响”。参见《马克思恩格斯全集》第6卷第486页注1和注2，人民出版社1961年版。

[9] 转引自傅华：《生态伦理学探究》，华夏出版社2002年版。

[10] 马克思：《资本论》，《马克思恩格斯全集》第24卷，人民出版社1972年版，第398~399页。

[11] 马克思：《资本论》，《马克思恩格斯全集》第25卷，人民出版社1972年版，第118页。

[12] 本节参考了钱正英、陈家琦、冯杰《人与河流和谐发展》（《求是》2006年第6期）的部分观点。

“利水水利”

——水利发展高级阶段的理性思维模式

《长三角经济发展中的水利发展模式研究与应用》课题组

江苏省水利政策法规特约研究员　董文虎

一、水利发展的阶段性

“人类历史发展进程中,人与自然关系的发展经历了四个时期——依存、开发、掠夺、和谐”(汪恕诚《再谈人与自然和谐相处》, 2004)。水利的发展实质上就是人与水关系的发展，同样离不开这四个阶段。现将水利发展的四个阶段定名为原始阶段、初级阶段、中级阶段及高级阶段。

(一) 人类顺应自然水而生存的阶段为依存型水利发展阶段（原始阶段）

远古时代人类是“缘水而居、不耕不稼”（《列子·汤问》）的，处于一种“近水草而居，择丘陵而处”的对水原始的蒙昧的认知阶段，其行为只是出于人类为了生存而对水的需求以及对洪水的回避。这一阶段的水利系本能地“用水之利、避水之害”，并没有形成系统的对水的理性知识及对水文、水力学性质的认识，人类对水的活动基本上是因生存而依附于自然水。因此，这一阶段的水利发展被称为依存型水利发展阶段，是水利发展的初始阶段。

(二) 在自然水体承载能力允许幅度内发展水利为开发型水利发展阶段(初级阶段)

随着人类社会及生产力的发展，“近水草而居，择丘陵而处”已经不能满足人对水的需求了。民以食为天，而食于水土中生，农耕的出现离不开水，“烧薙行水，利以杀草，如以热汤，可以粪田畴，可以美土强”（《礼记·月令》）。一方面为了生产粮食人们懂得了“浚畎浍”，开挖了陂塘沟渠；另一方面为了逃避洪水而不断地迁徙，限制了农耕的稳定和发展。人们开始以“壅防百川”的堤防技术限制洪水，努力地使“水旱从人”。人们对水的认识和研究不断加深，早在《管子·水地》篇中就不仅阐明了水的文化社会价值，而且指出了水的物理性质；在《管子·度地》篇中又极力强调了除水害、兴水利的重要性；“善为国者必先除其五害……五害之属水为大”。这一阶段，人们根据社会经济发展的要求，兴建水利工程，解决人类生存与生产对水的要求（灌溉供水，防洪减灾）。“兴水利，而后有农功”（清·慕天颜），这是我国几千年来对这一阶段水利发挥作用的评价。水利发展与经济社会发展之间的关系客观表现为水利发展在前，社会经济发展在后，但其实质表现又是人类及其经济社会现实的需求在前，对水利发展的理性认识在前，而水利发展在后。“防水之害”的治河，“用水之利”的灌溉、航运等都是以水为对象不断地解决社会发展的“瓶颈”问题。这一阶段大自然里的水，无论从水资源总量上，还是水体自净能力上，都处于能承受人类社会对水量的需求和能包容生活、生产对水体污染物的排放，而且从每个地域或流域的范围内看，其水量、水质也都处于能满足人类需求的总体或局部的“人水平衡”之中。

在我国这一阶段处于大禹治水至新中国成立后的30~40年之间，其发展经历了几千年漫长而相对稳定的过程，经济社会的不断发展，需要水利事业的不断开发，不断开发的水利事业又不断促进了社会经济的发展。因此，这一阶段的水利发展被称为开发型水利发展阶段，是水利发展的初级阶段。

（三）水利的正负效应逆向演进的阶段为掠夺型水利发展阶段（中级阶段）

近现代大工业生产出现以后，生产力得到极大的解放，物质财富急剧增长，人口膨胀、城市扩张。有统计表明，工业革命后100年所产生的物质财富相当于之前的总和。在经济高速增长的同时，随之而来的是不断加大的对水资源的开发和对水体污染的加速，渐而不少地域和流域已超过自然水体的水资源与水环境承载能力，造成水源枯竭、水体污染、水生态条件恶化；一些大型水利工程的建设对相关的区域环境也产生了一定负面影响，加剧了水问题的严重性。

这一阶段一方面水利设施的技术条件达到了一定水平，规模达到一定程度，水利技术在一定程度上已能满足当代人类生活、生产的需求；另一方面从资源、环境、人类发展三者统一的大系统角度看，无节制的水资源开发和日益严重的水污染，带来的是人水失衡，带来的是水利的负效应，随着水利发展的日益膨胀，进而发展成制约社会经济发展，危害人类自己生活、生存质量的局面。因此，这一急剧膨胀的水开发、水污染阶段被称为掠夺型水利发展阶段，这是水利发展的中级阶段。世界上的部分先进国家在20个世纪50~70年代就进入了水利发展的掠夺型阶段，我国经济发达地区则大约在20个世纪80年代也开始进入这一阶段。

（四）水利发展达到可以调整社会经济发展使之逐步做到适应水的自然规律的阶段，称为和谐型水利发展阶段（高级阶段）

水利发展以水的可持续利用，支撑经济社会可持续发展为目标，在满足人类生存与生产要求的同时，高度重视节约水资源，重视水环境、水生态的治理与保护，强调人与水的和谐相处，超前考虑社会经济发展必须适应自然界水资源及水环境承载能力。通过对水的再认识，运用水规划、水体制、水机制、水管理、水宣传等一系列水文化战略及重点骨干工程，引导、规范，解决社会经济发展中的水需求、水问题。如给洪水以出路、涉水行政事务一体化管理，严格限制污水排放入河、骨干河道的规划与整治，能发挥综合功能的水利工程，河道蓝线、涉水区域黄线、绿线的设置等水利发展的有效措施，使社会经济发展能始终处于大自然水体可承载的范围内，使自然水体的各种资源，可以持续地服务于社会经济发展。进入这一阶段才是和谐型水利发展阶段，我们将其称为水利发展的高级阶段。

二、水利发展各个阶段的人与水的关系分析

（一）人对水的作用

原始阶段，人类被动地适应自然，出于生存的本能需求，使用简单工具取水、用水和避水。

初级阶段人对水的作用表现为“治水+用水”。这一阶段，人类在用水的同时，学会了控制水，形成了内容丰富的防洪治河理论与技术，如我国历朝历代的黄河治理。

中级阶段，人对水的作用表现为“治水+用水+害水”。人类在治水、用水的过程中，治水手段不断升级，治水技术迅速提高。与此同时，由于缺乏可持续发展理念，忽视了水资源容量及水环境的承载能力，在治水、用水的过程中，人对水也形成了伤害，如无节制地开发水资源、无节制地侵占水面、无节制地污染水体、大肆地破坏森林植被，导致破坏了地域、区域、流域乃至地球表面水的自然循环系统与水的涵养过程等。

高级阶段，人对水的作用表现为“利水（亲水、节水、护水）+治水+用水”。这一阶段中由于可持续发展的科学理念的出现，人们认识了“洪涝灾害、干旱缺水、水土流失和水污染严重等四大水问题”。“表现上是水对人的伤害，但本质上是人对水的伤害造成的后果”（汪恕诚，2004），开始形成将涉水理念、涉水行为由被动转化为自觉地追求亲水、节水、护水的利水理念和行为。人们开始考虑建立节水型社会，寻求防治水污染、修复水生态与水环境的原理、技术和方法并努力付诸实施。人类的涉水行为除了仍然维持治水、用水的行为外，增加了亲水、节水、护水等利水行为。

（二）水对人的影响

原始阶段，水是人类生存的基本物质条件，提供人类生活用水，孕育万物，使人类得以生存和不断进化。

初级阶段，人类自进入了农耕时代以后，水对人类利害并存。但随着人类对水可以发挥作用的认识逐步提升和社会生产力水平的提高，水为人类提供的供水、灌溉、航运、漂木、养殖、发电的服务功能也在不断拓展，促进了人类社会在开发利用水的多功能的过程中的不断进步。人类物质文明不断发展的过程就是对水的开发利用不断进步的过程，在这一过程中，虽然水的洪涝旱渍等灾害和人类抵御水灾害的耗费，在一定的程度上也制约和影响了生产力的发展，但人类对抵御水灾害的技术、方法、能力等方面又是不断地在提高。

治水是人类改造自然的伟大实践活动，在治水、用水过程中人类因水的作用在创造物质文明的同时也创造了精神文明，例如华夏民族在长期治水实践中创造出来的包括水工程技术理论，水工程管理体制和管理制度，相关的水法律法规、治水文献以及具有亲水意识的涉水诗词歌赋、绘画美术，格言铭文，治水人物的人文轶事以及治水精神等水的文化产品。这一阶段水对人类的影响是巨大的、多元的。

中级阶段，由于人口增长，生产发展，用水急增，城市膨胀，与水争地，水环境污染，水生态破坏等对水伤害现象十分严重。诚如汪恕诚在2006年世界水日发表的《转变用水观念　创新发展模式》中指出："人类对水的伤害越大，水对人类的破坏越大。"长三角以及泛长三角地区已频频出现的城市热岛现象与癌症村有相当一部分是由于水面积萎缩与饮用污染水所致。太湖地区的水质型缺水、淮河的沿河污染、洪泽湖污染团事件等都是十分典型的例子。

高级阶段，人类的用水理念及涉水行为的调整，形成了以亲水、节水、护水为主导的治水、用水的利水水利模式。人类在治水方面不只是能较好地控制洪涝旱渍灾害，而且更加重视的是给洪水以出路，力求缓和人水矛盾。在用水方面，人们不仅把水作为生产、生活的基本资料和基本物质条件，而且认识到水还是水环境、水生态、水文化的原生载体。为了满足了人类更高层次的物质需求和区别于其他生物的精神需求，必须实现水可为人持续利用的自然循环，做到人水和谐相处。

（三）人与水的哲学关系

原始阶段，人是大自然生物圈的一分子，这一阶段生产力极为低下，人类和其他生物相似依附于自然，依附于水，处于被动地适应水而生存的阶段。其主导思想是我国传统的“天人合一”的思想，人与水之间表现为原始的“水人合一”的哲学理念和“人依水存”的哲学关系。

初级阶段，人类成为生物圈中特殊的种群，善于使用工具和智慧改造自然，随着生产力的发展在一定程度上达到能改变自然的程度，这一阶段人们受“物竞天择”思想支配，认为人类是天之骄子，人的努力本身就是一种自然界的物种竞争行为，人们大办水利工程，以扩大水利、减小水害是一种“适者生存”的行为。就水而言，这一阶段的主导思想是“人竞水择”，人与水的关系表现为大自然水体既能供给人类的用水，也能净化人类生产、生活对水体的污染，人与水的哲学关系处于“人利水容”的状态。

中级阶段，在开发阶段的基础上，随着科技进步和生产力极大提高后，人类产生了“人定胜天”的主导思想。在对待水的问题上，“人定胜水”的思想占了主导地位，无止无尽地向大自然索取，又毫无节制地伤害大自然，大自然因之也对人类带来了惩罚。就水而言，由于过度利用地域、流域内的水资源，超出了地域、流域水资源和水环境的承载能力，破坏了自然界的水循环状态，污染了水体。人类严重地伤害了河流、水体，造成的水资源短缺、水环境污染、水生态恶化、水质型缺水，以及地质性灾害等因人为因素导致的水灾害，反过来又给人类自己产生了严重的伤害，抑制了物质文明与精神文明的进一步发展。结果造成了“水多、水少、水脏、水浑”、“人水失衡”的现象。

高级阶段，人类区别一切生物最根本的一点是有理性思维，面对掠夺阶段肆意开发带来的恶果，终于形成了人与自然和谐相处的“人天和谐”的主导思想，就水而言，就是做到人类既要“水利”，也应做到“利水”，让水能可持续地“利人”，通过做到“人水相应”实现人水和谐相处。人水和谐相处是破解我国水问题的核心理念，人类必将进入对水体承载能力理性认知并能科学用水的阶段。人类将采用各种措施改善水环境、修复水生态条件、重视水文化的挖掘与赋予，使自然界被人恶化了的水体逐步修复为良性的近似自然的水体（亦称人化自然水体），恢复自然界的良性水循环，以至实现水资源的可持续利用的人与水之间的平衡。这一阶段的“人水相应”与原始阶段的“水人合一”似乎有相似之处，但事实上内涵却发生了巨大变化，前者是水包容人的人被动与水和谐相处，而后者则是人更进一步认识自然界水的规律，主动去与自然界的水相适应，通过人主动“利水”的行为，实现水可持续“利人”的目的。这就是人类哲学理念上的“螺旋式上升，波浪式前进”的规律。

（四）水利发展各阶段的特性（具体见下表）

水利发展各阶段的特性

阶　段	人对水的作用	水对人的影响	人与水之间的哲学关系	
			人对水的认识论	人与水之间的关系
依存阶段(原始阶段)	用水+避水	生存取水+洪水灾害	水人合一	人依水存
开发阶段(初级阶段)	用水+治水	利害(洪涝旱渍等水对人的灾害)并存	人竞水择	人利水容（人对水的危害）
掠夺阶段(中级阶段)	治水+用水+害水	利害(洪涝旱渍等水对人的灾害+水污染、水生态条件破坏等人对水的危害)并存	人定胜水	人水失衡
和谐阶段(高级阶段)	利水（亲水、节水、护水）+治水+用水	有形功能(供水、灌溉、发电、航运等)及无形功能(水生态、水环境、水文化)的提供者	人水相应	人水平衡

三、水利发展新模式设定及其内涵

（一）我国经济高速发展地区水利发展新模式的设定

对于水利发展，近几年来水利部就全国而言的治水思路中已有了许多建设性的提法。如相对于传统水利的“现代水利”，相对于工程水利的“资源水利”，相对于以水物质作为直接载体发挥的供水、灌溉、发电、航运功能的“环境水利”、“生态水利”，等等。这些提法包含着深刻的现实体验和理性思考，对直视现实水利中存在的问题、调整人们的治水理念、指导我国的水利工作有极其深刻的意义。而在实现的从传统水利向现代水利，尤其是要向未来水利推进的转换中，我们认为更需要有一个从指导思想—战略目标—内容架构—具体实施等方面完整的理论体系和实践框架，用以指导已经步入水利发展掠夺型阶段或有条件逐步步入高级阶段的地区，尽快超越掠夺型的水利发展阶段，进入和谐的水利发展高级阶段。

我国经济发展较快的地区如长三角、珠三角、京津塘等地区，相对来说传统水利也是发展较快的地区。因此，这一地区也是受传统水利负面影响较大的地区。如规划的短视与易变，城市水利发展滞后，农村水利基础设施不适应农村社会经济发展需求，严重的水污染、恶化的水环境和恶劣的水生态条件，已经对我国经济发展较快地区经济的进一步腾飞产生了约束作用，制约了该地区社会经济的良性发展。较为典型的如京津塘地区的严重缺水问题；原本属丰水地区的太湖流域水质型缺水问题以及区域生物物种的退化与减少问题（研究表明，该地区水生生物退化速度高于陆生生物）；珠三角沿海赤潮及海水入侵沿海土地碱化问题等。因此，重新从战略的高度审视我国经济发展较快地区水利发展的现有模式，针对其客观存在的问题，扬长避短，探索属于我国经济高速发展地区水利发展与服务模式，对我国经济发展较快地区的未来水利的发展将具有重大的科学价值和深远的现实意义。

针对“我国在经济发展过程中对大自然的索取，对资源的开发利用已经对大自然产生了破坏，对生态与环境产生了影响，而且这种破坏和影响开始对人类自身发出了严重的信号，敲响了警钟”的国情，汪恕诚部长提出中国必须“在经济发展中形成一种自律意识，自律行为，通过自律，自己约束自己，从而达到可持续发展的目的”这一我国经济发展的“自律式发展模式”，其实质就是要求人与水之间，从长期以来的只考虑使水如何“利人”的水利，转化为人类不仅要考虑水利，而且要考虑人类如何规范自己的用水、治水行为，使人类的用水、治水行为能达到有利于水的可持续利用，即人如何“利水”的思维模式和行为方式上来。据此，我国经济高速发展地区的水利发展的新模式架构应该调整为在“利水水利”思维模式指导下的，“综合利用，功能双重；城乡统筹，水务统一；人水和谐，循环持续”的水利发展模式。其中：“利水水利”是思维模式；“综合利用，功能双重”系利用模式；“城乡统筹，水务统一”系服务模式；“人水和谐，循环持续”是新模式的概念目标。其具体架构如下页《长三角经济发展中的水利发展新模式架构示意图》。

（二）“利水水利”模式解析

1.新模式中“利水”二字的内涵

“利水水利”从其字义上可解释为：“从有利于自然界水的良性循环和自然质态的角度出发，使自然界的水，可持续地兴利于人类社会经济的持续发展。”

长期以来，水利都是从人类自身生存发展的角度出发，运用人类的智慧和手段迫使大自然的水兴利于人类社会。而“利水水利”之所以冠以“利水”二字，其目的就是要对人们今后的水利理念和水利行为进行调整与规范。也就是要求人们在水利发展的高级阶段——和谐阶段，必须形成“利水”的自律意识和自律行为。

“利水”二字对水利发展理念的调整：首先是调整人们对人与自然之间的哲学认知，要将人们从几千年以来形成的“物竞天择”、“人定胜天”的理念中，调整到人天必须和谐、人水必须相应的认知上来；其

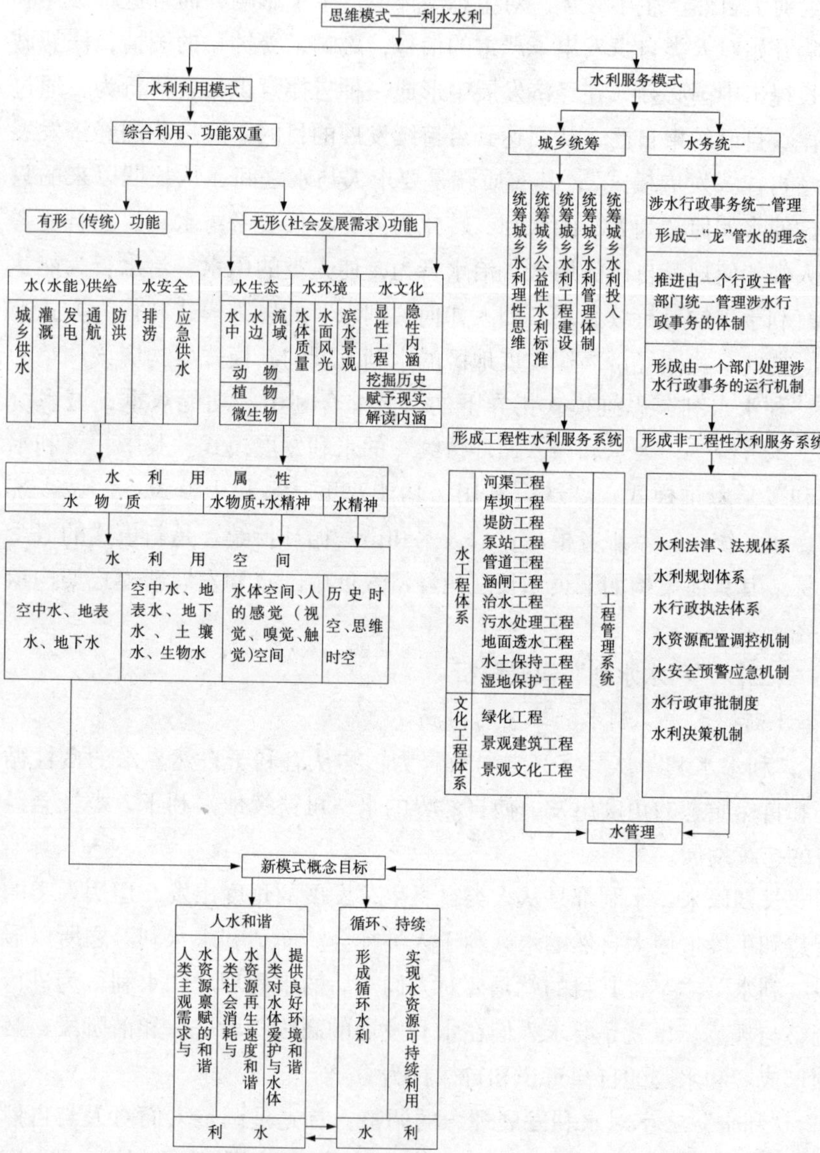

长三角经济发展中的水利发展新模式架构示意图

次是调整人们对自然界水的认知，要将人们从水是“取之不尽，用之不完”和“见水为净”之水能包容净化人类生活、生产之一切污染的认知中，调整到自然界的水资源和水环境的承载能力是有一定限度的认识上来；三是调整人们对水利用的思维方式，要将人们从只要“水”利“人”的单向思维方式调整到既要水“利”人、也要人“利”水的双向思维方式上来。

“利水”二字又是对水利发展行为的规范：一是规范水利行为，即一切水利工作首先必须考虑到所涉及地域、流域的水资源的承载能力和洪水的出路，考虑到自然界水之立体交换能否形成良性的水循环和自然的水质态问题。凡是不尊重水的自然规律的“水利”行为应当予以停止。例如，江苏省在苏南停止了对地下水的采用。二是规范社会涉水行为。人类社会不管是人本身的生活还是经济社会的生产都涉及水。因此，通过“利水水利”模式的推进，去达到进一步规范人们和经济社会的涉水活动，努力营造亲水的气氛，建立节水防污型社会，推进护水、利水活动，限制、杜绝害水行为。例如建立、健全水法制，限制高耗水企业的发展，推进用水定额管理，形成合理的水价形成机制等。

“利水水利”模式冠以“利水”二字最根本的目的是要求人们的一切涉水活动都形成亲水、节水、护水的“利水”自律意识和自律行为。人们通过自律，自我约束，从而达到实现水的可持续利用、支撑人类社会经济的可持续发展、从“利水”的哲学高度出发寻找到“利人”水利的最终效果。

2.新模式中的水利利用模式——“综合利用、功能双重”

水具有多功能性，因此对水的开发利用应以多目标综合开发利用为主。参照流域综合管理的概念与原理，新模式中的“综合利用”是将河流或水体视为一个完整的生态社会经济系统，即将河流或水体及其周边的自然条件、生态、环境和社会经济看做相互作用、相互依存及相互制约的统一体，对其进行合理的开发利用和保护，兴建综合利用工程、解决国民经济部门的各种需求和问题，实现多元经济效益。根据国内已建和规划综合利用水利枢纽的研究，单目标开发要取得综合开发同等效能，所需总投资为综合开发的1.60~1.83倍；法国通过对罗讷河的综合开发研究，认为单目标开发要达到综合开发的效果，所需的总投资是综合利用水利枢纽的1.2~2.0倍（陈菁等，2004）。

水利发展至高级阶段，对水的综合利用应包含对空中水、地表水（含海洋水）、地下水（含土壤水），甚至生物水的立体综合利用和对水环境容量——水生态条件、水文化功能的全面开发利用。

在水利发展开发和掠夺这两个阶段，人们重视的是开发河流及水体的防洪、供水、发电、航运、养殖等有形功能（传统功能），往往忽视水的环境、生态、文化等无形功能。随着生产的发展与人口规模的扩大，水的有形功能被过度利用，不但将其严重后果反馈给了人类，同时也使水生态及涉水生物多样性遭到了破坏。这一客观存在的不争事实已被社会和水利界的有识之士所认同，并由之提出恢复河流的健康生命的新理念。改善水环境、修复水生态、构建人水和谐相处的社会，已成为未来水利发展之责任。此外，由于人类的思维意识的客观存在和不断进化，人类除对物质生活有需求外，还有区别于其他一切生物（动物、植物、微生物）的精神需求。随着人们物质生活水平的提高，人们对人居、休闲、旅游、运动、教育等涉水文化精神生活的需求也在逐步提高。水的文化功能将成为人们精神需求的主要内容。因此，“利水水利”模式与传统水利模式的重大区别就在于高度重视对水的有形功能开发利用的同时，高度重视无形功能的开发利用与保护。“功能双重”就是指人类在这一阶段对水的利用表现为有形功能、无形功能并重的双重利用状态（董文虎，2005）。

3.新模式中的水利服务模式——“城乡统筹，水务统一”

水利服务模式主要是由城乡统筹的水利工程服务系统和水务统一的非工程服务系统构成的。

50多年的城乡经济二元分治，形成了我国巨大的城乡差距，只有通过城乡统筹、缩小差距，才能有效地实现我国建设小康社会的目标。城乡统筹的概念，实际上包括经济和社会发展两大方面，党的十六大报告提出物质文明建设、政治文明建设、精神文明建设三个方面都要实现城乡统筹，则水利发展牵涉物质、精神两个文明的建设，更要实现城乡统筹。

在利水水利模式中，“城乡统筹”主要指的是城乡统筹的水利工程服务体系。其中内涵有五：一是要形成统筹城乡水利的理念。党的十六届三中全会本着以人为本、全面协调、可持续发展的科学发展观提出的“五个统筹”中明确提出“统筹城乡发展”，作为经济发展的基础设施和基础产业的水利，也必须坚定地建立按行政区划级次和流域特点统筹城乡水利的理念，努力推进统筹城乡水利。二是统筹城乡水利公益性水利标准。统筹城乡水利应本着社会公正、人类平等、服务一致的原则，对农村中心集镇及农民集中居住区应等同于本行政区划的城市，按不同经济发展时段，在防洪排涝、供水安全、污水集中处理等公益性水利标准等方面，应设置等同的标准。三是统筹水利工程建设。尽管城市与乡村在产业类别、生活方式、建筑布局等方面有差别，但城乡水系却是连通的，而且经济高速发展地区城市又在不断扩张，所谓城乡水系的界限也是处在不断变动之中。因此，必须根据流域、区域的特点，统筹进行水系整治，建立功能完备、运行高效、标准相对一致的水工程体系。包括河渠工程、库坝工程、泵站工程、管道工程、涵闸工程、供水工程、污水处理工程、水土保持工程、湿地保护工程、绿化景观工程、涉水文化工程等。特别是针对农村地区的中小城镇以及农民新建的集中居住区，应加大供水、污水处理、管道工程以及水生态、水环境恢复工程、景观文化工程的规划、建设力度，力求改善农民的生活环境和生活品质，以均衡城乡差别、缓解城市压力。四是统筹城乡水管理体制。由于城乡行政管理体制、水务管理体制的长期分治，导致了城乡水管理体制的分割和河流及水工程运行失调，因此必须打破城乡分割，按不同水工程类别建立水工程管理机构和城乡统一的水务管理体制，以充分发挥水工程效益。五是统筹城乡水利投入，城乡水利的不可分割性，决定了城乡公益性工程投资的统筹性，各级财政及社会水利资金要加大城乡统筹力度，调整城乡收入分配结构，注重对公益性水利基础设施欠账较多的城郊接合部和农村的水利投入。

“城乡统筹”是针对城乡分治而言的，“水务统一”又是针对部门分割而言的。水利发展新模式中，利用模式的核心内容就是在继续重视传统水利的前提下，增加重视水生态、水环境、水文化的内容。水功能的外扩、内延，城乡水利的统筹，又必须在由一个行政主管部门统管涉水行政事务的体制下才能更好地完成。民国时期的李书田等人在《中国水问题》中就大声疾呼：“盖治水之道，利在统筹，若事权不一，职责不专，则难收兼筹兼顾之功，而易起曲防壑邻之争也。”新中国成立后的多头管水，形成了部门之间的权力交叉，思路不统一，规划不统一，建设不统一，调度运行管理不统一，结果是重复投资、效益低下、职责不清，哪个部门都管水利，哪个部门都管不彻底，其弊端是显而易见的。

水务统一首先是体制问题。行政权力的分配和调整是一个既复杂又简单的问题，关键是各级政府的决策构想和决心。如果有统一水务的决心，则只是事权的调整或机构人员的适度增减问题；如果地方领导没有充分认识到水务一体化的必要性和紧迫性，其推进则是十分困难的。“水务统一”是指涉水行政事务的统一管理。关键是要形成“一龙”管水的理念，真正认清“管水资源的不管城市供水，管城市供水的不管节约用水，管节约用水的不管污水治理、中水回用，管污水集中处理的不管城市排水、除涝……”带来的危害。各地要积极推进水行政管理体制改革，形成由一个部门处理涉水行政事务的运行机制，并形成科学的非工程性水利服务运行机制。水务统一的行政主管部门，要十分注重水利法律、法规体系的建设，注重水利规划的编制，形成科学的水资源配置调控机制、水安全预警应急机制，强化有效的水行政执法和高效的水行政审批制度，形成强有力的科学决策机制。涉水行政事务统一管理既不要“缺位”，也不要“越位”。要把工程性服务的管理分解给事业单位和企业单位去管理，形成工程性水利服务系统。

目前全国组建水务局或由水务局承担水务统一管理职能的县级以上行政区已占全国县级以上行政区总数的53%，其中北京市、上海市、黑龙江省、海南省已实现了辖区内的水务统一管理。实现水务统一管理的地区在统一调节地表与地下、城市与农村、区内与区外水资源，统一编制涉水规划，提高城乡防洪安全、供水安全、生态安全等方面，都取得了明显成效（刘朔，2006）。在水利发展的高级阶段——和谐阶段，水务统一是实现有形、无形功能并重的制度条件和组织保证。例如长三角地区的上海、苏州等地，由于其社会经济发展最快，因此先后成立了水务局。在水务统一的制度与组织保证下，推进了地域范围内的河道及水环境整治，实施了生态恢复工程，取得了巨大的成效。这两个市从过去"有水皆臭"的水环境污染重灾区，正在逐步变成城乡水网连通、河滨清水潺潺的"东方明珠"和"水乡天堂"。

"利水水利"模式下水务统一管理的内涵还包括在"利水"这一理念指导下的水利行为决策、水利规划制定、水利建设推进、水利管理机制等内容。

4.新模式的概念目标——"人水和谐、循环持续"

人水和谐是水利发展高级阶段重要概念目标之一，它包括人类的主观需求与水资源禀赋的和谐；人类活动对水资源（包括水物质、水环境、水生态等资源，以下同）的消耗与水资源再生速度的和谐；人类对水资源的爱护与水资源回报人类的良性循环的和谐。

"循环持续"是水利发展高级阶段重要概念目标之二，即实现循环水利和水的持续利用。

循环水利具有两方面的含义：其一，循环水利是循环经济的重要组成部分。循环经济的最重要的实际操作原则"减量化、再利用、再循环"同样适用于供水、用水、航运、发电等涉水部门。"减量化"原则旨在减少进入生产和消费过程的物质总量，从源头节约资源使用和减少污染物排放。目前我国建设节水防污型社会，就是要从源头减少水资源的消耗，同时达到减少污水排放的目的。“再利用”原则是减少一次性用品的污染。“再循环”原则是要求物品在完成使用功能后重新变成再生资源。目前，不少地方的工农业用水及生活用水过程中已大量采用了循环利用水资源的方式；工业用水的中水利用和重复利用、生活污水及中水的农业灌溉等都是资源再生利用的例子；其二，指水系、水体的水之自然循环，在水利发展的“掠夺”阶段，人类在不少地方破坏了水体的自然循环，产生了许多负面影响，在水利发展的和谐阶段，人类的水利建设及其他涉水行为必须倾力恢复水的自然良性循环。

“循环持续”之“持续”，主要是指通过可持续发展的水利实现水资源的可持续利用。水资源的可持续利用是中国经济社会发展的战略问题，因为只有水资源的可持续利用才能支撑我国社会经济的可持续发展。可持续发展的水利就是要将无序、无节制地与水争地，转变为有序、可持续地与洪水协调共处；将无序、无节制地取用水资源转变为适度开发、节约使用、可持续地利用水资源；将无序、无节制地排放污水转变为集中收集污水，认真处理，达标排放，进而，达到使自然界的水，能通过其自然循环而往复再生并可持续地服务于社会经济的持续发展。发展是硬道理，人类在自然界面前不能无所作为，也不会无所作为，水利发展的掠夺阶段打破了人水平衡，但具有理智的人类将会在新的水利发展阶段中创造出新的人水平衡，这就是可持续发展的水利。可持续发展的水利一定是人水和谐、循环利用的水利。

（说明：泰州市水利局与河海大学2005年4月接受本人建议，共同设置了《长三角经济发展中的水利发展模式研究与应用》的水利科研课题，本文之主要观点、框图及文字架构系本人提出，由课题组共同调研、讨论形成了以上文字材料，虽然文章主要观点为课题采用，但课题组鉴于多种原因，定稿时采用的模式名称为“和谐水利”，本人以为仍应以“利水水利”为好，故此文也可使用本人的署名）

珍水万世焉

——千古传承的都江堰可持续发展之道

四川省都江堰管理局　吴萌春

公元前256年，时任秦国蜀郡守的李冰率领民众，在今四川盆地西北岷江出山口的河床上，设鱼嘴金刚堤分江导流，建堰坝飞沙溢洪，凿宝瓶口限洪灌溉，创建了举世闻名的水利工程——都江堰。饱受干旱洪涝灾害的成都从此成为“水旱从人”、“沃野千里”的“天府之国”。

自秦以来，2260多年的风霜雪雨早已使古巴比伦的纳尔—汉谟拉比灌溉渠系、古罗马的远距离输水道等人类古代的水利杰作相继湮没于历史的长河，成为仅凭感怀的记忆，唯有中国的都江堰完成了这样伟大的穿越，在世界水利史上谱写出了一部“膏流千古、泽被万民”的壮美传奇！

经过历代的运行和发展，时至今日，都江堰已建设成为地跨岷江、沱江、涪江三个流域，幅员面积2.32万平方公里，总体规划面积1500万亩，目前实灌1010万亩的特大型灌区。它不仅满足了成都平原和川中丘陵地区农业用水的需要，而且还为灌区的生活、工业、防洪、环保、发电、水产、旅游等用水提供了综合服务。目前，都江堰灌区的保灌面积占四川全省总数的30%，人口占全省总数的27.5%，粮食总产量占全省的28.3%（其中水稻产量占全省的31%），灌区工业产值占全省的44.6%，农业产值占全省的30%，全省综合经济十强县中，灌区内占8个，都江堰在四川省国民经济和社会发展中已经起到不可替代的基础地位与作用。

作为一座造福千古的水利工程，都江堰如今早以其光辉灿烂的历史文化价值跻身世界文化遗产行列，作为世界水利闻名遐迩的活化石而为世人所称颂。而面对无尽的未来，这座凝聚着中华民族智慧结晶、承载着社会经济发展日益重大责任的水利工程应该如何去实现其永续利用和持续发展？这值得我们每一个站在历史与未来交汇点上的人，特别是身为都江堰当代管理与建设者的我们，共同去予以认真深刻地总结和思考。

一、开创还是创新——来自都江堰光辉历史的启示

新中国成立以后，特别是改革开放以来，我国的经济和社会建设取得了举世瞩目的巨大成就。但进入21世纪以后，由于方方面面的原因，我国经济社会发展的“软肋”开始暴露，这其中以资源短缺为首的，严重制约经济社会可持续发展的各种问题和矛盾正日益突出，并逐步成为中华民族振兴与富强的心腹之患。

可持续发展（Sustainable Development），这个诞生于1987年世界环境与发展委员会《我们共同的未来》工作报告中的经典概念，伴随着21世纪那声声惊心动魄的发展警钟，终于转化为《中国21世纪初可持续发展行动纲要》，于2003年1月由国务院予以印发。此后，针对我国当前发展所面临的种种问题和矛盾，一系列重大的战略方针和政策被党中央明确提出。如党的十六届四中全会决定中所提出的“构建社会主义和谐社会”的新命题，还有针对我国宏观经济运行中资源约束矛盾不断突出而提出的“节约型社会”建设理论，以及为促进城乡和农村经济社会协调、推动我国经济和社会全面发展所提出的“社会主义新农村”建设理论，都是我国为贯彻落实科学发展观、全面实现经济社会可持续发展而作出的英明决策和重要部署。

在认真学习党中央所提出的这一系列战略方针和决策的过程中，我始终紧密联系都江堰水利实际，试图由此总结出一套真正适合都江堰可

持续发展的理论。随着学习的深入，对于长期以来自认为已经相当熟悉了的都江堰历史，我突然产生了一些新的认识。

众所周知，都江堰已经实现了2260多年的不辍运行，2260多年历史铺展的现实本身，已经让都江堰成为了可持续发展的光辉典范。既然如此，那么，我们是否就可以作出这样的一个假设——或许，早在都江堰创建之初，类似于“科学发展观”的都江堰可持续发展理论就已经被人明确提出，而且在其建设和管理中已经得到了充分有效的运用和落实?

这是完全有可能的！原因是如果都江堰从来都不曾有过类似于今天我们所倡导的“科学发展观”的观念和理论，没有类似于“和谐”的构建，也根本不存在类似于“节约型”方面的建设思考，都江堰这千年运行的奇迹恐怕根本就无法成为现实。而假设都江堰真的拥有这样一套可持续发展的传统理论，那我们就需要认真考虑两个问题了。

其一，既然都江堰早已经拥有了一套可持续发展的传统理论，那么作为都江堰当代水利人的我们，是否就应该把研究都江堰可持续发展理论的工作重心，由脱离甚或抛开历史去提出新观念、建设新理论，转移到对都江堰固有传统理论的发掘、整理、继承和发扬上?

其二，一旦都江堰传统可持续发展理论真的得以发掘，面对未来，我们是将之作为都江堰千年发展的金科玉律不加任何处理地全盘奉行，还是将之与当今时代的发展理论和社会现实紧密联系起来，科学地分析，辩证地吸收，批判地“拿来”?

无论如何，对于都江堰千年发展的历史，我们都需要持有一个正确的基本态度和看法。过分强调历史、强调传统作用的做法虽不可取，但是“忘记历史就意味着背叛”。至少对于已经实现了2260多年可持续发展的都江堰，我个人的观点是：都江堰的可持续发展理论不需要另辟蹊径去开创，而应该古为今用去创新。

二、“珍水万世焉”——刻在李冰石像上的古老文字

1974年3月，时值都江堰渠首工程整修，施工人员在鱼嘴主体工程

左侧为外江闸开挖基坑时，无意间在外江河床下4.5米的深处掘出一尊石像。出土时，这尊石像横卧江心，头向西，背朝天，身高2.9米，肩宽0.96米，为沙岩凿成，重约4.5吨。后经考古人员清理发现，石像的前襟处刻有“故蜀郡李府君讳冰”，两袖上分别刻有“建宁元年闰月戊申朔二十五日都水掾”和“尹龙长陈壹造三神石人珍水万世焉”字样。

石像上的古老文字穿越千年历史的沧桑，清楚有力地印证了李冰创建都江堰的史实。可以断定，这尊石像为东汉灵帝建宁元年（公元168年）时，蜀地人民为纪念都江堰的创建者李冰所凿，同时，铭文也说明了都江堰在当时就已设有都水掾和都水长的水利官职。尤其令我感兴趣的是，这些简明扼要的文字在已经清楚明白地记载了石像的年代、名讳、制作背景等基本情况后，为什么还要在铭文的最后加上“珍水万世焉”这5个字呢？

“珍水万世焉”——这究竟是李冰创建都江堰时就已提出的治水格言，还是后世人对于都江堰水利管理与建设经验的精练总结？究竟是蜀地先人对于岷江水资源乃至整个都江堰水环境的一种基本态度，还是古堰水利人所提炼和推崇的一种治水精神？悉心解读铭刻在李冰石像上的这5个字，我感受到的是深刻的思想、丰富的内涵，还有那来自智慧与精神的强大魅力。若隐若现间，那套假设中的都江堰可持续发展传统理论似乎已经出现在我的面前。

（一）珍水万世——明晓利害的资源观

自从人类逐水而居，就开始了与水打交道的历史。水之柔顺，顺势赋形，善利万物而不争；水之刚烈，洪水猛兽，能毁既有于一旦。水能载舟，亦能覆舟，水是生命的源泉，也是智慧的源泉，更是文化与精神的源泉。水之于人类社会的地位和作用不仅是决定性的，同时它也全面地涵盖了其发展与进步的各个层面的需要和追求。因此，早在公元前1世纪初，司马迁就对水的问题发出过这样的感叹：“甚哉，水之为利害也！”

人类离不开水，却又经常要遭受干旱和洪涝的水患折磨，于是水利工程的出现就成为了人类追求生存与发展的一种必然。创建水利工程,改善人水关系,这真可谓是人类在与大自然作斗争时的一项革命性创举啊!

我们已经无法考证出世界上第一座水利工程究竟出现在哪个年代,更无从知晓它存在的具体位置或形式。但可以较为肯定地说，由于当时人们改造自然环境的能力以及工程建造水平的局限，同时又出于对水患的深切恐惧，所以人类早期所建造水利工程的核心功能很可能首先是“避水害”，而水利工程的另一重要功能“谋水利”，则作为附加功能摆在其次。

而创建于公元前256年的都江堰，仅从其创建动机上来看就已经是绝对积极而主动的“谋水利”了。根据相关史料记载，都江堰最初是为当时的秦国统一六国的军事战略需求而创建，也就是说，都江堰在当时不仅是一座水利工程，同时也可以说是一座军事工程。按照“攘外必先安内”的军事思想，都江堰除了作为一般意义上的水利工程需要行使其兴利除害的治水功能、保证后方的社会安全和稳定以外，更需要作为一项军事工程承担起为秦国外侵提供坚实人、财、物保障的任务。这样特殊的客观要求必定会使岷江水资源除了具有自然资源的一般意义以外,更在政治、军事、经济、社会等多方面被人为地赋予了许多超乎寻常的重大意义。

从这个角度上看，对于什么是水资源，水资源具有怎样的价值和意义，如何实现岷江水资源的有力保护、合理开发和高效利用等问题，较之同时代的其他水利工程，都江堰的创建和管理者们必定有着更为全面且又深刻的认识。而这种从最初创建就牢固确立的、先进的水资源观念和意识，不仅在当时，也必将对古堰后世的发展产生极为积极而深远的影响。

（二）珍水万世——尊重自然的环境观

任何一项工程项目，在创建之初，都无法避免地要处理人类创造性的生产活动与自然之间的关系，这实际涉及的是人类利益与自然环境利益之间的协调问题。人与自然的关系看似深奥，不过在最根本处也并不复杂。首先是因为有了自然，才为人类的产生乃至生存和发展提供了前提与基础，所以自然是第一位的。在自然面前，人类只能，也永远都应该以一种“小字辈”的谦卑姿态出现。人类必须按照大自然的规律去生存和发展，“顺之者昌，逆之者亡”，这是毋庸置疑的真理。一旦违背了大自然的规律，破坏了自然环境，不要说什么身体健康、生活富裕、生产有力，我们每个人连自己起码的吃穿行住恐怕都无法解决。在人类的发展史上，相关的教训早已不胜枚举。

都江堰水利工程所蕴涵的尊重自然的科学态度，集中表现在工程的选址和营构上。其选址在岷江上游和中游的交汇处，这里恰好是岷江资源蕴涵丰富的水源涵养区。都江堰渠首枢纽布置在岷江出山口，这里群山环抱，大江中行，形成了环状的地势和环流的水势，又由于730米的海拔，使这里相对处于海拔500~450米的成都平原和川中丘陵区具有居高临下的建瓴之势，为修建无坝引水、自流灌溉的水利工程提供了得天独厚的自然条件。渠首三大主体工程的设置巧妙地运用了地形、地势、河流弯道和水流态势，利用“凹岸取水”、“凸岸排沙”的原理，以“鱼嘴”分流分沙，筑“飞沙堰”泄洪排沙，凿“宝瓶口”限洪引水，三大工程相辅相成，浑然一体，协调运行，达到了引水灌溉、分洪减灾、排沙防淤的神奇功效，真可谓将“兴水利，除水患”的治水功能发挥到了交响乐般协调酣畅的极致！

漫步千年古堰，我们几乎难以看出工程建设给自然环境留下的痕迹。很难想象，脱离了尊重自然、保护环境的根本观念，都江堰还能够在为人们创造巨大效益的同时，以一种君子之交淡如水般的洒脱和俊雅，同其所在的自然环境惺惺相惜地融洽了2000多年，轻描淡写地绘就出今天我们所看到的这样一幅可持续发展的天然图画。

尊重自然、保护环境——作为一座以水利为主题的工程建筑，珍惜水资源、保护水环境，都江堰早以其自然天成的工程设计，鬼斧神工的建构技巧，为这样一种对待自然环境的科学态度和高妙境界作出了最好的诠释！

（三）珍水万世——费省效宏的效益观

2002年11月，都江堰渠首内江段近10年来首次截流岁修，考虑到工程位置的特殊性，为尽量减小施工对环境的损害，本次岁修采用了已沿用2200多年的古代截流工艺。也因为如此，本次岁修吸引了全世界关注的目光，大量游客赶到都江堰，争相目睹这难得一见的奇景。国内外30余家知名媒体的记者蜂拥而至，全程跟踪深度报道，令负责这次古法岁修工程的四川省都江堰管理局始料未及，应接不暇。11月8日，当截流现场的中外游客终于看到16支杩槎被投入岷江，缓缓截断了内江水流时，大江两岸欢声雷动，掌声如潮。欢腾的人群中，一位专程从美国赶来的女士一脸惊叹，喃喃自语："神奇的都江堰，神奇的杩槎……"

时任都江堰管理局局长、现四川省水利厅厅长彭述明告诉记者："这次用古法截流仅花了100多万元人民币，而用现代化大型机械作业要花费500万元，而且还会造成环境污染。"彭厅长的这句话可谓一语中的，道出了古法岁修吸引全世界如此关注的根本原因——花费最少的钱，付出最小的环境代价，建成最好的水利工程，获取最佳的经济社会效益。人心所向，都江堰古法岁修所展示出的科学的环境资源价值理念，以及其所创造出的良好的资源环境效益，怎不令世人倾心赞美！

东晋《华阳国志·蜀志》中对李冰创建都江堰有着这样的叙述："岷山多梓、柏、大竹，颓随水流，坐致材木，功省用饶……于是，蜀沃野千里，号为陆海……故记曰：'水旱从人，不知饥馑，时无荒年，天下谓之天府也。'"用杉木扎成的杩槎，用卵石填充的竹笼，还有干砌卵石、木桩、羊圈……这些都江堰所特有传统水利工程技术的发明和千年传承，使我们完全有理由相信，以李冰为首的古堰历代治水先贤不仅都是杰出的水利学家，其中必有许多杰出的资源学家和环保学家，更有不少杰出的社会学家和经济学家！

和世界上任何一座水利工程一样，都江堰创建的初衷，首先是水利工程，并不是环保工程，更不是今日的旅游胜地。水利工程的本质使它必然要以消耗岷江流域的水土资源为代价，去追求良好的经济社会效益。既然要追求效益，那必定就要讲究投入与产出，更要讲究效益的优化和管理。遥想李冰当年，居然用土木石竹就编织出了蜀地繁荣安定的社会局面，支撑起了先秦六国一统的天下大势，这是何等高明卓越的效益管理！以深刻把握水利工程的本质为前提，以正确的资源环境价值观为基础，以科学开发合理利用为手段，以追求最大化的经济及社会效益为目的——都江堰在这些方面所展示出的能力和境界，实在应该让当代那些只讲产出不论投入，只图经济不顾社会，“吃现时米，断子孙粮”的人感到汗颜！在党中央提出了“节约型社会”建设战略，水利部也发出了建设“节水型社会”通知的当下，我们不妨好好地借鉴一下都江堰这本“费省效宏”的生动教材，以史为镜，以史为师，重新树立起中华民族千古奉行的以“省愆寡过”修身、以“省吃俭用”齐家、以“省役薄赋”治国平天下的优良传统，为了都江堰的现在，更为了它那永续发展的未来。

（四）珍水万世——永世济民的发展观

什么是可持续发展？对此，人们似乎更多地习惯于结合可持续发展的客观条件去给出标准，相对较少从可持续发展的主观，也就是人的层面中去进行考量。结合都江堰的实际，我对可持续发展有一个非常简单的认识。我认为所谓的可持续发展，归根结底就是人类在追求进步和发展的同时，所具备的一种既满足当代人需求，又满足后代人需求的主观愿望和能力。

首先谈一谈能力。在我看来，一座完整概念上的水利工程，需要具备5个必不可少的基本要素，即水资源、水环境、水利基础及其配套设施、水利综合管理以及经济社会效益。其中任何一个要素的缺失都不可能构成水利工程的整体运行系统，从而丧失水利工程的基本功能。但是，仅仅具备了这5个基本要素，远不能实现水利工程的可持续发展。因为这其中还涉及一个基本要素的优化问题，也就是这些基本要素是否都具有必要的时效性；一个基本要素的整合问题，也就是能否将之构建成为一个统一的系统；一个系统运行良性与否的问题，也就是这个系统的运行是否科学、协调、高效和持久。而所有这些问题想要得到圆满的解决，接受最直接考验的，也是在其中起到最关键作用的，正是水利工程管理建设者们所应该具备的确保该系统可持续发展的主观能力。

“能力”和“可持续发展”一样，都是内涵非常丰富的概念，而究竟什么才是“可持续发展能力”，如何建设这种能力，这些问题也非常复杂。在此，我无意深入地去进行探讨。我想要说明的是，都江堰作为一座水利工程，之所以被世界遗产委员会评价为“文明世界的伟大杰作”，其最特殊和最有价值处并不是具备了千年不涸的岷江水土资源，并不是具备了设计精妙的水利工程设施，甚至也不是创造了无法估算的经济社会效益，而是它实现了2260多年的可持续发展。而促成其可持续发展的核心力量，正是来源于都江堰水利人主观上的能力，来自于这种能力所表现出来的精到的水利意识、先进的发展理念、杰出的治水才华和伟大的治水精神。

其次再来谈一谈愿望。如果说出众的能力发源于积极的态度，那么美好的愿望则催生伟大的精神。之所以把可持续发展归结为一种主观的愿望，是因为一直以来在都江堰水利工作的实践中，穿越时空的隔阂，我的确能真切地感受到都江堰水利前辈们身上所具有的一种强大的精神力量。也许，我没有什么证据来证明李冰创建都江堰时，就下定了要让都江堰海枯石烂造福万民的决心。但是，在所有同时代的水利工程建筑都湮没于沧海桑田，只有都江堰依旧在发挥巨大作用的“历史偶然”中，我们谁又能否定这其中蕴涵着一种世代造福于民的主观愿望的必然！如果都江堰的水利先辈们在追求其当代需求时，真的不曾考虑过后代人的需求，没有这方面的主观愿望，那么身处当今时代的千百万岷江儿女，又怎么可能如此安然地享受到都江堰那千万亩灌区的福荫？而从“珍水万世”的“万世”二字中，从都江堰古老“治水三字经”的“六字旨、千秋鉴……遵旧制、毋擅变”的谆谆教诲中，怎不令人深切地感受到都江堰水利先辈们那造福后代的千古情怀，那“永世济民”的伟大精神！

三、传承历史，珍水万世

承蒙着学习党中央所提出的可持续发展战略系列建设理论而得到的启发，依凭着李冰石像上“珍水万世焉”5个字的引领，张扬着自己那个“都江堰确有一套可持续发展传统理论”的假设，我任由着自己的思绪在都江堰悠悠千年的史海中沉浮荡漾。我是否已经找到了那一套都江堰的可持续发展传统理论？或者，都江堰是否真的就有这样的一套理论？文章写到现在，我突然感觉这些问题都不那么重要了。沉钩史海，我想我们需要收获的是历史所能赋予当代都江堰的启迪、价值和意义，而重点并非是要去钓起一座古老的石像，或者非要去还原出某个历史的真实。明晓厉害的资源观、尊重自然的环境观、费省效宏的效益观、永世济民的发展观——这纵然不能构成一套系统的理论，但我想我们都已经得到了自己想要的收获。

2260多年的风霜雪雨，使都江堰成为了一位饱经沧桑而又深沉睿智的老人，他善于沉默于人们对他辉煌历史的漠视，也不在乎人们对于他伟大功绩的歌颂，却愿意对真正理解和尊重自己的人进行无声的教诲。而站在又一个2260年的起点上，依旧生机勃勃的都江堰又好像是一个健美强壮的少年，他的健康成长，以及他未来的命运，需要都江堰一代接一代的水利人去精心地呵护、培养和创造。

都江堰辉煌的历史已然成为过去，而历史的思考、当代的实践、未来的追求却永不会停息。为了都江堰的可持续发展，让我们——传承历史，珍水万世。

参考文献

肖帆，阳本富，彭述明.造化与传承——都江堰经久不衰、持续发展的文化动因[C] //纪念都江堰建堰2260周年国际学术论坛论文选编. 北京：中国水利水电出版社，2005.

“亲水”休闲与水文化

湖北省南水北调工程管理局　李文芳

休闲是一个古老而年轻的话题。在发达国家，进入普遍有闲的社会要比我们早许多年，因此西方学者早在一个多世纪前就开始关注人的休闲活动，认识休闲的价值，进行休闲教育。10年前，休闲开始走进中国公众的生活里，如今休闲已经成为人们使用频率最高的词之一。著名英国思想家罗素曾说，能否聪明地用“闲”是对文明的最终考验。如今，高品质休闲已经成为社会进步与文明的标志。

2006年世界休闲博览会在中国杭州召开，更让我们真切地感受到休闲时代已经来临。更有意义的是这次世界休闲博览会的吉祥物是一滴张开双臂的水——“晶晶”，“晶晶”将休闲与水紧密地联系在了一起。那么，休闲与水会有怎样的关联，人类“亲水”休闲品质的提升与水文化之间有什么本质的联系，“亲水”休闲呼唤怎样的人水关系呢？本文将对此作初步的探讨。

一、休闲的本质属性与水的关联

休闲一词，在马克思著作的英文版中，通常被译为Free-Time，即为自由时间。而一些西方休闲学研究者又通常将Free-Time解释为leisure，也就是（to spend or enjoy）leisuretime的意思。

人们习惯将休闲等同于闲暇时间、娱乐、游戏和消遣。但是，休闲与“闲暇时间”是两个截然不同的概念，人人都会拥有闲暇时间，可是并非人人都有休闲。闲暇时间只是计算时间的一种方式，而休闲则是人的一种存在状态和理想。在马克思眼中，“自由时间”被分为两种，一种是从事较高级活动的时间，即指“发展智力，在精神上掌握自由的时间”；另一种是从事普通活动的闲暇时间，即指“用于娱乐和休息的余暇时间”；他还指出“休闲”就是“非劳动时间”，“不被生产劳动所吸收的时间”（《马克思恩格斯全集》第26卷，第3分册，第287页，人民出版社1975年版）。大科学家爱因斯坦说：“人的差异在于闲暇。”因此，休闲既包括积极、主动地发挥人的本质力量的较高级活动，也包括消极、被动的一些消遣活动，但休闲的价值体现在第一种活动中。

著名休闲研究专家，中国艺术研究院中国文化研究所特聘研究员、休闲研究中心主任马惠娣认为，休闲是人的一种存在状态和生命状态，是人在除了恢复自己的体力之外，一种要求满足更高的、精神的、心理的、灵魂的需求，是在新的历史条件下的一种文化精神生活的内涵。马克思认为自由和休闲与人性、与人的个性的全面发展是联系在一起的。也就是说，休闲是人的本质属性，反过来讲，休闲本质上是人性的需求。如果离开了休闲，人的肌体功能将得不到恢复，人的思想、精神也将陷入紧张。休闲为人的自身探索和发展，以及“成为人”提供了空间。

为了达到恢复体力、满足精神世界的需求，人们选择了多种多样的休闲方式。有学者将目前我国居民休闲的方式概括为六大类：即观光旅游类休闲、城郊类休闲、度假类休闲、商务类休闲、运动类休闲以及文化类休闲。笔者认为无论哪种类型的休闲方式，人们首先要选择的应该是环境，自然环境与人文环境是产生休闲需要的基本条件。而在环境中，水占有着重要的位置。水是大自然赐予的宝贵的自然资源，是生命之源，是人类赖以生存的最基本条件。自然界中的水包含着极其丰富的内容。有学者将水的特性归纳为八大基本类型，即极其独特的理化特性、不宜更改的自然特性、威胁人类的风险特性、装点江山的环境属性、不可替代的生态属性、用途广泛的资源属性、人类赋予的社会属性、体现价值的经济属性等。水在自然界首先表现出的是它的环境属性，其次才是它的生态属性，因为没有水就没有生命。环境可以没有生态（表现为物理环境），而生态却离不开环境。生态是环境的组成部分，且又可以反过来点缀环境，构成生态环境。从水的诸多特性中不难看出，无论是自然环境还是人文环境，水都是主宰。没有水就没有环境；没有水，所谓的风景就会打折扣。就像沙漠没有水就是荒漠，有水就会变为绿洲；山要是没有水的环抱，就会美中不足或者是显得孤单，甚或是枯山一座；没有水就没有村落、没有城市、没有人类的活动，也就没有了休闲。

尽管休闲是一定历史条件的产物，是在生产力发展到一定程度，人们从繁重的体力劳动中解放出来，利用更多的自由时间，充分发展自我，协调身心健康，追求生命质量的活动，但休闲一旦产生，就与环境的选择紧密联系起来，与水和水环境联系起来。渴望呼吸新鲜空气、渴望感受雨露阳光、渴望回归大自然，是人们休闲活动的原动力。上面提到的六大类休闲的方式，实际上都与水密不可分。比如，观光休闲，人们还是喜欢去游览山水秀美的地方；度假最理想的选择还是依山傍水、清幽宁静之处或大海与湖边；特别是时下兴起的水上运动，也逐渐成为了人们运动休闲的新选择；商务谈判、文化休闲，更是在自然与人文环境协调共生、交相辉映的氛围中获得收益、达成共识、得到启迪。

二、文化之水打造高品质休闲

社会的发展让我们拥有了越来越多的闲暇时间。然而，在今天，许多人的休闲活动，不外乎是睡觉、看电视、做家务、打牌、逛街购物等。每年3个长假，很多人甚至不知该如何去打发。对此，美国宾夕法尼亚州立大学健康与人类发展研究院休闲研究系教授杰弗瑞·戈比认为，今天对大多数人来说，缺乏的不是休闲时间，而是不懂得如何有效地去利用它。休闲既可以让人积极，也可以让人消沉。比如我们有许多人一放假就没日没夜地打麻将、上网聊天、看电视，结果反把自己搞得疲惫不堪，带来很多意想不到的副作用。所以，对休闲方式的倡导和选择至关重要。戈比认为，休闲的最高层次应该是追求有文化的休闲和消遣，把休闲和创造结合起来，学会在休闲中学习。

其实，休闲本身就是一个文化活动。亚里士多德说，“休闲是哲学、艺术和科学诞生的基本条件之一”，“是一切事物环绕的中心”(引自Josef Pieper，Leisure The Basis of Culture，P20)。早在几千年前，中国的先贤们对“休闲”二字也有精辟的阐释，“休”倚木而休，强调人与自然的和谐；“闲”通娴静、思想的纯洁与安宁，从词意的组合上，表明了休闲所特有的文化内涵和价值意义。从文化学的范畴来讲，休闲就是指人在闲暇时间内，为不断满足人的多方面需要而处于的一种文化创造、文化欣赏、文化建构的一种生命状态和行为方式。它通过人的个体或群体的行为、思维、感情、活动等方式，创造文化氛围、传递文化信息、构筑文化意境，从而达到个体身心、全面、完整地发展（马惠娣，《休闲：人类美丽的精神家园》，第102页，中国经济出版社2004年版）。我们倡导“亲水”休闲，就是要让人们在“亲水”的休闲活动中感受水的灵动和柔美，感受水的文化气息和氛围，感受水的自然生存法则和运动规律，从而学会如何善待水、如何正确处理人水关系。

前面提到，与我们终生相伴的水，具有八大基本的特性，具有着极其丰富的内涵和外延。水，在人们眼中已不再仅仅只是自然存在状态下的水，它是有灵性的、有情感的、有力量的，已成为人们情感心绪的寄托物。人们已离不开水，不仅在物质层面，更表现在精神层面。有水便有乐趣，有水便有诗情，有水便有智慧。水在哲学，水在文学，水在军政，水在经济，水在旅游，水也在生活、在休闲，这就是水的文化。通过对水和水环境进行自然的维护、文化的修饰和改造，为水和人的关系装扮文化的色彩，赋予水和休闲丰富的文化内涵，必将打造出丰富多彩的“亲水”休闲方式。

比如山水观光休闲，是人们选择最多的一种“亲水”旅游休闲方式。人们在游山览水的同时，能感受水文化的博大精深和超然魅力。就拿长江三峡观光来说吧，三峡之所以能成为“黄金水道”，主要还是因为它能集名山大川、古迹名胜、古今文化和民俗风情于一线。峡区著名的三游洞、黄陵庙、兵书宝剑峡、香溪昭君故里，以及秭归屈原沱、刘备托孤的白帝城、风箱峡的古代巴人悬棺等名胜古迹，吸引着游客的脚步。还有神女峰的烟云雨雾与神话传说，集仙峰下的孔明碑，令无数观光者流连忘返。奇峰、秀水和那斑驳陆离的生命遗骸，在展现出自然界鬼斧神工魔力的同时，像一块巨大的磁石，吸引着人们去了解峡区数十亿年来的沧海桑田，去寻觅亿万年来生命演变的历程。通过山水观光休闲，人们不仅可以得到身心的愉悦，更能得到文化的熏陶和洗礼。

再比如，江河湖海水边漫步，是最普通的一种“亲水”休闲方式。像橘子洲头漫步、西子湖边看柳、上海外滩观景、钱塘江边观潮、天涯海角嬉水等，人们在这种“亲水”的休闲方式中，大多都会忘掉自我，融入自然。笔者曾经在武汉江滩公园自由漫步，由于武汉江滩的建造是集防洪、休闲娱乐于一体的，可以说是水工程与水文化完美结合的建设典范。徜徉在江滩公园，感受徐徐江风，聆听浪涛拍岸，心中完全没有洪水肆虐的可怕，不经意之间就把自己与长江、洪水、垂柳、绿色长廊和草坪融为了一体。

还比如，近年来风靡欧洲和美国的水上运动休闲，是当前最前卫的一种“亲水”休闲方式。水上运动休闲一般在水上公园进行，在这种水上公园里，你可以选择各种各样的休闲项目，如索道牵引滑水、蹦床、攀岩、平衡木、攀滑冰山、游泳、冲浪、看水幕电影等。在这里水与现代文明和高科技紧密结合在一起，人们在选择文明、安全、新奇和丰富的休闲项目的同时，感受着水的新奇和特别，感受着现代文明的发展和进步。特别是水幕电影，它通过高压水泵和特制水幕发生器，将水自上而下高速喷出，水雾化后形成扇形“银幕”，由专用放映机将特制的录影带投射在“银幕”上，形成水幕电影。当观众在观摩电影时，扇形水幕与自然夜空融为一体，当人物出入画面时，好似人物腾起飞向天空或自天而降，产生一种虚无缥缈和梦幻般的感觉，令人神往。

这些用文化之水引导的休闲，都极大地提高了休闲的品质。2006年世界休闲博览会在杭州的召开，更能证明文化之水与休闲品质的关联。笔者认为休博会在杭州西湖之滨举办，与西湖的水有着密切的联系。大家都知道“上有天堂，下有苏杭”，西湖的美举世闻名。“水光潋滟晴方好，山色空蒙雨亦奇。欲把西湖比西子，淡妆浓抹总相宜。”苏东坡的《湖上初雨》写出了西湖的天生丽质和动人神韵，被公推为前无古人、后无来者的西湖千古绝唱。他把西湖喻为《卧薪尝胆》传奇中的越女，灯红酒绿、画船笙歌不过是她的绮罗衣裳，湖光山色滋润着她的花容月貌，天地正气赋予她侠骨柔肠。他赋予了西湖与西子同样的柔情似水的妩媚缱绻与气壮山河的刚烈坚强，赋予了西湖与西子同样的冰清玉洁、光彩照人和高雅、正义的气质与品格。正因为西湖如此丰厚的文化底蕴，才迎来世界各地和四面八方的休闲客，才引领着时代悄悄地敲开了“亲水”休闲的大门。

从以上的分析，我们不难得出这样的结论：“亲水”休闲，以水为中心，以水文化为基石，以“亲水”活动为方式，以达到身心愉悦为目标，正得到人们广泛的喜爱和追逐；反过来，水文化以其独特的魅力，丰富着“亲水”休闲的内涵，引导着“亲水”休闲的方式，提高着“亲水”休闲的品位与质量，使“亲水”休闲在愉悦身心、探寻生命真谛的过程中，履行着实现人的自我完善与发展的使命。

三、“亲水”休闲呼唤人水和谐

当今时代，人们的价值观正在悄悄地发生变化，那便是历史上人对自然的改变，将逐步转变为人对自身的改变，人们愈发渴望过上轻松、平静、祥和及简朴的生活。休闲行为不只是寻找快乐，也要寻找生命的意义，这便是休闲的本质特征。同样，“亲水”休闲也体现出这种本质特征。

水，已经成为时代关注的焦点，水资源的保护、开发与可持续利用，成为当代社会最主要关注的课题之一。惜水、爱水、治水、净水正成为现代人尊崇的价值观念。“亲水”休闲，渴望着与水的亲近、交融及和谐，渴望着心态的平和与安宁，渴望着人的返璞归真，这也许就是在每每读到“蒹葭苍苍，白露为霜。所谓伊人，在水一方”的时候，为什么心中总会产生一种美好的向往、产生去寻找那一方水土的冲动的原因吧。但如果我们面对的是污水、浑水，这种冲动还会有吗？它将一定不复存在。再试想一下，如果今天杭州西湖的水，也是一湖污水或臭水，世界休闲博览会会在那里举办吗？说到底，“亲水”休闲呼唤的是人水和谐。

但从我国目前人与水的状况来看，一些地方人水关系却十分紧张。围湖造田、填河建房等挤占行蓄洪河道的现象相当严重；作为人均仅拥有世界人均水资源量33%的国家，浪费水的现象却十分普遍；全国600多座城市中有400多座供水不足；生态破坏、水资源短缺已经成为经济社会发展的严重制约；随意向江河排放污废水的现象比比皆是，水污染，水环境恶化，甚至出现了相当一部分地区守着江河没水喝的难堪局面；山林草场破坏严重，水源涵养减少，水土流失加重，治理的速度还赶不上破坏的速度，江河浑浊，河道淤积……在这样的人水关系面前，“亲水”休闲显得是多么的不协调。为此，我们必须转变人水观念，尊重水的自然生态环境，保护河流生态；施行退田还湖、平垸行洪；节约用水，南水北调，科学规划布局；加强污废水排放的监测和管理；草场轮牧、休牧、禁牧，封山育林，等等。要努力形成良好的协调的人水关系，要努力减轻或消除现实社会中人类各种活动对水产生的负面影响，形成水多能相安，水少亦够用，水质不污染，水体不浑浊的优美水环境，使水量、水质、水生态和水环境在满足当代人需要的同时，不对满足后代人需求的能力构成威胁。唯有如此，我们才能赢得人水和谐、赢得秀美山川、赢得“亲水”休闲、赢得人的自由和全面发展。

从传播学的角度看水文化的大众传播

北京市水务局党校 姚羽中

2006年世界水日的主题是“水与文化”。一时间，研究水文化、宣传水文化成为了社会的一个热点。事实上，水文化作为一个科学概念提出来的时间并不长，如何把理论性较强的水文化研究和水利事业发展结合起来，和社会经济进步结合起来，是水文化研究从学术走向实践、从专业走向大众的关键所在。笔者试图以水文化与人们生产生活方式的关系为切入点，从传播学的角度来解读大众传媒在水文化传播过程中起到的积极作用，并希望在北京市进行产业结构调整期间，借力文化创意产业的发展，加大水文化传播，从而使爱水、亲水、节水成为普通百姓的自觉行动，并固化为一种健康的生产生活方式。

一、水文化的传播载体和表现形式

什么是文化?台湾著名学者龙应台是这么解释的：文化是随便一个人迎面走来，他的举手投足，他的一颦一笑，他的整体气质。文化体现在一个人如何对待自己，如何对待他人,如何对待自己所处的自然环境。

的确，文化其实就是人们的生产生活方式。从服饰到饮食，从建筑到交通，这种生产生活方式不仅维持个体生物机能的持续，更是规范人们伦理道德、价值观念的手段，对社会成员人格的形成具有重要影响。可以说，文化是模塑或控制一代人的生产生活习惯的历程中不能缺少的工具。这种文化从社会结构和组织中得到意义，同时，社会结构和道德观念也会通过文化载体体现出来。所以说，文化既是一笔巨大的无形资产，又是一种巨大的精神动力。

水文化就是与水有关的文化，也就是人们关于水的生产生活方式。简单说就是人们如何看待水，如何看待人与水的关系，如何处理好人与水的关系。事实上，水，作为自然的元素，生命的依托，从一开始便与人类生产生活乃至文化历史形成了一种不解之缘。人们在处理与水的关系的同时形成了自己的生产生活方式以及对于水的看法。如果大多数人在这方面的生产生活方式和看法相同或者类似的话，就会形成潜在的社会规范和主流意识。水文化就在这种形成—影响—形成—被影响—形成的循环之中不断推向前进。

所有的文化都有它的外在表现形式，也就是它在传播过程中的载体，水文化也不例外。大体上可将水文化的传播载体分为物质形态和精神形态两类。水文化的物质载体是水文化的物质形式，是人们水观念、水意识的外在表现，它主要通过水利工程、水环境和水利文化阵地来体现。现代水利工程建设结合的是经济学、社会学、生态学、哲学和法学等多种理论，融合的是可持续发展水利的深厚文化内涵。水文化就蕴涵在这水、土、石头之中，只有充分展示水文化的水利工程才更具有价值，如都江堰，既不破坏和超越自然，又能让自然界为人类的经济繁荣与社会进步服务，让人与自然和谐发展；又如西湖苏白二堤、成都府南河、武汉防洪堤龙玉庙景观等，都集中体现了水文化在水利工程中的作用。良好的水环境建设是人类赖以生存、延续和发展的基础。水体与生物群落的和谐共存、水系完善与“自然亲近的治河工程”以及健全的河流湖泊生态系统与水的可持续开发利用的观念，反映了水文化理念的新时代特征。如转河，河道设计宜宽则宽、宜弯则弯，两岸宜树则树、宜草则草，注重河道治理与周边社会环境、生态环境、人文环境的协调一致。如今流行的“亲水住宅”与现代人们的生产生活时尚、行为方式保持同步，并以其特有的开发理念为现代住宅注入鲜活的内涵，影响人们对居住环境的认识。另外，各种以水为主题的博物馆，如北京自来水博物馆、杭州中国水利博物馆；各种以水为主题的展览馆，如北京的节水展馆、上海城市自来水发展史展览馆以及各种以水为主题的展会、论坛、水产品推广会等都是水文化得以表现和传播的物质载体。水文化的精神形态主要是指人们对水的价值与作用的认识、情感、审美等，主要通过水文化理论的研究、水专业的课程设置（包括高等院校水工水文等专业的学习和中小学校以节约用水为主题的教学课）以及大众传媒（包括新闻出版、报纸、广播、电视、网络、广告等）对人们有关水的生产生活方式的报道和宣传。

通过这些水文化外在表现形式的列举，可以明显地看出水文化在人们日常生产生活中特殊地位。思想决定行动，正是人们对水的态度以及对水重要性、稀缺性的认识程度决定了人们在爱水、亲水、节水等方面的具体行为。如今，我国正在致力于建设和谐社会和节水型社会，如果能够从人们的思想源头入手，通过传播先进的水文化去影响人们的生产生活方式，让爱水、亲水、节水成为人们的自觉行动，同时配合技术、经济、法律等手段，多管齐下，一定会取得更大的成果。尤其是文化在传播过程中会有一种放大效应，在潜移默化中传递符合社会发展方向和要求的信息。

二、大众传媒对水文化传播的影响

20世纪人类最大的嬗变是文化传播对人类社会和人类生产生活的全面渗透，文化在传播过程中有着一种文化增值现象。传播文化的功能主要是承接和传播文化、选择和创造文化、积淀和享用文化。因此，要依据先进的传播理论整合水文化传播的渠道，建立简洁高效的水文化传播平台，增强影响力。

如前文所述，如果社会上的大多数人在某一方面的生产生活方式或者对某一事物看法相同或类似的话，就会形成社会的主流意识。这种社会主流意识就称之为舆论，它是社会公众共同的强烈持久的意见、态度与信念的总汇。舆论是一种无形的巨大力量，代表着一种强烈的倾向、愿望和要求。舆论可以自发形成，也可经外力引导而成。

新闻媒介是一种能引导舆论的有力工具。许多中外学者的调查表明：大众传媒对某些问题的着重强调和这些问题在受众中被重视的程度成正比。当今世界，大众传媒的报道决定了大多数人要议论的内容，而且决定了大多数受众对这些问题的看法及采取何种相应措施来应对。媒介通过信息的传递、解释等动员受众起来形成全社会范围内基本一致的意见、态度和看法。而大众传媒最重要的社会责任之一就是将社会舆论引导到有利于社会发展和进步的轨道上。在传播学理论中，有一个非常著名的理论叫做沉默的螺旋。该理论认为，在某一特定时期内，大众媒介所鼓吹的某些观点在社会上占有优势，对受众造成一种压力，大多数人力图避免因持有某种态度和信念而造成孤立，因而在表达支配意见与不表达意见的个人数量增加的时候会放弃原有的想法和态度，实现与主导意见趋同。这个过程不断地把一种意见确立为主要的意见，持非主要观点和态度的人，在大众传播的压力下，随时间推移，变得越来越少。

也就是说，如果大众传媒通过传播有关爱水、亲水、节水新思想的信息，人们从中了解到物质文化的同时，从媒介内容中也能知晓社会道德和文化规范，体会到社会认可赞同或贬斥的规范、信仰、价值、行为等是什么。这种日积月累、逐渐渗透到受众头脑中的东西对受众产生着潜移默化的影响，促使其协调自己的行为，使之能够合乎社会规范，得到社会文化的共同认可。由大众传媒所传播的文化被受众接收并内化，从而使文化得以延续和发展。这种大众传媒对文化和社会的影响是长期的、潜在的。

当然，有效的舆论引导应该是一种双向交流的形式，传媒需要了解受众的需求和信息接收能力的差异，随时检验传播效果，在及时反馈信息的基础上不断调整才会有效，简单粗暴的灌输只是传者一厢情愿的行为，无法起到良好的效果。

三、借力文化创意产业传播水文化

“十一五”期间，首都北京市经济发展面临资源能源约束加剧，人口环境压力加大，劳动力和土地等要素成本上升的突出矛盾，特别是水资源短缺已经成为制约首都经济社会发展的第一瓶颈。北京进入了结构调整和增长方式转变的关键阶段。在最近发表的《"十一五"期间北京产业结构调整研究》报告中，北京市明确提出了"十一五"期间，北京市应紧紧抓住并重点建设包括文化创意产业在内的四大战略产业体系。市委书记刘淇在多个场合强调了大力发展文化创意产业的重要性。文化的力量，深深熔铸在民族的生命力、创造力和凝聚力之中。文化与经济相互交融，可以极大地提升综合国力。发展文化创意产业的目的，就是要通过创意、创造，把文化与高新技术产业结合，运用市场经济的办法，通过产业化的形式解放和发展文化生产力，发挥文化在推动经济社会发展中的作用，不断满足广大群众的精神文化需求，推动社会主义先进文化的发展，弘扬中华民族的优秀文化。

水文化的传播可以而且应该借力文化创意产业的发展，加大宣传力度，在影视业、出版业、文化会展业等多个行业中占有一席之地。同时将水文化资源纳入文化产业链中，使其在与旅游、环境、流通等的交融中产生边际效应，维持自身和相关产业的可持续发展，并在其中获得经济价值。当然文化的产业化，特别是对于水文化的产业化来说，产业化本身并不是目的，而是通过产业化这种方式，加大文化自身的传播，发挥放大效应。

水是牵涉到千家万户的基础性资源，水务部门必须切实转变观念，站在社会的角度审视自身工作，用文化的眼光看待水，遵循水的自然规律和社会经济规律，科学地开发利用、节约保护水资源。同时，要通过各种途径增强全社会的爱水、亲水、节水的意识，普及水知识，提高水意识，转变水观念，形成良好的社会风尚和社会氛围，建设资源节约型、环境友好型社会。特别是要抓住新一轮产业结构调整的有利时机，主动地传播水文化，使水文化家喻户晓，深入人心，培养全社会积极健康的生产生活方式，实现人水和谐，以水资源的可持续利用保证社会经济环境的可持续发展。

保护、传承绍兴水文化的认识和实践

浙江省绍兴市水利局　邱志荣

山清水秀，人文荟萃，美丽富饶的绍兴是历史时期水利的产物。经过几千年的辛勤劳作，绍兴人民已将“水重浊而洎，故其民愚疾而垢”[1]的沼泽之地改造成鱼米之乡。人们在对水的认识、水的建设、水的赞美过程中产生了水文化，水文化又促进了对水环境的改造。于是绍兴的水文化不断沉积，产生了厚重的历史文化遗产，这既是财富，也成为历史责任。

一、传承文脉，不断加深认识

20世纪90年代末以来，绍兴市对水环境开展较大规模的整治，环城河、若耶溪、古运河、大环河、龙横江等工程建设投资达几十亿元，成就十分显著，体现了防洪、生态、文化、景观、旅游等多种功能和效益。在这建设过程中，人们也就不断加深了对水文化保护和传承的认识。

（一）文化是水之魂

绍兴的水文化是积渐而成的。大禹治水，毕功于了溪；越王句践“或水或塘，因熟积以备四方”[2]，建设吴塘、富中大塘、山阴故水道、石塘等一批山、原、海的水利工程；东汉会稽郡太守马臻主持兴建了我国长江以南最古老的大型蓄水工程鉴湖；此后，晋建西兴运河，唐建山会海塘，明建三江闸，明清河湖整治，代代不息，于是形成了“缵禹之绪，发扬光大”，“献身、负责、求实、创新”的治水精神。出现了“善治越者以浚河为急”、“人水和谐”的治水理念，以及一大批古水利工程遗存和丰富的水利著述。历代文人学士对水的讴歌，产生了兰亭书会、唐诗之路、明清风骚等佳话。纵横交叉的河网水乡使人们择水而居，遇河建桥，创建了精美的水利建筑。百业因水而兴，为水而成，创造了酒文化、丝绸文化、风情文化。千岩竞秀、万壑争流的自然环境使绍兴地灵人杰、人才辈出，又造就了名人文化。即使是绍兴著名的山水风景区东湖、柯岩也是古代绍兴人们凿山开石、筑塘建城、治水活动而创建的园林精品，是绍兴历史水文化遗产之一。数千年来水环境在不断变化，而文化凝聚成了独特的绍兴水乡之魂。绍兴的水文化是绍兴文化的主体部分，也包含在中华民族的优秀文化之中。

（二）文化必须保护、继承和发展

绍兴文化的积累历史悠久，来之不易，而历史文化的传承有着丰富的内容和多样性的要求，许多物质文化遗产一旦被毁坏就会永久遗失。古鉴湖湮废，绍兴古城墙被毁，城内众多的河道水街、名池被填便是惨痛的教训。如果保护处置不当、不注意细节也会变样。一些已经遭损坏的文化遗产如果不加抢救，会造成更重大的损害，甚至湮废。文化遗产的损坏更多的是一个渐进或不知不觉的过程，人为损坏，风吹、雨打、日晒、冰冻等自然侵蚀，日复一日，年复一年，不知不觉我们失去了很多珍贵的东西。南宋著名诗人陆游对古鉴湖湮废有着切肤之痛，他在《甲申雨》诗中写道：“甲申畏雨古亦然，湖之未废常丰年。小人哪知古来事，不怨豪家唯怨天。”[3] 又据记载20世纪60年代，郭沫若先生到绍兴寻访陆游遗踪，曾到过鉴湖快阁。在目睹快阁场景后，他在报上发表过一篇游记文章，其中对快阁残破景象，发出“快阁、破阁”的感叹。而今是三山虽在，鉴湖残缺，快阁名胜已不复在世[4]。时代的责任要求我们在水环境整治过程中高度重视历史文化遗存的保护。文化又需要继承和发展。如何解决发展和保护之间的矛盾，做到人与自然和谐相处，实现可持续发展，是我们面临的新课题；如何叙写今日文化之新篇章，使其一脉相承，不断创新，同样是我们这一代人的责任。

（三）文化保护要有原则定位

一是体现多样性的内容要求。有物质的：如至今尚存的古鉴湖、古运河、古水闸、古纤道、古桥、古亭，沿河的老民居、老石构件，山水园林等；非物质的：如历史名人、文献、诗歌、戏曲、水乡风情、传统工艺等。对此，应根据不同的类型，采取不同的方法与手段妥善地加以保护和涵养。二是保护优先。在建设中凡与保护相矛盾的，先重保护。体现真实性，注重原貌，做到一古到底、原汁原味。三是以人为本，合理利用。在水环境整治中通过挖掘、保护和修整、布展，使其和现代社会发展的需求结合起来，如城镇建设、文化教育、旅游观光等，适应人们对文化的不同要求。

二、悉心谋划，修建一流精品

清嘉庆《山阴县志》称："自古在昔先民有作即一楹一石，亦必爱惜而表彰之，岂徒矜佚闻供吟玩哉。"保护好历史文化遗产是绍兴人民的优良传统。然而博大精深的绍兴水文化要得到很好保护和传承决非易事。

（一）正本清源，理清脉络

水文化是一个概念和范畴，而不同的历史时期，河流湖泊又有着不同的文化内容。因此，整治一条河流尤其是历史名河，究其源流，分清来龙去脉，梳理、整合文化资源应是首要任务。近年，在对绍兴的几条主要河流整治中，为保护好文化资源，在规划之初，便确定专人从文献资料、实地、民间流传中进行全面的调查收集，编成文化方案，反复论证，确定理念、主题以及具体内容，尽可能使其符合历史本源和具有个性特色。

（二）集聚资源，形成合力

首先是人才资源。一批国家级水利史志、历史地理、文学艺术等领域的顶尖级专家为绍兴水文化保护和建设或把关或参与，这使绍兴近年的水文化建设一直有较高的品位和先进的理念。绍兴本地的一批文史、古建筑专家在近年绍兴的水文化建设中也发挥了十分重要的作用，显示了地域文化的优势。如环城河文化布展，绍兴市政协的文史专家一直是主要负责人和参与者。他们在文化建设上的作用和地位是外地专家即使一流专家也很难替代和做到的。只有靠这些专家的共同努力，当地的文化资源才有可能得到全面、深入、真实的挖掘和布展。规划设计则既有高等学府的大师，又有熟悉当地传统建筑风格的老专家。此外，当地的一批能工巧匠也充分发挥了作用，做成了精湛的传统老工艺。在书法艺术上，全国、省、市的书法家都留有精美的作品。二是文化资源。浩如烟海的历史文献、诗歌、书法艺术、历史名人，佛教、道教文化，雅、俗文化，经过梳理、考证，一些真、善、美的文化，尽可能得到恰当的布展位置。如龙横江文化布展，收集到了乾隆的《阅海塘记》[5]。此系乾隆五下浙江四巡海塘留下的唯一著述，是乾隆从政历史功绩的重要见证，也具有珍贵的学术价值。又如，明代著名书画家、艺术家徐渭撰并书的《初进白鹿表》[6]，文笔优美，内容丰富，书法精湛，弥足珍贵，凿刻于鹿湖园中十分得体。三是物质资源。凡散落在民间的历史遗存构件，传统的建材、花草、树木等经收集后都得到较好使用或种植。四是部门联动。保护水环境，传承水文化，仅靠水利部门是远不够的。近年绍兴的规划、城建、文保、旅游、交通等部门在总体规划的制定与实施，城内河道的保护与治理，历史街区的开发，东湖、柯岩山水文化园林景观的保护和建设，水上旅游的拓展等方面作出了卓越的成绩，使绍兴的水文化的保护和建设形成了合力，展示了丰富多彩的文化魅力。

（三）严格保护，精心布展

首先是对河道水面的保护。绍兴的许多老河道，形成历史非常久远，文化深厚，如鉴湖、古运河、环城河本身就是文物。如果这些河道水面不存在，其中的文化将成为无本之木。绍兴环城河建设中的西园景区便是很好的一例。西园是1000多年前五代吴越国时始建的园林，文化积淀极其深厚。园虽毁废，但水域尚存。正是由于这块珍稀的水域仍被艰难地保留至今，环城河整治中才得以恢复重建，成为环城河中最具有文化内涵的园林景观。不但传承了历史，而且给人以高尚的享受和无限的情趣。如果当时已填占建房，何有今日之光辉？其次是对沿河历史文化遗存的保护。在绍兴市、县14.5公里的浙东古运河整治中，沿河的纤道路、老桥、老亭都得到很好的保护，凡有损坏之处都得以精心修复，形成景区。如绍兴县在古运河整治中不但全面修复了古纤道，而且新建成太平桥古桥景区，使其更具有文化厚重感和观赏性。新中国成立以来，许多沿河周边的历史文物都不同程度地遭到损坏，或已散落在村边田野，对此进行了全方位的抢救性收集。仅在市区古运河整治中就在民间收集老石板3万余平方米，老条石3万余米，老桥或构件近百座，老牌坊、老石亭、老台门、古斗门、古水闸、古石狮、古祠堂、古石碑等不计其数，使这些珍稀资源既得到保护，又整合成新的历史文化内容得到妥善的布展。正如《中国科学技术史·桥梁卷》主编唐寰澄教授为绍兴古运河古桥收集整合之举题词所言："古越多名桥，然时代进步，不变有碍于与时俱进者，今迁而存之，既保护文物，又类聚群分，以清脉络，子孙永宝，岂不快哉！"

近年，绍兴建设的每一条较大的河流，都有着明确的文化主题，环城河突出的是水城文化，古运河展示的是运河文化，大环河表现的是生态文化和名人文化，龙横江反映的是帝王文化、鹿文化、酒文化。这些文化又有着具体丰富生动的内容，是保护和弘扬的结晶。既一脉相承，又同中求异。如绍兴古运河运河园中共设六个景区，分别为"运河纪事"——记载历史文化；"沿河风情"——集聚水乡风情；"古桥遗存"——展示桥乡精品；"浪桨风帆"——再现千艘万舻；"唐诗之路"——笑看挥手千里；"缘木古渡"——难忘前师之鉴[7]。绍兴大环河近百米长、4米高的"绍兴纪事"大幅浮雕墙，将历史文化和现代艺术紧密结合；名贤馆则集中陈列了绍兴历史上近百位名贤和60位两院院士的事迹，成为名人文化的集聚展示之地。这些景点使物质和非物质文化遗产得到有机结合，是人与自然和谐相处的产物，传承历史文脉，体现个性特色。

三、持之以恒，弘扬光大

近年，绍兴在水环境整治中注重结合文化保护和建设，取得了一些成绩，但此道路十分漫长，任务依然艰巨。

（一）锲而不舍、苦心经营

文化的形成是久远的过程，要保护和传承决非一朝一夕之功可成，须要有孜孜以求的精神，精益求精的努力，含辛茹苦的思想准备。一个工程可能一两年完成，而高品位的文化建设是一个很长的过程。如浙东古运河绍兴运河园工程，于2002年始建，2003年主体工程基本建成，而文化布展工作自2001年已开始，直到今日增添完善仍在进行。许多珍贵的历史文物、文献资料，如范仲淹后代祠堂、古戏台、光绪御制石匾题词、清《九省运河泉源水利情形图》[8] 等都是工程完成后逐渐新增的。如果没有持之以恒的长期的努力，满足于一知半解，粗浅浮躁，企盼急于求成，则难得正果，难有精品之作。

（二）不断拓展内涵和外延

其一，对绍兴的历史文化研究和建设越是深入，越感到心有余而力不足，需要不断的探索和进取，在理念上不断进步，内容上不断丰富，品位上不断提高，体制上不断完善，投入上不断增加。其二，近年整治的几条河流相对较重视文化，然绍兴的水文化沉积于整个平原河网的每个角落，这其中有许多是绍兴水文化的精华，是整体的一部分。但有的乡镇至今在建设中尚不重视文化的保护，文化资源流失依然是一个须高度重视的问题。近年，我们发现外地的一些运河整治，古镇建设，许多老石板、老桥、古台门、古石刻、古木雕等宝贵的历史木、石构件都源自于水乡绍兴。他处成为宝藏；绍兴民间却有人廉价变卖，令人惋惜长叹。保护和建设好整个绍兴平原河网的历史文化任重道远。其三，对文化的保护关键是人，要靠政府重视，更需要一批专业人才和全社会的共同关心和参与。谚云：“三分匠，七分主人。”[9] 我们都应该是主人。

（三）让绍兴的水文化走向世界

曾有人把绍兴比喻为东方威尼斯，但如从治水历史、规模和文化沉积方面比较，绍兴的成就肯定超过威尼斯。绍兴只要继续加大水环境整治力度，使“山阴道上行，如在镜中游”不再只是过去；只要继续做好保护、传承、弘扬光大的文章，使绍兴的水乡、酒乡、桥乡、兰乡、名士之乡等历史文化绽放出更加夺目的光彩，绍兴必定能在世界文化之林中找到新的历史定位。

注　释

[1]《管子·水地》第三十九。

[2]《越绝书》卷四。

[3] 陆游《剑南诗稿》卷四十二。

[4] 娄如松《绍兴古迹笔谈》，浙江摄影出版社，1992年第1版。

[5] 嘉庆《山阴县志·卷一》。

[6]《徐渭全集》卷十三。

[7] 邱志荣《浙东古运河绍兴运河园》，西泠印社，2006年1月第1版。

[8]《九省运河泉源水利情形图》，中国国家图书馆善本特藏部特藏精品，浙江古籍出版社，2006年5月第1版。

[9] [明] 计成《园林说》，吉林文史出版社，1998年7月第1版。

都江堰的人文水利

四川省都江堰东风渠管理处　何三怡　刘冠美

近年来，党中央、国务院高度重视水利工作，全社会对水的认识有了新的飞跃。水利部门提出了可持续发展的治水新理念：坚持人与自然和谐相处，从传统水利向现代水利、可持续发展水利转变，建设节水防污型社会，以水资源的可持续利用支持经济社会的可持续发展。

我们在通过认真学习中央水利工作方针，总结治水经验，分析水利面临的形势，经过一系列的探索、实践及思考，逐步形成这样的认识：把资源水利、数字水利、生态水利、人文水利、经营水利归结为现代水利的五大特征，这是一种综合。这种综合的实际意义，就是要研究现代水利的内涵，探索现代水利的可行之路，将水利人的日常工作和现代水利紧紧地结合在一起，使我们目标明确、脚踏实地，通过几代人的坚持不懈的努力，实现现代水利的宏伟蓝图。

资源水利是现代水利的物质基础，数字水利是现代水利的信息基础，生态水利是现代水利的自然呼唤，人文水利是现代水利的社会需求，经营水利是现代水利的生存之本。五大水利互为基础、相互包容、相互促进，共同构筑出现代水利的框架。这种治水理念适用于类似灌区的水管基层单位，有助于找到新形势下水利工作的切入点。

一、人文水利的提出

都江堰作为水利工程列入世界自然文化遗产名录这一事实，给我们以极为重要的启示。

2000年公布的630项世界遗产名录中，480项属文化遗产，125项属自然遗产，25项属文化、自然遗产。文化遗产是指从历史、艺术和科学的角度看具有突出的普遍价值的文化、建筑和遗址；自然遗产是指从审美或科学角度看具有突出的普遍价值的天然名胜、动植物景观和自然面貌。因此，世界遗产名录中收录的世界各国的文化、自然遗产极具美学价值，值得我们认真研究和总结。

在世界遗产名录中收录的水工建筑包括：法国巴黎的塞纳河畔、南运河，匈牙利布达佩斯多瑙河、加尔水道桥，西班牙的塞哥维亚古镇及水道桥，荷兰的阿姆斯特丹堤坝，中国都江堰水利工程，比利时中央运河上的四部升降机。水利工程进入世界自然文化遗产名录，这一事实足以说明人文水利已成为世界潮流。

在实现现代水利的伟大转变中，我们也应该高高举起"人文水利"的大旗。

人文水利要解决的是水利与文化、水利与人的关系问题。水是文化的载体，水与生命的诞生密不可分，水与人类进化密不可分，水与人类文明的起源和传承密不可分，水和文化二者互为促进，彼此相容。

二、水孕育生命，催生文明，创造美学

《管子·水地篇》说："水者，何也？万物之本原也。""水者，地之血气，如筋脉之通流者也。"《易·说卦》云："润万物者，莫润乎水。""万物之本原"的"本原"包括生命、文明、美学。

地球生命的进化始于水，水孕育生命，催生文明，创造文化、美学。从汉字"法"的构成来看，水去为法，去为动，去为变，中华民族的先民们对水的崇拜已达极致，把水的流动规律和变化规律作为宇宙的基本大法，刻成文字，永久昭示后人。"法"字横空出世，石破天惊，古代中国诸子百家在建立自己的理论体系时，从"法"字悟出真谛，纷纷以水的规律作为基本架构，其源盖出于此。

三、文明系于水利、国运系于水运

关于水与人类文明的关系、水运和国运的关系，在周幽王二年，周大夫伯阳甫（一说其为周柱下史老子也），曾有精彩论述："夫天地之气，不失其序，若过其序，民乱之。阳伏而不能出，阴迫而不能蒸，于是有地震，今三川实震，是阳失其所而填阴也。阳失而在阴，原必塞；原塞，国必亡。夫水土演，而民用也。土无所演，民乏财用，不亡何待！昔伊、洛竭而夏亡，河竭而商亡。今周德若二代之季矣，其川原又塞，塞必竭。夫国必依山川，山崩川竭，亡国之征也。"（《周本记》）"国必依山川，山崩川竭，亡国之征也"；"伊、洛竭而夏亡，河竭而商亡"。这里已鲜明提出文明系于水利、国运系于水运的命题，揭示了两河流域文明、古埃及文明、古印度文明断代之谜。秦昭王正是从夏、商、周的兴亡中悟出这一真谛，站在高起点上作出依川立国的战略决策，任命李冰为蜀守，"凿离锥，辟沫水之害，穿二江成都之中，此渠皆可行舟，有余则用溉浸，百姓飨其利"，成功地建成了"沃野千里，水旱从人，不知饥馑"的战略大后方，为统一中国、延续中华文明打下了可靠的政治、经济、物质基础。

四、人文水利的教化功能

随着社会的发展，河渠的功能也发生很大变化，已由传统的灌溉、航运、防洪型向生态、环保、旅游型扩展。传统河渠将演变为集病害治理、节水改造、水土保持、净化水源、景观美化、教化娱乐为一体的生态渠道。

人文水利是现代水利的社会需求。现代水利是以人为本。生态渠道是传统水利向现代水利转化的产物，它将具有灌溉、航运、防洪、生态、环保、旅游、教育、经营、休闲、家居等综合功能。

关于水的教化功能，《荀子》曾作如下记载："孔子观于东流之水。子贡问于孔子曰：'君子之所见大水必观焉者，是何？'孔子曰：'夫水，遍与诸生而无为也，似德。其流也埤下，裾拘必循其理，似义。其洸洸乎不淈尽，似道。若有决行之，其应佚若声响，其赴百仞之谷不惧，似勇。主量必平，似法。盈不求概，似正。淖约微达，似察。以出以入、以就鲜絜，似善化。其万折必东，似志。是故君子见大水必观焉。'"水之九似，涵盖德、义、道、勇、法、正、察、善化、志等，水的教化功能，跃然纸上。

唐张彦远《历代名画记叙论》云："夫画者，成教化，助人伦，穷神变，测幽微，与六籍同功，四时并运，发于天然，非繇述作。"鲜明地提出山水教化论，指出山水画对人的陶冶、怡情的作用。

山水、水工建筑在陶冶人的灵性上具有特定功能，范仲淹在《岳阳楼记》中，作了出神入化的描写，喜忧皆由水生，水之灵性可见一斑，《岳阳楼记》为证。

五、人文水利的休闲功能

孔子关于山水的著名论断，"智者乐水，仁者乐山；智者动，仁者静；智者乐，仁者寿"，已点出人文水利的休闲功能。

北宋山水画家郭熙在《山水训》中还提出了著名的山水"可行"、"可望"、"可游"、"可居"说："世之笃论，谓山水有可行者，有可望者，有可游者，有可居者。画凡至此，皆入妙品。但可行可望不如可游可居之为得。何者？观今山川，地占数百里，可游可居之处十无三四，而必取可居可游之品。君子之所以渴慕林泉者，正为此佳处故也。故画者当以此意造，而览者又当以此意求之。"这里讲的是山水的价值观，已被广泛接受，而作为城市规划、房地产策划、旅游创意等的重要原则，也是水工美学设计的根本指导方针。

六、人文水利的理论建构

我们应从水文化学、水哲学、水工美学、生态水工学等方面构建人文水利的理论基础。

（一）水文化学

中国古代山水诗所提出的“山水境界论”、“山水怡情论”，中国古代的山水画论所提出的“山水生命论”、“山水教化论”、“山水可居论”，是水文化学的组成部分。

河流的景观以及河流所发生的各种现象对人的感官产生刺激，人们对这种刺激会产生感受和联想，通过各种文化载体所表现出来的作品和活动都可以称为水文化。由于人类的生活和生产活动都离不开水，长期以来积累了丰富的水文化。历史水文化也是一种宝贵的文化遗产，记录了我国的自然、地理、灾害和社会变迁等。我国的水文化大致包括了以下一些形式和内容：诗歌类、碑刻类、绘画类、史记传说类、信仰类、祭祀类、民俗类、科学著作类等。

（二）水哲学

中国的古典哲学历来有中国特色：即理论的建构和阐发均离不开水，仅以《道德经》和《周易》为例。

“水”在老子《道德经》的理论框架中具有特殊地位。“渊兮似万物之宗”，“上善若水：水，善利万物而不争，处众人之所恶，故几于道”。在这里，老子提出“水几于道”的著名命题。老子对水情有独钟，在《道德经》中阐发宇宙发生、发展、消亡的规律时，在解释修身、治国、平天下的法则时，无一不是从“水”开始，无一不是用“水”的运动规律去引出、类推、外延，把“水”作为《道德经》理论架构的核心，这在先秦诸子百家中是独一无二的。

“天地相合，以降甘露，人莫之令而自均。始制有名。名亦既有，天将知止。知止不殆。譬道在天下，犹川谷与江海。”在这里，老子讲了“水”的三种形态：“甘露”即天上水；“川谷”即地下水；“江海”即联系天地间的循环中介水。水的运动规律就是“三水”转化、循环规律，显然，老子在这里紧紧抓住“水”，就把握住天地间的联系，只有水这种介质在天地间才能上行下达。

（三）水工美学

水工需要美学，美学应提升、完善水工。水工美学的研究对象是山、水、水工建筑物的序结构，是美学四载体形、光、声、色的最优配置。笔者试图用诗心、书骨、画眼、园趣、乐感、文蕴、哲理去建构水工美学。“以人为本”体现在水工美学中，就是要突出“四人”：有“形”无“景”，不引人，“形”“景”兼备，方能引人入胜；有“景”无“情”，不动人，触景生情，方能动人心弦；有“情”无“理”，不度人，由“情”参“理”，方能发人深省；有“理”无“市”，不惠人，市场开拓，方具可持续性。山水诗、山水画、书法、园林、音乐、哲学等正是水工美学的取之不尽的数据库、思想库、方法库。水利工程的设计者在设计过程中，在保证水利工程功能实现的同时，必须把美学欣赏提到日程上来，这是人文水利的呼唤。

（四）生态水工学

水利工程在兴利除害、造福人类的同时也对河流生态系统造成某种胁迫，具体表现是一些水利工程建设造成河流形态的均一化和非连续化，其后果是生物群落多样性水平下降。河流形态的均一化和非连续化改变了生境多样性， 河流形态多样性的降低对于生物群落多样性产生的影响。为解决上述问题，董哲仁等提出建立生态水工学，研究水利工程在满足人的需求的同时，如何兼顾水域生态系统健康性与稳定性需求。较成熟的技术有生物膜、生物箱、湿地生态、地表水、地下水水体修复技术等，应引起水利工程的规划者、设计者、管理者的高度注意，并付诸实施。

七、都江堰的人文水利内涵

都江堰的功能美、形式美、景观美、人文美是水工美学的宝库，诠释着人文水利的内涵。都江堰沿江布置了各类景观如二王庙、安澜索桥、茶马古道、伏龙观、离堆古园、南桥等。这些景观形态各异，布局奇巧，风格古朴，又紧紧围绕水的主题。景观是人文水利的载体，文化、哲学是人文水利的内核，都江堰巧妙地把两者融为一体。

二王庙内苍绿青翠、思幽怀古；伏龙观上观水迎风、见证宝瓶；安澜索桥临水凌空、远地近天；南桥上看宝瓶口碧浪搏天，听涛声震撼；离堆古园显川派园林神韵；茶马古道怀想南方丝绸之路。

张大千用都江堰作为《长江万里图》的开卷，神曲《流水》的整理加工者蜀派古琴大师张孔山曾在都江堰二王庙和青城山中皇观悟道；历代著名诗人均为都江堰的美所折服，留下许多脍炙人口的名篇。

这些文化巨匠，在诗文、绘画、音乐等创作方面，从都江堰水利工程中，汲取了取之不尽的素材和忽如神来的灵感，留下了不朽的名篇，同时又为都江堰赋予了深厚的文化氛围和哲学底蕴，成为都江堰美学的不可或缺的组成部分，这就是都江堰美学的辩证法。

改善水环境、营造水景观已成为生态水利和人文水利的重要内容，大家都在引水、植草、种树、造景。有些景观苍白无力、人云亦云、千景一面；有些景观引人入胜、动人心弦、发人深省，具有较强的生命力和观赏价值，百看不厌、长盛不衰，究其原因，不难发现，水景观的生命力就在于突出唯一性即地方特色、文化氛围和哲学底蕴。如何营造、发掘、展示滨水景观的文化氛围和哲学内涵，都江堰给出了极好的范例，值得我们认真总结。

（一）全面展示个性特色

展示个性特色就是展示历史底蕴和民俗风情。都江堰的水工建筑如鱼嘴、宝瓶口、飞沙堰充分展示了都江堰的历史底蕴和地方特色，这些工程载体是特殊的人文符号，抓住这些符号，就突出了个性特色；对能展示历史底蕴和民俗风情的史实与传说，应认真考证、分析，去粗取精，真正把握其内涵，调动一切手段进行展示，人文其内，景观其外，达到引人入胜的效果。

（二）精心营造文化氛围

在水利工程景观设计中必须依托水的优势、突出水的特点，必须从水利工程实际出发，因地制宜，因势利导，创造出具有诗情、画意、园趣、乐感、文蕴、哲理的水景观。充分调动文化载体：诗文、绘画、音乐、雕塑、碑刻、楹联等手段构成一个有机的整体，而不是简单的罗列、无序的堆砌；表达一个完整的情节、一个贯彻始终的“动机”；疏密相间、错落有致、前后呼应、浑然一体，以求达到动人心弦的初衷。

（三）深入发掘哲学内涵

哲学无处不在，哲学无时不有。李冰在成都“修七桥，上应七星”，搞的是天地对应，在整体的平面设计上就已经赋予了哲学内涵。关键在于如何将哲学内涵外现和物化，这里应将标题点化、场景赋情和气氛烘托结合起来，方能达到发人深省的目的。深入发掘水景观的哲学内涵，目的在于突出人文水利的教化功能，使人们游览之余，有所思、有所感、有所动。山、水、水工建筑物在陶冶人的性灵上具有特定功能。

（四）交响乐手法的借鉴

交响乐是时间系列安排的规律，值得我们在水景观设计中确定空间布置的原则时借鉴。交响乐A—B—A模式：呈示部、展开部、再现部，将一个初始动机贯彻全曲始终，构造一个完整的情节，第一主题和第二主题在程示部先后登场；两主题在展开部交锋、交错、交织，在构成的冲突中，展开情节；在再现部中，第一主题以新的形式达到辉煌。

按照交响乐时间系列的设计艺术原则，我们不难发现：二王庙、安澜索桥、茶马古道、伏龙观、离堆古园、南桥等临江景观与都江堰“交响乐”的高山流水的第一主题相呼应，构成都江堰“交响乐”的草木亭阁的第二主题。第一主题奔放、豪迈，第二主题思幽、怀古。

（五）景观的信息流动

“白日依山尽，黄河入海流。欲穷千里目，更上一层楼。”这首脍炙人口的唐诗家喻户晓，人人皆知。在诗歌中，信息在流动：第一句信息竖向流动自上而下，第二句信息横向流动，第三句信息继续水平流动，第四句信息又恢复成竖向流动，自下而上。全诗中：信息周流不止，信息流闭合，信息流对称，这就是王之涣对我们的启示。在都江堰整体美学设计中，充分体现出信息流的概念，处处表现出信息周流不止、信息流闭合、信息流对称的基本特征。都江堰功能的信息流动如前所述，是三级调节的自动控制系统，水、沙的信息在系统内反馈流动，导引着物质的交换；都江堰的景观、人文美学的信息流动，自二王庙顺山而下，通过南桥至离堆公园，构成第二主题的信息的竖向、环向流动；由鱼嘴至飞沙堰、宝瓶口顺流而下的第一主题的信息构成穿环而过的纵向流动，由此形成两大主题的交织、信息交换。

八、人文水利的实践

人文水利是现代水利的社会需求。现代水利中，河渠的功能必须满足社会的多层次、全方位的需求。结合城市具体特色，发掘亮点，从恢复自然生态和文化继承的基点出发，创造河川文化。如展示河滨学的古代治水技术：竹笼、杩槎、堆石、鱼嘴、鱼道、深掏滩、浅作堰、木桩基础、板桩护岸、网格绿化等；古代水力机械博览：筒车、牛车、踏车、拔车、桔槔、竹槽等，合理设计水头、水道，使这些机械形成联动，动中生景，寓教于乐等；古代治水历史展览：大禹、李冰、王景等。全国各地如北京、上海、成都等大城市，都对人文水利的实践进行了积极的探索，百花争艳，各具特色，本文仅介绍都江堰灌区在建设人文水利方面所取得的一些成果，如眉彭渠文脉、南北闸哲理、梁江堰书意、麻石桥园趣等。

（一）眉彭渠文脉

眉彭干渠位于四川东风渠灌区，全长18.7公里，控灌眉山地区仁寿、彭山、东坡区的17.3万亩农田，设计流量为14立方米每秒。2002年2月已完成全渠的续建配套、节水改造。2005年5月完成的末级渠系试点项目——赵山斗渠就位于该干渠末端。

生态渠道的试点段集中在15+497~16+717范围内。该段起自人民暗拱的果园，终止于倒虹吸管进口。该段渠道在浅丘随弯就弯，地理环境较为优越，沿途有果林、大片松树林，渠道挖、填方相间，地形高低错落有致，既有起伏的坡面，又有拾阶而下的梯田作背景，景色十分壮观。

整体设计思路：

将渠道原有的田园风光和园林、果林、森林和谐地、有机地结合在一起，使之成为生态渠道的主体内涵，形成一道亮丽的风景线。

利用渠道原有的弯曲，制造出曲折有情、曲径通幽的效果，达到借景、引景的目的。

坡式绿化衬托出水的洁净之美、虚涵之美、流动之美、文章之美，着重表现生态渠道的质朴、自然、宁静、优美的悠然意韵。内坡的草坪绿化，增加生态渠道的亲水性、近水性。外坡的草坪绿化，除了能进行水土保持外，还能提供生动活泼的图案的大背景。

以自然、简洁、开放、淡雅为主调，注重植物的高低、疏密、色泽和季相的变化，强调生态景观和水工建筑的和谐统一，运用简洁的线条和明快的画面，塑造轻松、愉快的游览、休闲空间，强调寓意性和代表性。

绿地景观区采用常绿树与落叶树种组团配置，按季节变化规律，突出各种植物的生长优势，使绿地一年四季呈现绿意盎然、繁花似锦的园林植物景观。

在植物选择上采用地方树种结合热带植物，按群落布置的植物配置方式，用各种乔木、灌木、花灌木及地被植物进行组景，形成高下相倾、错落有致的植物景观。森林、果林、园林，林林相依；水趣、乡趣、野趣，趣趣盎然。

依据眉彭干渠15+497~16+717段的地势、地貌、植被的特点，设计四个小品，虽分别突出不同的侧面，但又紧紧围绕“水”、“绿色”、“和谐”的主题，对这一公里的生态渠道，画龙点睛，增加生态渠道的文化品位和哲学内涵。

1.龙凤

该小品位于生态渠道的入口处40米长的条石挡土墙的立面，呈壁画形式。壁画两端分别刻有刘禹锡的“山不在高，有仙则名；水不在深，有龙则灵”和孔子的“智者乐水，仁者乐山；智者动，仁者静；智者乐，仁者寿”的名言。因竖排的间距较小，亦可横读，将产生另一番意境，如前者可横读为：“山有水有，不仙不龙，在则在则，高名深灵”。前者是对山水灵性的内涵的确认,后着是对山水灵性的感知,陶冶人的情操。该小品通过这两段警句对生态渠道的主题作出诠释,壁画的图案为双龙、双凤配以“龙凤呈祥”的篆字印章,取水从龙、草生凤之意,将字与画有机地联系在一起,将字画与景观融合为一体。壁画对整个景观起到点题、引题、破题、解题的妙用，将人文生态融入自然生态之中。

2.水韵

新华支渠小品，位于眉彭干渠和新华支渠之间的地带，分流人字水充满勃勃生机。该小品突出“水韵”的旋律，表征“意向水”，绿地呈波浪状。道路与绿地的分割带采用小叶女贞，高度为0.618米，呈波浪起伏，波长2.618米，波高0.382米。篆字“水韵”刻在孤石上，揭示主题，仿树皮的小桌、凳与孤石遥相呼应，两者用S形“水中”步石分割。孤石选型注重品象的“瘦、漏、透、皱”，步石除用一、二、三数构成菱形以求得节奏的变化形成“水韵”外，还寓意老子《道德经》的“道生一，一生二，二生三，三生万物”的哲学内涵。“意向水”的“静”和沟渠水的“动”，“意向水”的“虚”和沟渠水的“实”，一上一下，相映成趣。

3.绿缘

松林坡小品依托天然松树林，斜坡用白色石子镶嵌出篆字“绿缘”，配以绿色背景，绿地中突出球状、圆柱状造型雕塑，通过神似和形似、抽象和具象，引人驻足，发人深省，正如大艺术家齐白石先生所云：艺术就在似与不似之间，面对一个雕塑，众说纷纭，则说明这个作品取得了成功。两雕塑造型剖面缺口相对，两造型剖面缺口相对，突出“人”、“地球”、“绿色”的主题。有缺口剖面的圆球，寓意面对绿色的破坏，地球在呻吟；有斜切剖面的圆柱，寓意面对绿色的丧失，人类缺乏思考；“缘”字取顺应自然、回归自然之意。

4.谐趣

亭、阁小品以紫薇为支架扎成两个六角亭，分别以“谐趣园”、“怡心亭”命名。园中绿地以传统的造园手法，利用地形、地势，开放式组织园内空间，突出人与自然和谐相处的主题。园中小径用卵石铺砌，平面呈花瓣状；花芯采用美人蕉、矮灌木，以立面与之呼应。两亭中间分别用两色卵石砌成“河图”、“洛书”，供游人把玩。

5.以人为本的创意

在横跨渠道的小桥的栏杆造型上以海鸥展翅作为栏杆的扶手，立柱分别用相对、相反的甲骨文的“人”型作对称、反对称、中心对称布置，突出以人为本的理念、天人合一的理念、天地人共生的理念；用同向、反向、相背、倒置的汉字的两人造型组合，展示“从”、“比”、“北”、“化”的图案，寓意学习的四阶段：摹仿、比较、反思、转化，有别于王国维的做学问的三境界，启迪世人，巧妙地将文字学、哲学糅入造型设计。甲骨文的“人”型图案生动活泼，自小到大的排列构成韵律，对称、反对称、中心对称布置丰富了图形的组合变化，从而避免计成在《园冶》中所批评的“近有将篆字制栏杆者，况理画不均，意不联络”的弊病，实现理画均、蕴意联的追求。

（二）南北闸哲理

遵循上述原则，在东风渠南北闸景点建设中，作者在景观的文蕴、哲理的体现上，作了认真的探讨。该景点位于东风渠总干和北干分水处的三角地带，在原堰塘内作景观设计，共设太极阴阳、龟负洛书、飞沙溢流、翠瀑洒珠、碧泉吐玉、七星伴月、空亭翼然等景点。力求做到引人入胜、动人心弦、发人深省。

1.中国治水历史的展现

以小见大，浓缩天地。中国5000年的历史，就是惊天地、泣鬼神、前赴后继、继往开来的治水历史。在中国治水史上，最著名的是大禹治水和李冰治水，前者规模最大，遍及全国；后者历史最悠久，至今还在发挥效益。在景观构思中，用“龟负洛书”展现大禹治水；用小型的宝瓶口、飞沙堰的形似造型展现李冰治水。

2.天上水、地下水、地表水的循环

循“经”生景，哲理内存。老子在《道德经》中说：“天地相合，以降甘露，人莫之令而自均。始制有名。名亦既有，天将知止。知止不殆。譬道在天下，犹川谷与江海。”在这里，老子讲了“水”的三种形态：“甘露”即天上水；“川谷”即地下水；“江海”即联系天地间的循环中介水。水的运动规律就是“三水”转化、循环规律，显然，老子在这里紧紧抓住“水”，就把握住天地间的联系，只有水这种介质在天地间才能上行下达。天地的和谐、共生完全依赖三水的循环。

在景观构思中，用“翠瀑洒珠”体现天上水，用“碧泉吐玉”体现地下水，用“龟负洛书”体现地表水。

3.阴阳相合、鱼水共存

超以象外，得其环中。在原池塘内，阳鱼用土、石构成，鱼眼处植以树亭，绿草如茵；阴鱼以水构形，鱼眼处置以八涌泉，泉体呈半球状，由于表面张力和光照，8条抛物亮线镶嵌球体表面，故曰“碧泉吐玉”。草绿水蓝，相映成趣。阳鱼头朝东，以和东风渠之名，鱼尾以卵石砌筑成鱼鳞状，更为具象，体现鱼水共存的生态平衡。

4.空亭翼然

诗文点题，依文造景，文蕴妙成。用紫薇树结成树亭，位于最高点，体现空、虚、透、灵，树亭正面横匾书写篆字“翼然亭”，两竖条幅以篆字书写本土诗人苏东坡的著名诗句：“唯有此亭无一物，坐观万象得天全。”此联改“景”为“象”，发人深思，哲理凸现。

5.七星伴月

天地对应，全息映射。仿李冰“造七桥，上应七星”的创意，步石的构形采用北斗七星布局，单体取圆，对“碧泉吐玉”，成拱卫之势。

6.川西民居、取景借景

管理房以川西民居风格为基调，色彩以黑、白为主色调，沉稳、醒目；围墙采用波浪起伏的云墙，中开扇形镂空窗，以院内树影为背景，以岁寒三友梅、竹、兰的铁艺雕花为实景，既取景又借景，构成双重景观。

(三) 梁江堰书意

在水闸的美学设计中，仅仅考虑闸房、闸室的造型，仅仅考虑景观小品，还远远不够，仍然不能使人过目难忘，必须结合地域特点，结合水文化，作出有自己特色的人文设计，方能起到画龙点睛的作用，水闸的美学方能说完整，方具有生命力。这里应突出的是水文化，而不是酒文化、茶文化等其他文化，否则显得不伦不类、南辕北辙。下面以成都清水河梁江节制闸为例，展示上述原则的具体实施。

1.造型布置

李渔在《闲情偶记》中说："房屋忌似平原，须有高下之势，不独园圃为然，居宅亦应如是。"清水河梁江堰节制闸在天际线的处理上，一扫火柴盒式的平顶、呆板模式，将正立面的设计与天际线的布置结合起来：灰白相间的大鹏鸟造型，既突出屋顶，形成动感天际线；又置身正立面，丰富了正立面的表现力；对称的双曲线托出蓝白色水徽，色调清新、格调高雅。与淡雅的节制闸相对比，调度中心采用别墅型，以绿色、铁锈色团块为中心，以肉、杂色石材为连接过渡，白色门柱，黄色屋顶，显得格外醒目。

从李迪的《鹰雉图》的对角线构图得到启发，《鹰雉图》画面上坡石竹丛中一棵古枫树拔地而起，粗大的枫树主干斜出，对画面的右上角进行分割，伸出的枯枝取横势的波折状，既填补了左上方的空间，又斜向对应产生变化，巨大的岩石在树边，加强了右上角密不透风的感受，左下角的一丛青草和几枝荆条，平淡清雅，形成强烈对比。在对角交叉的构图中，画一条弯而横向的坡线，增强构图的稳定感。为不显呆板，用枫叶梢打断线条的连贯，又结合丛林用一条逆向的坡线相配合，整幅画面严谨结实、气势宏伟。闸房和调度中心采用对角线构图，栏杆相当于《鹰雉图》中的横向坡线，直曲、凹凸、高低强烈对比的栏杆从颜色、形体、方位上加强两大建筑组团的联系，同时增强构图的整体的稳定感。

局部和整体利用色彩、造型、动势等形体的既呼应又区别，透出书论中的“笔断意连”和“笔连意断”的意境。大闸房和小闸房是“笔断意连”，大闸房和楼梯间是“笔连意断”。别墅入口上方的艺术墙，通过单块花纹砖的旋转，构成水与生命、太阳与大海的整体意蕴。园内设有蝴蝶泉池，小桥流水蜿蜒绕过别墅型调度中心，别有一番情调。绿化布置采取小园宜疏的原则，大树居角，建筑物正面亮开，梅花、矮丛点缀其间，投影在建筑物正立面上，增添几分活泼、雅致；一定面积且成块、微有起伏的草坪产生距离感，使整个布局疏朗大气、错落有致、疏密相宜，对主体建筑起到烘托、渲染、拱卫作用。

2.人文内涵

以水文化为中心，调动书法、绘画、雕刻、诗歌、文字学、哲学等艺术手段，紧紧围绕“治水”的主题，通过百水图水墙这个载体，将象和理有机地结合成一个整体，分层次展开，达到使人驻足浏览、用心琢磨、恍然有悟的效果。

把棕榈树掩映下的瀑布做成文化墙，水中有“水”、虚实结合、体象合一。

三块浮雕将百水图分成“治”、“水”两大板块，用政治家手迹为主的“治”字构成“治”字篆形笔画；用书法家手迹为主的“水”字组成“水”字篆形笔画。

用“水德淡中，泉玄内镜；至柔好卑，和协道性；止鉴标贵，上善兴咏；爰有幽人，拥轮来映”，对“水”的哲理进行注解；用“左水右台，抬水为治，筑坝兴利；厶有山形，山下开口，禹疏洪患，冰凿离堆，其源于斯”，对“治”的文字学本义进行注解：治国治家，理通治水，或堵或导，隔行不隔理。

历代书法家和政治名人的龙飞凤舞的手迹，正奇相间，构成“嘣、嚓、礤”的韵律，描绘出水润万物、水生百态：或汹涌澎湃、夏水滂沱（范成大），或细流涓涓、瘦金生水（赵佶），或点圆居中、辐射发散（赵构），或长颈向天、哭之笑之（八大山人），或弯弓蓄势、张力四射

（朱熹），或游蛇吐信（王羲之），或少女甩头、秀发飘逸（苏东坡），或鹰击长空（郑板桥），或波澜不惊，或水有木形、春水生木（伊秉绶），或猎豹出山、动感十足（费新我），或两山对峙、渠满四溢（陈洪绶），或静若处女、动若脱兔（陈佩秋），或力出双钩（怀素），或千帆竞发、浪遏飞舟（张旭），或圆头胖童、憨态可掬（石涛），或中流砥柱、力挽狂澜（文天祥），或细枝垂瓜、硕果仅存（程十发），或枯藤老树、昏鸦古道（陆维钊），或圆意融通、水去为法（弘一法师），或秧鼓声声、彩绸飘飘（陈撰），或双鹊闹枝、低眉吟唱（龚贤），或形若干柴、水有火意（毛泽东），或斜道直出、拨乱反正（邓小平），或竖如高墙、水来土掩（刘墉），或斜以动生、势如危卵（齐白石），或老翁垂泪、黯然神伤（黄宾虹），或天地相合、以降甘露（陈献章），或水出昆仑、浩然东去（金声），或螺旋星云、天一生水（林散之），或双鸟啄木（郭沫若），或箭头镰尾（米芾），或鱼鹤相争、头尾相错（徐世昌），或长袖善舞、流水至柔（傅山），或山环水抱、曲水有情（魏了翁），或道生一、一生二、二生三、三生万物（唐寅），或左轻右重、上下飞扬（陈淳）。百水图过水时，书法家的名字会隐去，百水的金字在以黑色大理石为背景的水幕的衬托下，分外耀眼；当不过水时，书法家的名字就会显露出来，供观赏者品头论足。

红沙石浮雕图解着杜甫、朱熹的山水名句，前者抽象，“水流心不竞，云在意俱迟”，表明水对人的心态的陶冶；后者具象，“问渠那得清如许，为有源头活水来”，表明水工美学的构图原则，同时为“清”、“水”河点题。

（四）麻石桥园趣

笔者一贯主张搞水利工程要“三有”：有做法、有说法、有想法。光有做法、无说法是盲目的实践，既有做法又有说法、想法，立意方高，方能从必然王国走向自由王国。用诗心、书骨、画眼、园趣、乐感、文蕴、哲理丰富水利工程的表现力一直是笔者的追求，在东风渠总干麻石桥管理房改造工程中，围绕着“园趣”，作了有益的探讨。

1.坐坡面河

原麻石桥管理房已很破旧，改造时，审时度势，将新管理房坐落在半坡上，居高临下，浩荡水流，一览无余。临河围墙，采用透空栏板，借景河渠，尽收眼底，墙内外空间进行有机交流、渗透。新管理房与原闸房，构成高下相倾的对比，两者连以钢架天桥，既明确主从，又加强联系，两部浑然一体。

2.文廊展示

围墙栏板临河一面作远古文化展示，阴刻有红山文化、龙山文化、大汶口文化、河姆渡文化、良渚文化、马家窑文化、三星堆文化、金沙文化、半坡文化、二里岗文化、原始岩画等代表性图案，或鸟或兽，或鱼或虫，或神或人，给人以威严、沧桑、古朴的感觉。

围墙栏板向内一面作乡土文化展示，阴刻有年画十二生肖，活泼可爱；农事活动丰富多彩：或钓鱼、或喂鸡、或打谷、或歌舞、或下棋、或婚嫁，其乐融融。

实体围墙内侧配以扇形木制漏窗，给人以墙后藏屋的错觉，以虚拟空间的手法，对有限空间进行无限拓展。

3.画境诗园

成都浣花溪公园新建诗歌大道，文化氛围颇浓，游人如织，成为新的亮点。

从美学考虑,水工建筑物的空间布置如何反映出时间特性,值得深入思考。天文学表明,运动的空间就是时间,中国的先民所发明的时空度量参数如天干：甲、乙、丙、丁、戊、己、庚、辛、壬、癸，地支：子、丑、寅、卯、辰、巳、午、未、申、酉、戌、亥，均既表示方位又表示时段。水工美学的空间布置必须突出时间的运动性、连续性、周期性。

麻石桥小园，顺水呈狭长布置，改造时因地势起伏，分春夏秋冬四区：春区栽桃、柳，夏区立竹，秋区种兰、桂，冬区植梅。不同景区，有的放矢选诗，咏桃用《史记·李将军列传》："桃李不言,下自成蹊"（篆）；咏草用唐孟郊《游子吟》："谁言寸草心，报得三春晖"（隶）

以及白居易的“一岁一枯荣”（帛隶）；咏兰、桂用欧阳修：“植桂比芳操，佩兰思洁身”（楷）；咏柳用《红楼梦》《咏柳絮》：“好风凭借力，送我上青云”（行草）；咏竹用李苦禅《咏竹》：“未出土时便有节，及凌云处尚虚心”（狂草）；咏梅用毛泽东的诗句：“俏也不争春，只把春来报，待到山花烂漫时，她在丛中笑”（行草）。沿顺水方向卵石小路两侧，分别镶嵌春夏秋冬诗牌：“探春先拣树”，“买夏欲论园”，“水涵秋色静”，“竹花冬更发”，对景区进行划分和标点，以景配诗，以诗衬景，诗景交融，景境合一。在诗牌的布置上采用横竖对比、明暗对比、正草对比、平立对比、高低对比、直曲对比，以对比求变化。

麻石桥诗园的这些特色，有别于浣花溪的诗歌大道。

从理论的层面看，生态水利讲的是人和自然的和谐统一，人文水利讲的是人和水文化的相辅相成，两者以人为中介；以人为本，是以有环保意识、文化素质的现代人为本，人、自然、社会三者才能共生、同荣。从实践的层面看，生态水利、人文水利的建设提高了水利工程的形象和品位；改善水环境，增强了公民的环保意识，提高了人民的生活质量；从一个侧面宣传了“水法”，教育群众爱护水利工程。生态水利与人文水利加以结合，贯穿于整个现代水利的建设。

参考文献

[1] 何三怡，刘冠美. 现代水利的五大特征之一——人文水利 [J]．四川水利，2004（2）.

[2] 刘冠美. 水工美学概论 [M]．北京：中国水利水电出版社，2006.

[3] 董哲仁. 生态水工学的理论框架 [J]．水利学报，2003（1）.

与水为善　永续利用

山西河津水事文化研究会　张俊祥

有些生命能在高度缺氧的环境中生产、生存、繁衍。但是，没有水就不可能有生命存在的“空间”。地球上的早期生命，就曾生活在高度缺氧的环境中。俗话说：宁可三日无食，不可一日无水。人身上的血液中70%是水；七天无食人仍可生存，五天无水就会断送性命。所以，水是生命之源；水资源是人类生产、生存和发展中不可替代的核心基础自然资源，是经济和社会发展的命脉。党和国家对保护与合理开发利用水资源历来十分重视。新世纪伊始，中央即提出水利是基础设施第一位，水资源是资源战略第一位，节水是水资源战略第一位的“三个第一位”方针。在最近召开的“两会”上，中央将节约和保护自然资源列为基本国策。全国人大通过的“十一五”规划纲要共14篇48章，几乎每一篇都强调水资源的节约和保护问题，其中“十一五”期间把单位工业增加值用水量降低30%作为约束性、强制性、必须做到的硬指标，目的是要保障和支撑经济社会的可持续发展。因此，与水为善，厚德待水，节约用水，呵护水资源，维护水资源的可持续利用，尊重经济、社会和自然规律，坚持科学发展观，是可持续发展的当务之急，亦是各级领导的历史责任和战略选择。

河津人曾为水资源丰沛而自豪

过去河津水资源的状况概括地说是三句话：地下水资源先天不足，地表水十分丰沛，水涵养条件得天独厚。由于那些年采补平衡，所以水资源显得十分丰富。

1966~1967年，山西省地质局216水文地质勘测队对河津地下水资源状况进行了勘探与普查，完成了630平方公里（含通化、里望，不含下化）勘测工作。对3个乡抽水试验31次，两个乡测了水头，钻探深井5眼，进尺1128.28米，平均235.7米，并绘制了地下水资源分布图、农田灌溉水文地质图、地下水可开采条件图以及相应的文字说明。根据经验公式和均衡法计算，静储量年可开采量0.42亿立方米，人均260立方米(未测黄河滩)。行政区域变更后，省水利厅1971年重新核定河津地下水年可开采量为0.612亿立方米，加上可调节开采储量共0.735亿立方米每年，人均420立方米每年。这个数字不包括黄河沿岸的“激发水”。这在当时虽然远远低于全国、全省的人均量，但河津有“二山两河”。水的涵养条件得天独厚，补给条件十分优越。20世纪70年代初全县开始打深井，1981年全县共有有效水井1548眼，其中，120米以下深井459眼，100米以上浅中层井1089眼。那时个个水泵饱满，泉水、截潜流水均清澈、丰沛，灌溉面积21.2万亩，井灌和河水、泉水各半；湿地面积约20万亩。80年代以前，可以说河津的地下水位持续不降，水资源显得十分丰富，河津人以此为骄傲。也就是因为河津的水资源丰富，才吸引来一大批大型国有企业落户河津。为什么那时人们不感到水短缺呢？首先是河津有“天人合一”的涵养环境和“二山两河”等优越的补给条件。境南孤山林茂草丰；北边吕梁山层松饰岩，杂树交荫，从东至西4个乡与其相连，相对高差400~800米，面积大、压力大，生态环境和涵养条件优越，水环境承载力强。因此，下化55个自然村，有68处泉水；沿吕梁山约35公里几乎节节有泉水；北王、艳掌、曹家、杜家沟等山下几公里外的沟内也有泉水或截潜流水。三峪水量平年0.3立方米每秒左右,最大曾达到0.529立方米每秒,保浇1.92万亩，扩浇0.9万亩，清洪灌溉5.9万亩，北坡大部分受益。汾河贯穿河津腰腹东西近30公里，河谷宽5~8公里，20世纪70年代前很少断流，年均径流量14.5亿立方米，流域面积548平方公里，河床纵坡缓，水力比小，通过孔隙垂直向下排泄，形成了大面积湿地。5个乡沿汾各村都建有机灌站；河津西濒黄河，自寺塔至出境流经37公里，流域面积307.5平方公里。年径流量233.8亿立方米。全县20万亩湿地，用手挖一个小坑即有水。汾、黄不仅给河谷滩地带来强大的补给优势，而且沿两河建有10余处引河上塬高灌站，使南北坡形成上百条径流，成为南北三级台地地下水补给的重要来源。其次，过去生产力不发达，工业少、规模小；人口少，尤其城镇、工商人口更少，生活用水微乎其微，每日户均一担水用不了。农田灌溉中井水也占不到一半。那些年整体生态环境好，河津年降水量一般在500毫米左右，几乎年年有山洪、沟洪，成千上万条径流，大面积地往地下补给。由于雨多，灌溉的亩次相应少，所以地下水除能满足工农业生产需要，而且足以维持正常生活用水，人们自然感觉不到地下水短缺。第三，70年代前，全县基本无深井，70年代中期到80年代初，虽有400余眼深井，但多在120米以上，介于中深层井之间。由于地下水补给环境好，地表水给浅中层及其以下补给面积大、强度大且容易，采补基本平衡，故地下水位持平不变，水井出水量持续良好，人们感觉到的是地下水丰富。第四，几十年来，水工程一直由国家和集体投资兴建，水商品、水供应一直由国家或集体无偿或低价提供，水资源的社会价值处于隐形状态，不易被人们觉察。由于上述原因，全县粮食单产在运城地区一直保持领先地位。

现今河津人为水资源短缺而堪忧

近年，全国人均水资源量为2318.8立方米，约占世界人均的1/4。国际公认的人均年缺水警戒限是1700立方米。严重缺水警戒限为年人均1000立方米。据1997年勘测，河津市黄河滂河以外地下水资源可开采量人均仅185.5立方米，山前倾斜平原年允许最大开采量948万立方米，现年实际开采量远远超过1500万立方米。河津高耗水大型民企多集中在汾北，而这些国企、民企普遍面临严重缺水挑战。下化、樊村、僧楼等乡镇，农村用水也出现困难。

造成水匮乏的原因虽是多方面的，但人们认识上的模糊是首要一条。长期以来，一些人认为地下水犹如老天无偿赐予的阳光、空气，取之不尽，用之不竭。实际上，地下水尤其是1公里或500米以下的深层水，是一万年以前地壳运动中形成的宝贵自然资源，取一点少一点，不可再生。因此，有人惊叹，如照此下去，将来掉到地球上的最后一滴水，有可能是人的眼泪。我想，这绝非危言耸听，而是严重警告，这也是全球科学家将水资源困扰列为21世纪关注的三大焦点、难点之一的主要原因。地下水与地表水一样有流向，都是由高处往低处流。河津地下水趋势是南北台地都向河谷运动，其中北坡和汾河河谷流向自北东向西南。汾黄滩与南北平原相对高差60~200米。由于纵坡比大，向下流力强，在滩地尤其在最低处的黄河滩打百米以上深井，相当于南北坡打160~300米深井。滩地深井多，提速快，取量大，两塬地下水位下降就快，两者成正比例关系。这与农民常说的"跌窝处流得猛"、"下床利流得快"同理。为此，1982年县长办公会议决定严格控制在汾黄滩地打深井。除此，地质断层对河津地下水也有影响。沿吕梁山前约一公里南，自韩城到韩信岭有一条深千米左右的宽带断层。按理说，吕梁山面积大，相对高差比大，山下5公里范围都应是富水区，然而非也。一些人不了解之，认为浅中层没水，越深水越多。于是投巨资打几百米甚至上千米井，结果事与愿违。山下有的村前些年先是打360米以上井，开始出水量尚可，但好景不长，水量渐少。于是在村南又打了一眼千米深井，耗资约百万元，结果出水量不如原来的中等深井。于是填，填至300米左右后，出水量显增，接着又将360米深的井也填到不足300米。尽管下填后倒流问题大，但出水量好于原先；北王到樊村东地下有一条短而窄的石灰岩断层，深层水渗漏严重，形成倒流趋势。20世纪70~90年代北方平耗巨资先后打了几十眼深井，但有效井不多，现在仍然缺水，一些民营企业因此外迁。李家堡村内先是打了几眼深井，但出水量都很小。经县、乡协调，北水南调，在断层以外山脚下借地打了几眼深井，出水量个个满泵。近年，由于周围村打了300米左右深井，使李家堡和北午芹原先的深井全部吊泵。

第二，河津原先优越的补给条件减弱或者消失，是一个重要原因。据中日专家2000年联合考察，近10年黄河流经华北的水量仅为40年前的百分之一二十，前10年的60%。九曲黄河普遍陷入“功能性断流”。昔日黄河“咆哮万里触龙门”由常年变成瞬间。门外黄涛漫流，烟波浩淼、千里如镜的壮观景象，变成弯弯曲曲一条线，大河上下尽失滔滔。给地下水补给的范围、力度大大变小、变弱。所谓“华北一颗明珠”的黄河滩，如今光彩是否如初，断难肯定。至于汾河基本上失去了原先的补给条件，所能补给的基本上是污水。汾河长时间断流、变小，沿河原先的几十处扬水站和引汾上塬的机电灌站基本消失，汾水给两塬地下补水已成为中老年人的追忆。

第三，工业、建筑业等蓬勃发展、人口骤增、环境恶化是地下水短缺的重要原因。30多年前，全县仅16万多人，现在减了两个人口多的大乡镇，增加了人口少的下化，全市人口却超过了38万人。城镇人口比过去增加了约20倍，尤其近几年，河津工业突飞猛进，仅以煤、焦、铝等为主规模以上资源型高耗水企业就有110家。2005年不算乡宁，仅河津采煤约300万吨，炼焦约788万吨，洗煤约800万吨，年发电量约70亿千瓦时，生产电解铝约10万吨、水泥约70万吨、钢铁约80万吨、氧化铝约150万吨，还有几十个耐火、建筑、稀有材料等生产企业，都需要消耗大量水。据专家测算，挖一吨煤流失地下水2.5立方米；洗、炼一吨煤、焦各需1~1.5立方米水。水泥、钢铁、发电、耐火材料等都是耗水大户，尤其是氧化铝生产和发电更是耗水大王。山西铝厂日用水量14万多吨，河津电厂日用水量为4.2万吨，这两个厂日用水量合计18.2万吨，年用水量6000多万吨，约等于过去6.5个三峪的水量，相当于一条小河的水量。2005年全市GDP103.6亿元，以万元GDP耗水141.5立方米计算，2005年仅生产一项，耗水1.47亿立方米。黄河沿岸以外地下水可开采量为6679.3万立方米，仅工业一项超采两倍多。除此以外，乱炸、乱采砂石、煤矿、树木等，使吕梁山前沿千疮百孔，面目全非，山内尽为地洞。这不仅造成地下水和水土流失，而且时常发生房塌、裂缝和泥石流问题。据2005年不完全统计，全市年总取水量约1.5亿立方米，其中城市、工商业800余万立方米，2003年全市仅民企工业产值93.8亿元。以全国一般工业万元产值耗水量计算，仅民企工业年耗水938万立方米，仅这一项已超过汾北地下水可开采量的1.5倍。

第四，无序竞争性打井，掠夺性采水、用水，更加剧了地下水短缺的矛盾。20世纪70年代中期拉开了全市第一轮水战，深井由80年代初的400多眼增加到90年代初约600眼，井深由100米增加到160米左右，浅井全部干涸，中层井濒临枯竭。90年代初拉开第二场水战序幕，深井增至900余眼，有效水井约700眼。深度失控尤为严重。一般深200米以上，最深达千米。城镇和农村生活用水人均比20世纪增加约5倍。地下水位呈直线下降趋势。10年前平均每年下降1米左右，现在年均下降2米以上。由于生态环境恶化，全球气温上升，2005年前已有19个全国性暖冬。脆弱的生态环境导致自然灾害频频发生，气候劣变，年降水量由500毫米减至480毫米，而蒸发量却由1200毫米上升到1800毫米以上。昔日的山洪、沟洪和街巷、道路雨水形成的成千上万条径流，今日少见。引河上塬和引汾灌溉面积减少60%以上。利用泉水、截潜流水溉田几乎成零。三峪已成干峪，沿山和山前的几十处泉水全部干涸，100米左右的浅中层水井几乎全部干涸。下化55个自然村原有68处泉水，现在仅有2处，而且水少得可怜，农民以1立方米水8~10元买水喝。许多村原来的人畜饮用水井，绝大部分失效。地下水承载力超负荷数倍运行。

第五，管理措施和节水新技术推广滞后，使水资源本已短缺的态势雪上加霜。相当一部分人水忧患意识淡薄，未形成关心水、珍惜水、保护水环境的基本行为规范。供水设施年久失修，跑冒滴漏甚至大水漫灌、大水冲洗、大量丢水、扔水现象十分严重。据测算，一个水龙头每一秒漏一滴水，连续一年就漏掉360吨水。用水不讲效益更是最大的浪费。

第六，这几年，有的企业嘴里喊着要把民营企业做大做强，要又快又好地发展，事实上心里想的、工作上抓的只是做大，只是又快，而在做强上、在又好上下工夫不多。这是如何发展的导向问题。另一方面，国家在节水税收、货款、投资政策上缺乏支持力度；企业由于建设节水设施一次性投资大，急于盲目发展，因此环保、节水、循环利用就成弱项，甚至成了应付和装潢，这就造成了全市的农田灌溉、企业用水、城乡生活用水、生态用水等综合效率大大低于全国平均用水水平。农业节水、企业污水回收重复利用技术推广缓慢，管理措施和水法执行不到位等，是水短缺的主观原因。目前的水短缺仅是初露端倪，如果对此视而不见，必将自食其果。

水短缺的影响及应对措施

水是“天地以成，群物以生，国家以宁，万物所平之物”，水多为患，水缺成灾，无水便无生命，无洁水身染百病，水短缺制约经济社会发展。如果社会不与水为善，水必然报复社会：

一是加重了农民和企业的负担。近年，地下水位普遍下降到100米以下。从前“哈蟆蹦到锅台上”、“用手挖坑能喝水”的现象，将成为青少年千古笑端。120米以内水井几乎全部吊泵、报废。现在水井的寿命由十几年变成五六年，过去浇一亩地几元或十几元，现需几十元，且水位逐年下降，出水量逐年减少，企业用水和亩次灌溉成本还会逐年增多。国家给农民减免农业税每亩20元左右，给农民种粮食补贴十二三元，加上其他优惠政策，农民每亩地大约可得50元，每亩地大约平均成本400元，这当中水费占到25%~30%，我做过调查，农民从打糖、耕种到收获所投入的种子、农药、化肥、机械、人工费、水费等，产业结构调整较好的收大于支，一般支大于收。也就是说，国家给农民的好处远远抵不上每亩地实际超额支出的费用，而且由于竞争性打井，引起一些群众性纠纷，又成为诱发社会不稳定的因素之一。

二是由于水位严重下降，原有的浅中层井全部报废，形成大面积的降落漏斗区。据1997年勘测，山前倾斜平原降落漏斗区82.8平方公里，占僧楼、樊村两镇国土面积的60%。赵家庄乡56.5平方公里降落漏斗42.9平方公里，占其国土面积的76%。60米左右地下水为地壳承压水，国家规定地下水位降至60米限制打深井。目前，河津市承压水头已降至100米以下。由于此因，城北铁路入村处出现大面积塌陷问题。其他的国道、乡村路、地表面、建筑物等，也有因地下降落漏斗而出现不同程度的塌陷、裂缝现象。

三是由于水环境恶化等原因，良性水资源尤为短缺，水安全受到严重威胁。水是一切生命的介质。水气不洁，是生命之大敌。由于超标排污十分普遍，再加上出现大面积地下漏斗区，使大量的污水有空可入，而且继续向下倒流，使浅中深层水中均含超标有害化学成分。须知水资源污染容易治理难。据联合国环境规划署统计，全世界每年有12亿人因饮用污染水而患上各种疾病，每年有310万人死于不洁水引发的相关疾病，250万5岁以下儿童死于不洁水引发的疾病，环境较好的江苏因水环境恶化每年有12万人死于癌症。如果只注重垒金山、银山，不注意保护青山绿水；只追求GDP，忽视以人为本，不仅没水喝找不到老婆，即使有“水”喝也可能找不到老婆，至少找不到当兵人。

四是水短缺已成为制约河津经济发展的“瓶颈”。水是无法替代的核心自然资源。太兴集团已闹“水荒”几年，其发电厂补充水至少应是蒸发量的2倍，他们的需水量大约在4000吨，而今仅能达到需求的1/2。他们兴建的60万吨机焦和120万吨重介质洗煤项目，正昂首待水。振兴集团出于无奈自建打井队，连年打深井数十眼，现有有效但效率不高深井16眼，最深达千米，出水量连年减少，目前日供水量达不到需求量的1/2。而扩建的2×20万千瓦发电机组和4万吨电解铝生产线，无水也无法运行。集团上下一致认为，靠打井已是绝路，三联集团目前生产日用水量仅千余立方米，地下水开采已显困难，三年内日用水量将超过万立方米。上下正思谋，出路在何方？现在全市许多大项目普遍面临水危机挑战。

综上所述，由于水资源短缺，每年造成的直接经济损失和由此引发的生态灾害造成的间接经济损失，水污染每年造成的直接经济损失、间接经济损失以及对人与其他的危害损失等五笔账，通过算账对比，能加深对水短缺、水污染危害的认识。

综观中外和市内外，结论是：没有水资源的可持续利用，就没有经济社会的可持续发展。任何求大不求强、求快不求好者，任何忽视对水需求者，任何只求一时所谓的“发展”而对水短缺将造成的严重后果不屑一顾者，都是急功近利的短期行为和缺乏战略眼光者。中央提出“量水而行，以水布局，以水定发展，以水定规模”的原则和实施“南水北调”工程，是出于历史责任、可持续发展的战略性抉择。历史上许多城镇、村庄的消亡，缺水是其中主要原因。历史和现实说明，一个城市的扩张，企业和经济的发展，必须以水定规模，以供定需求，这是世界性的基本经验，是历史的结论。河津市要实现百强前移和龙门三级跳，必须把水的问题放在十分重要的位置，且不可或缓，迫在眉睫。近年，虽已采取了许多措施，但还需在大力宣传贯彻《中华人民共和国水法》、《中华人民共和国水污染防治法》，不断增强人们水忧患、水安全意识的同时，处理好以下几个关系：一是水与人口、城市、经济社会发展的关系，重点在水资源涵养保护和防治污染。另外，在恢复保护水环境、涵养水资源的同时，在对城镇、村庄改造扩张时，对露天地面硬化，宜采用渗水性能良好的建筑材料。地透气不仅降低噪音，减少扬沙，冬暖夏凉，更重要的是节省生态用水，以有利于地下水位的回升。二是地下水与地表水的关系，必须统筹水资源的合理开发、利用、管理和保护。当前，必须把重点放在着眼于开发、利用地表水。要强化河水与地下水置换的力度，要真正树立起“但存方寸地下水，留予子孙后代饮”的长久、为民思想。三是开源与节流的关系，节流重于开源。要在做强和又好上下工夫，要加大治理污水的投资力度，使废水处理率逐步提高，工业万元产值用水量逐年下降，洁净能源生产能力迅速提高，建立循环经济发展模式。当前，要采取坚决有效的措施，下大力建立节水防污染型新河津。四是统管和分管的关系，重点在于对水资源的合理开发、利用，积极实施天上水与地表水、城市水与农村水、工业水与农业水、河流等地表水与地下水、上水与下水等五个统一管理的原则。五是公办与民办的关系，兴办农村、企业供水工程，应将重点放在民办水利上。农村饮水、农田水井、小中型扬水站应积极走民建、民有、民营和“小农水、大水利”的发展之路。六是人治与法治的关系，重要的是实行法治。七是要正确处理经济与社会和谐发展的关系。坚决告别GDP崇拜，树立以人为本，全面、协调、科学的可持续发展观。要建立新的绿色GDP经济增长评价指标体系和机制，促进经济、社会和人的全面、协调发展。同时，要加强合理开发、利用地下水和地表水的调整、置换力度，强化规划管理和实施监督检查措施；严格认真地整顿取水市场，实行市场准入制和取水用水许可制；认真贯彻省委、省政府建设节水山西的战略决策；按照“节流优先、治污为本、多渠道开源”的基本方针，全面实施“节水挖潜、省水高效、水价调节、水效为纲”的节水战略，“保障生活用水，调控工业用水，稳定农业用水，兼顾生态用水”；加强领导，采取积极有效措施，扩大恢复植被，优化用水配置，确保采补平衡和供需保障。

总之，通过教育、行政、经济和法律手段，使全市形成厚德待水，珍惜水、节约水、保护水环境、呵护水资源的良好氛围和规范行为。实现水与人的和谐及水资源的可持续利用，以支撑经济社会的可持续发展。

哈尼梯田水文化及其保护初步研究

云南农业大学
云南林业职业技术学院
王龙 王琳 杨保华 李靖

哈尼族人遵循生态环境的空间变异规律，利用哀牢山区山高谷深的切割地貌和气候、植被垂直分布的特点，在红河南岸创造了蔚为壮观的梯田，建构了与自然条件相适应的梯田稻作农耕文化生态景观系统；梯田景观与生态系统融为一体，并在此基础上，以聚落与梯田的均衡建构为中介，将其内化为一种独特的文化形态，从而创造了全国唯有独有的梯田文化景观，自然与人文在此所形成的高度协调关系，无疑具有重要的地理学研究意义[1]。

文化区是具有某种共同文化属性的人群所占据的地区，是在政治、社会或经济方面具有独特统一体功能的空间单位，是具有相似的文化特质的文化复合体[2]。以梯田为纽带形成的哈尼族聚落在历史的进程中，逐渐形成了哈尼文化区。哈尼文化区的形成和空间结构，以及哈尼文化区的哈尼梯田文化景观的物质能量流动，都体现出与水的密切关系，尤其是哈尼文化区核心之一的梯田以及形成的梯田灌区，则更是依赖于水的存在而存在。哈尼文化区从许多方面都表现出哈尼族人对水的科学认识并具有相当先进的水文化。

对哈尼梯田的研究始于20世纪80年代中期，主要是民族学者和社会学者在研究哈尼族的世界观、文化传承等文化现象的过程中对梯田生产和管理方式、梯田稻作礼仪以及梯田历史的研究[3, 4]。王清华对哈尼族的生存空间格局和哈尼梯田文化作了较深入的调查和描述[5, 6]，角媛梅等对哈尼梯田的形成原因、哈尼梯田文化生态系统等进行了研究[7, 8]，并从文化景观角度出发，探讨了哈尼梯田文化景观的概念、特征、结构和功能及其保护措施[9]。这些成果均强调：梯田是哈尼族繁衍的物质基础，也是哈尼族精神的象征，是人地和谐共处的良性人类生态系统和土地持续利用的样板[10]。上述研究主要从生态、景观、文化景观、旅游、民俗等角度进行研究。但是，从水科学角度出发，对哈尼梯田的水文化进行的研究却鲜有报道。因此，从科学角度认识和研究哈尼梯田及哈尼梯田文化区的水文化，针对当前哈尼梯田文化区的现状和面临的问题，提出相应的保护措施，则具有重要意义。

一、哈尼梯田水文化分析

（一）水文化概念

现代科学的文化观认为：一切有利于人本身作为社会生活主体全面发展的人的活动及其成果，都可归属于文化。因此，人类在利用水资源的过程中，发生的种种有利于人本身全面发展的活动和成果，则属于水文化的范畴。

水文化具有狭义和广义之分[11]，狭义的水文化是指河湖等水景观以及河湖等发生的各种现象对人的感官发生的刺激，人对这种刺激会产生感受和联想，通过各种文化载体所表现出来的作品和活动；广义的水文化是一个大文化的概念，即人类在对水的趋利避害的过程中，创造的精神财富和物质财富的总和。因此，狭义的水文化注重精神财富，而广义的水文化则包括精神财富和物质财富。而我们认为对哈尼文化区的水文化认识和保护应立足于广义的水文化概念。

（二）哈尼梯田文化区的水文化表现

根据水文化的概念，哈尼族人在对水的趋利避害的过程中，创造的精神财富与物质财富都属于水文化的范畴，在哈尼梯田文化区则蕴涵丰富的水文化内容，根据实地调查、访谈和文献查阅，哈尼梯田文化社区的水文化可以主要概括为：水资源的高效利用、水资源保护理念、合理的梯田灌区规划和管理思想。

1.水资源高效利用

哈尼族人聚居于哀牢山半山区，所依赖的水源主要以降雨经森林截留之后形成的地表径流及泉水出露为主。为了实现水资源的高效利用，哈尼族人利用山区来水所蕴涵的机械能服务于人的生活，降低人的劳动强度。哈尼族聚居村落附近一般都有流经的溪流，这些溪流虽然流量不大，但具有较大的落差，从而蕴藏有相当大的水能资源。哈尼族人常在村落内设置水碾、水碓、水磨等设施，将这些水能资源利用起来，从而极大地方便了自己的生活。我们在调研的过程中发现，箐口村一带的村庄至今仍然在利用这些设施。

哈尼族人居于半山，而梯田海拔大多低于村落海拔，加之梯田级数较多，梯田施肥较为不易。哈尼族人则充分利用山区来水，发明了科学省力的"冲肥"方法。冲肥分两种，一是冲村寨肥塘。哈尼族各村寨都设有专门水塘，平时家禽、牲畜粪便及人类生活垃圾积聚于此。插秧时节，利用山水，搅拌肥塘，农家肥水顺沟而下，流入梯田。如果某家需要单独冲畜肥入田，则通知别家关闭水口即可。二是冲山水肥。每年雨季来临期间，正是稻谷拔节抽穗之时，在高山森林中积蓄、堆沤了一年的枯枝、牛马粪便顺山水而下，流入山腰水沟。此时适逢梯田需要追肥，故村村寨寨、男女老少一起出动，至今仍有"冲肥"有"赶沟"之称。

哈尼族人自古就有利用梯田养鱼的传统。哈尼梯田仅耕作单季，水稻收割之后，梯田则不再种植其他作物，但此时梯田仍然尚有水的存在，哈尼族人则利用其梯田为养鱼之地，提高其水资源和土地资源的利用效率。

2.水资源保护

梯田是哈尼族人的生命，水资源是梯田的命脉，森林则是水的源泉。哈尼族人非常注重保护水资源，最为突出的表现是对水源林的培育和保护。

哈尼族人聚居村落通常位于上半山区（海拔1400~2000米），植被介于落叶常绿阔叶林与山地常绿阔叶苔藓林之间[12]。海拔2000米以上地区分布的森林则成为哈尼族人的水源林，哈尼族古老的村规民约规定禁止砍伐水源林；而哈尼族村寨之后的寨神林则更为神圣，几乎每一个哈尼村寨都设有自己的寨神林，以最具代表性的元阳县为例，据不完全统计，全县共计寨神林431处[13]。寨神林是森林的缩影，哈尼族人年年祭祀寨神林，且寨神林平时不能随便出入，以防止人为的破坏。根植于哈尼族人心中的对森林的保护意识和保护手段，使得哈尼聚居区具有较高的森林覆盖率。这些森林涵养的水资源形成了库容巨大的绿色水库，从而成就了哈尼梯田。经过上千年的经验积累，哈尼族人对树种的水源涵养特性有相当程度的掌握，寨神林大多种植水源涵养特性较好的树种，包括五眼果树、喜树、桤木、榕树、木荷、水冬瓜树、多依树等树种。

3.科学合理的灌区规划与管理

哈尼梯田位于山区，但异于云南其他山区的“雷响田”，哈尼梯田具有完整的灌溉体系。以元阳梯田灌区为例，哈尼族人从海拔1900米的山腰地区平行等高线修建干渠，截留高山来水，然后垂直等高线方向修建支渠，根据需要逐级修建下级渠系，最后形成较为完备的渠系配套。

渠系引水到达村口以后，需要进行分水，哈尼族人发明了先进的分水石（木）刻，分水石（木）刻能够较为准确地为梯田实现灌溉用水的分配，其间蕴藏着古老的“水位—流量关系”经验。

梯田灌区的积沙田是其重要的设施之一，其功能等同于现在的沉沙池，由于梯田引山区来水进行灌溉，为防止来水中的山石造成对梯田的破坏，故梯田都设有积沙田，其目的仅作沉沙之用，无耕作要求之需。

为了维持哈尼梯田的灌溉系统正常运转，村寨设有专门的管水人员，进行灌溉管理，由村寨支付其钱粮作为报酬。尤其是枯水季节，其沟渠来水量减少时，哈尼族人设立类似于现代农田水利的轮灌制度，以避免争水、抢水的水事纠纷。

哈尼族人对水的管理充分体现水的资源性，哈尼族人将水视为资源具有较早的历史。在土司时代，引土司兴建的渠道水灌溉需按产量交谷物为引水报酬。即便相邻的田块，由于沟渠属于不同的主人，也不能随意引水进行灌溉。

沟渠在梯田灌溉系统处于重要地位。哈尼族人自古就有岁修沟渠制度，平常沟渠破损，谁见谁修，但每年冬季，村村出动，疏沟通渠，砍除杂草，修葺如新。正是这种渠系维护制度，保证了千年哈尼梯田灌区完好如初。

综上所述，哈尼梯田从规划到维护，以及用水管理在相当程度都具备现代农田水利的科学知识和理念，正因如此，上千年的哈尼梯田能够运行至今，并将继续发挥效益。

二、哈尼梯田水文化保护

哈尼梯田水文化是哈尼族适应自然、改造自然和创造自然而形成的包含有物质财富和精神财富的文化遗产。但是，目前整个梯田文化区也面临水土流失、来水减少而灌溉水量不足、梯田崩塌等威胁，作为哈尼民族文化重要组成之一的哈尼梯田水文化面临破坏的危险。因此，保护自然文化遗产，抢救民族文化，实现文化与环境的持续发展，必须保护哈尼梯田水文化。

针对目前哈尼梯田水文化的现状和面临的问题，可采取以下保护措施：第一，深入研究梯田灌区水源林的水资源涵养量，合理确定和调整林—寨—田的合理结构和面积；第二，在应用现代水利工程技术措施进行梯田灌区建设过程中，必须充分论证和研究对传统梯田水文化的影响；第三，加大力度系统研究哈尼梯田文化区所蕴涵的民族水文化，确保哈尼梯田水文化系统的持续发展，使之为人类的持续发展作出应有的贡献。特别是挖掘哈尼梯田蕴涵的科学合理部分，探求切实可行的方式和方法，发扬哈尼文化的优秀部分，摒弃不良传统，使与现代社会的发展同步，更是当务之急。

三、结语

哈尼梯田作为哈尼族人世代所依的基础，是哈尼人引以为豪的生息之地。研究哈尼梯田水文化，探求哈尼梯田水文化中的科学成分，可以为哈尼梯田的保护和经济社会可持续发展提供理论依据。

参考文献

[1] 陆玉麒. 云南哀牢山的梯田景观 [J]. 热带地理，1994，14（2）：180-185.

[2] 中国大百科全书编辑部. 中国大百科全书. 地理学 [Z]. 北京：中国大百科全书出版社，1990.

[3] 毛佑全，李期博. 哈尼族 [M]. 昆明：民族出版社，1989.

[4] 孙官生. 古老·神奇·博大——哈尼族文化探源 [M]. 昆明：云南人民出版社，1991.

[5] 王清华. 哀牢山自然生态与哈尼族生存空间格局 [J]. 云南社会科学，1998，(2)：71-74.

[6] 王清华. 梯田文化论 [M]. 昆明：云南大学出版社，1999.

[7] 角媛梅. 哈尼梯田文化生态系统研究 [J]. 人文地理，1999 (增刊)：56-59.

[8] 角媛梅，等. 云贵川大坡度梯田形成原因探析——以红河南岸哈尼梯田为例 [J]. 经济地理，2000，20 (4)：94-96.

[9] 角媛梅. 哈尼梯田文化景观及其保护研究 [J]. 地理研究，2002，21（6）：733-741.

[10] 角媛梅. 哈尼文化区的特质——哈尼梯田文化景观 [J]. 云南地理环境研究，2003，15（1）：52-56.

[11] 陈杰. 水文化建设研究初探 [J]. 城市规划，2003，27（9）：84-86.

[12] 元阳县志编撰委员会. 元阳县志 [M]. 贵阳：贵州民族出版社，1990.

[13] 黄绍文. 试论元阳县梯田文化生态旅游资源类型与开发对策 [J]. 红河学院学报，2004，2（1）：69-74.

挖掘泉文化内涵 提升泉城旅游业层次

中国水利学会 于 飞 李贵宝 张文雷 傅 桦

济南素有“泉城”之称，自古“齐多甘泉，冠于天下”，泉是济南的灵魂和特色。众多清泉，自地下涌出，汇为河、湖、湾、潭，造就了济南城“家家泉水，户户垂杨”，“清泉石上流”的秀丽风光。盛百二《听泉斋记》有云：“著名者七十二，名而不著者五十九，其他无名者奚啻百数。”经普查济南城区范围内尚有泉池103处，金《名泉碑》中所列72名泉有41处。综观国内外众多名泉多在郊外或山区，唯独济南的泉与城有完美的结合，城依泉而建，泉在城中流。然而，如此得天独厚的资源却未能得到充分的利用，泉水文化并未得到充分的挖掘，在旅游业发展中所起的作用不十分明显。

一、泉文化内涵

根据水文化的内涵，定义泉文化：人类各种与泉水有关的活动所产生的文化现象的总和，体现人与自然的和谐共处，通过对泉水资源的合理有效利用，满足人在生产、生活、追求健康、精神诉求方面的需要。它包括一切围绕泉水开展的活动。

济南城因泉而起，由泉而兴，泉城的历史就是一部泉文化的发展史。济南在2600年的岁月中积淀了浓厚的泉文化，大到城市的兴起小到百姓日常的生活都与泉水发生着千丝万缕的联系。

广泛的社会性，历史的悠久性，内容的广博性构成了泉城泉文化最大的特点。既有表层的景观文化，如保存下来的众多泉池、水利设施；

又有中层的行为泉文化，如临泉而居、近水而聚；更有深层的心理水文化，心里对泉的依赖，甚至可以说泉城人身体里流动着泉水。

泉文化通过各种载体表现出来，丰富的诗词文献、传说故事、名人轶事，将泉文化鲜活地展现于世人眼前。

二、深挖传统泉文化内容

济南自古以泉著称，泉水已有2600多年的悠久历史。关于泉水的记载最早见于《春秋·桓公十八年》中“公会齐侯于泺 (即趵突泉)”的记述；郦道元的《水经注》中有“泺水出历 (城) 县故城西南，泉源上奋，水涌若轮”的记载；清代文学家刘鄂的《老残游记》对济南的描写更使济南泉水名闻天下。济南风光迤逦，人杰地灵，名士众多，人们爱泉、惜泉、歌颂泉，为泉城留下了深厚的泉文化积淀。元代地理学家于钦就曾说：“济南山水甲齐鲁，泉甲天下。”历代帝王达官、文人墨客留下了无以数计的咏泉篇章，李白、杜甫、苏轼、李清照、辛弃疾、曾巩以及康熙、乾隆皇帝都有吟咏济南泉水的优美诗篇，咏泉碑刻、书画墨宝更是数不胜数。

济南的泉处处体现了文化内涵，仅仅从泉名上就能得到很好的反映。如濯缨泉、雪泉、琴泉、蜜脂泉、杜康泉、古杜康泉、不匮泉等，或引典或比拟或借传说都巧妙地将名泉的特点展示于人。

最为著名的四大名泉以奇绝于世的秀丽风光吸引了无数中外游客，然而，四大名泉在游客心目中多是作为自然景观，其蕴涵的丰富文化背景却并未得到充分发掘。

（一）趵突泉

趵突泉位于四大名泉之首，又名“槛泉”、“娥英水”、“瀑流水”、“三股水”，泉群由“金线泉”、“柳絮泉”等34处名泉组成，自古即为泺水之源。喷涌之时三窟迸发，“泉源上奋，水涌若轮”，雪涛数尺，声若洪雷，世称“趵突腾空”。元代有诗云：“泺水发源天下无，平地涌出白玉壶。谷虚久恐元气泄，岁旱不愁东海枯。云雾润蒸华不注，波涛声震大明湖。时来泉上濯尘土，冰雪满怀清兴孤。”

趵突泉相传是龙宫一把白玉壶喷出的宝泉。很久以前，济南城内有一个好心的小伙子鲍全，救了龙王哥哥的命，龙王为了感谢他，送他一只“咕嘟”冒水的白玉壶。州官知道之后强抢宝壶，可宝壶怎么也搬不动。正在使劲搬时，突然壶口蹿出了一大股水，水花落处即现水泉，从此济南成为泉城。天长地久这股水一直冒着，人们叫它“趵突泉”。

相传乾隆曾评北京玉泉为天下第一泉，当南巡时到济南府，看到趵突泉三股齐涌、状如堆雪的胜景之后，即以“蓬莱”、“方丈”、“瀛州”为三股泉水命名，并且当品尝了泉水以后，又将“天下第一泉”的美名赠以趵突泉，更以此泉泉水代替玉泉之水作途中所用。

（二）黑虎泉

古时黑虎泉洞前有一黝黑巨石，泉水激石，有如虎啸。加之巨石又似一踞伏的猛虎，故得“黑虎”之名。明代诗人晏璧曾有诗描绘当时的黑虎泉：“石磻水府色苍苍，深处浑如黑虎藏。半夜朔风吹石裂，一声清啸月无光。”后来人们在洞北砌一方池，在池南壁雕刻了三只双目圆瞪、大口怒张的虎头。泉水通过洞底暗道，从三个大张的虎口中喷涌而出，泻入池内。黑虎泉的涌水量在济南诸名泉中仅次于趵突泉，居第二位。明代嘉靖年间黑虎泉洞穴上方曾建有黑虎庙，后颓圮。世人称赞黑虎泉：“寒光一尘常惊骨，澄色千年可洗心。”

（三）五龙潭

据《水经注》记载，北魏以前就有这片水，称净池。相传，五龙潭昔日潭深莫测，每遇大旱，祷雨则应，故元代有好事者在潭边建庙，内塑五方龙神，自此便改称五龙潭。自古有“夹岸桃花，恍若仙境”之美誉。游人在观赏众泉的同时，还可以参观山东省领导机关旧址、秦琼故宅旧址、古历亭旧址及武中奇书法篆刻作品等。

（四）珍珠泉

相传珍珠泉的串串珍珠是当年舜的两个妃子——娥皇和女英的眼泪所化。远古时代，历山脚下出了个大贤人——舜。尧听说后将自己两个女儿嫁给了舜，还将帝位禅让于舜。舜即位后勤于政事，常常巡视四方。一年，舜到南方，山东一带干旱，娥皇和女英便带领大家祈雨、打井，历经千辛万苦终于打出一眼深井。而此时却传来了舜病倒于苍梧的消息，娥皇和女英只能挥泪告别乡亲，当她们的泪珠洒落在地面时，泪珠落处冒出一股清泉，便是今天的珍珠泉。后人赞到："娥皇女英惜别泪，化作珍珠清泉水。"

如此众多与泉相关的动人传说却并不为游人所知，泉仅仅是作为一个自然景观，而缺乏文化内涵。应在旅游宣传中加大对泉所蕴涵的文化背景的介绍，制作有关泉文化的电影、记录片等在各重点旅游客源地的省市级电台播放，并制成VCD光盘对外发放，在旅游旺季组织旅游促销团到国内外进行促销，以使人们了解济南、了解济南的泉，使与泉有关的传说为大众所熟知，并以或凄美或感人的故事作为新的旅游吸引点。同时在各泉池加强氛围的营造，使游客感受到与动人的传说相符的气氛。如珍珠泉重点宣传"娥皇女英惜别泪，化作甘泉泽万民"的故事，并拍摄以吕剧、山东快板等形式表现的专题片，使游客在看到珍珠泉以前就能感受泉的文化内涵。同时在泉池旁设立"娥皇女英落泪处"的石碑，制作讲述传说的浮雕墙，并可以借鉴曲阜祭孔大典的形式，在黄金周等游客密集时期，举行纪念、祭祀舜和娥皇、女英的活动，突出舜的勤政爱民，娥皇、女英的深情，使古老的传说化作新的泉文化再次被人们熟知。

三、开发新的泉文化内容

传说固然可以增加泉水的文化内涵，丰富游客在旅游过程中的精神体验，但泉文化决不应只是局限于传说，而是应该全方位地开发泉文化的内容，将泉城的泉文化扩展成为以泉为主要内容的包括茶文化、酒文化、健康文化的综合体，赋予泉文化新的诠释。

（一）茶文化

"水是茶之母"，茶得水才有其香、有其味、有其色。济南泉水向来以清醇甘洌著称，泉水来自岩层深处，矿化度低、水质清洁、味美甘醇，泡出的茶色清、味正，宋代曾巩就有“润泽春茶味更真”之句。今天人们生活中早已没有了古人品茶论道的心情和闲暇，在旅游中正可以弥补这一遗憾。济南的泉都位于风景秀美之地，当听过凄美感人的传说、观赏过气势磅礴的涌泉后，在青山秀水之中，三五好友共品一壶香茗,不正是现代游客所向往的吗?应在各泉池公园中风景优美的地方建设茶社,既是一处风景又给了游人和泉水亲近、品尝泉水的机会。努力营造超脱世外的氛围,使饮茶成为一种精神追求,一种审美情趣,一种生活态度。

（二）酒文化

有好水就有好酒，济南泉水经国家地矿部门鉴定，含有多种对人体有益的微量元素，不仅适于直接饮用，更是酿酒的绝佳水源。济南自古就有很多名酒，济南府白酒、清照酒、百鹤泉酒、阁老贡酒、趵突泉啤酒、趵突泉特酿等，应加大宣传力度，提高知名度，通过名酒让更多的人知道济南的泉。同时酿酒的酒坊也可以开发成新的旅游景点，在有条件的泉公园中建古法酿酒的酒坊，游客不仅可以看到利用泉水酿酒的全过程，还能够亲自参与，体验其中的乐趣，品尝新酿的白酒。除了白酒外，济南名酒还有玫瑰酒与阿胶酒，以平阴特产鲜玫瑰花和东阿镇传统中药阿胶为原料，用济南泉水酿制而成，既是美酒，又是有利身心健康的滋补佳品和旅游纪念品。

（三）泉的健康文化

开发泉水浴项目。济南的泉水是优质的矿泉水，作为浴用水无疑是高档的享受，除在各大宾馆专设泉水浴外，也可在趵突泉公园、环城公园、五龙潭、大明湖公园和珍珠泉等场所专设泉水浴池，任何游客只要花钱即可享受泉水浴，其价格可以高于普通浴池数倍。开发这个项目应认真分析和广泛宣传泉水浴对身体具有哪些疗养保健作用，以使游客感到珍贵和物有所值。夏天，许多市民和游客经不住清彻透明的泉水诱惑，在黑虎泉一带下水游泳，虽经多次清理制止，仍然禁而不绝。能否因势利导，在指定区域允许游泳，使游客既可观泉，又可享受珍贵的泉水泳。由于泉水的珍贵和天然，所以泉水泳的票价应远高于普通游泳池的票价，这样既可增加收入，又可适当限制下水的人数（刘小平，2000）。

（四）节庆文化

挖掘与泉文化相关的节庆活动，对已有的民间节庆活动进行扶持和开发，扩大其影响和规模。如趵突泉灯会的历史由来已久，自唐玄宗定农历正月十五为元宵节以来，济南此日夜间便有放灯习俗，而趵突泉处更是灯火辉煌，千百年来放灯活动持续不断。自1965年第一次灯会之后便形成传统，声势逐渐浩大，观灯持续一月之久。在泉城济南一直流传着“不到趵突泉观灯，不算过年”之说。另外，开发新的有利于宣传济南泉文化的“济南泉水节”，可以每年举办“济南泉水节”，以得天独厚的泉水资源和源远流长的泉文化为主题，通过一系列丰富多彩的活动吸引游客，提升泉文化。

（五）城市景观

在济南市各城市广场设置以泉水主题雕塑或者人造泉景，突出济南市“泉城”的旅游形象。主要由经过泉韵设计和亲水处理后的泉城广场、泉城路以及环城公园等景观体现的泉城新韵。此主题充分应用现代科技手段，开发各种现代都市型泉水体验产品，如感应泉、香泉、音乐泉、霓虹泉、生态泉与虚拟泉等。

四、建立利于品位泉文化的途径

长久以来四大泉群各自独立，缺乏有效的联系，游客知道有四大名泉，却因为对各泉群位置不熟悉，很难一次游览四大名泉。趵突泉和五龙潭位于济南的西南，黑虎泉位于东南角，珍珠泉泉群处于城市中心位置，大明湖与珍珠泉相连在城的北面，其他各泉泉水汇入护城河，四大泉群如珠串环绕济南城。可以利用如此有利的条件，串联各大泉群，疏通趵突泉、五龙潭、黑虎泉和大明湖之间的护城河河道，以水串泉，以水连景，使游客坐着船即可将各大名泉和千佛山、解放阁、泉城路等景点游览一遍。

沿岸多建亭台和临水长廊,在各景点设立码头,使游人坐船游览途中随时可以上岸徒步观光。河道两岸建名人雕塑,整修改建沿岸建筑,力图恢复济南古泉城风貌。沿途表演各种民俗节目,并开发“品茗舟”,使游客在游览途中既可赏景又能品茶,充分置身于一个充满泉文化的环境中。

此外，济南城中有许多河流穿城而过，多数处于待开发状态，同样可以考虑以泉文化激活、串联起来。

以小清河为例，可以设置泉文化风景廊道。小清河发源于济南，流经济南境内河段长70.5公里，流域面积2792平方公里。以小清河为主线，联系流域内各处泉池，使之成为体现泉城泉文化，同时具备休闲、旅游、商贸、景观等多种功能的亲泉近水走廊，成为济南古都风情、泉水文化的展台。设计中以“自然人性和谐、生态文化结合”为主旨，品古城泉韵，游清水绿岸，览风土人情，将文化展示、河道绿化、景观工程、防洪防汛结合起来，以文化传承为根基、以人水和谐为目标，建立起新的可以作为济南市地标的带状城市公共活动空间。

在保证治水、利水、保水的同时，尽可能建设成为人与水直接接触的空间，在适当的地方布置亲水木栈道和滨水广场等亲水空间，使之既有芦苇、杂草水生植物，又有萤火虫、小鱼等水边动物，保持一种水边自然生态环境状态的亲水空间。技术实施时应分别采取不同对策,在控制水位线以下,采用鱼巢砖护岸材料,以利于水生动物的繁衍生息,增加水体生物的多样性；在控制水位线以上，采用能够生长植物的框式护岸材料,以种植不同植物、花卉。虽然有的亲水空间是人工建设而成,但是在建设过程中应力求再现自然环境的原样,追求人与自然环境的和谐共存。

规划适宜的游乐景区及娱乐、休闲项目。河流的河滩、岸坡等地方都是吸引人们进行娱乐、赏景及举行各种活动的场所。因此，岸边各种设施、场地的设计应本着有利于人们的利用，进行人性化设计，保障安全，便于人们与水“亲密接触”，举行亲水活动。甩钩垂钓、驻足赏景、触水嬉戏、步行健身、倚栏远眺、坐凳细语等是人们河边休闲的主要内容，与之相适应的场所设计应能满足各项活动形式的要求。

开发中要做足文化，充分挖掘小清河的历史、人文内涵，充分展现济南的泉文化。济南小清河水文化内涵的定位可以考虑将黄河文化与泉水文化相融合。济南的72泉在全国很有名气，黄河又是中华民族的母亲河，而目前在国内泉文化与黄河文化的结合几乎没有，深厚的文化、新颖的形式将会对游客产生相当的吸引力。将文化内涵通过景观设计展现出来，可用文化墙、桥和雕塑等。设计几组不同的文化墙，既有介绍古代小清河水系的“全图”，又有描述小清河发展演变的“长图”，还有未来小清河发展的文化墙等。同时选择保留部分现有河段，如排污口或桥墩，作为小清河历史遗迹，给后人以启示，以告诫人们这儿曾经是小清河的过去。

此外，可以考虑建设水文化、泉文化，或黄河水文化的博物馆，宣传科学治水、水的历史、泉的历史、黄河水的历史等。同时加紧泉城申报世界自然文化遗产进程，提升四大名泉的影响力，使泉城不仅在国内为大众熟知，更要吸引国际的旅游者。

五、开发泉文化的保障

开发泉文化的关键首先是要保证泉的常年喷涌，无泉一切都是空谈，应该采取积极有效的措施保证喷涌，保源、保脉、节流；同时保持名泉原有风貌，减少人为破坏。

编制名泉保护规划。名泉保护规划分为全市名泉保护总体规划和十大泉群的保护详细规划。主要内容包括:泉水补给区、泉水补给区内的直接补给区、直接补给区内的重点渗漏带以及泉水出露区的保护范围、基础资料、现状分析，泉水资源评价，名泉保护目标和保护措施等。

开展封井保泉活动。全面实施封井保泉，有力保障泉水复涌。封闭泉域范围内供水水源井及单位自备井、浅层井，对已封闭的井眼加强管理，严防重新启用。重点打击市内擅自开采地下水洗车的车铺，对洗浴、餐饮等用水较大的特殊行业组织实施专项整治工作。

实施泉水“先观后用工程”。济南市趵突泉、黑虎泉、珍珠泉、五龙潭四大泉群若恢复常年喷涌,日喷涌水量可达15万立方米,除保留5万立方米用于改善环城公园护城河、大明湖水环境外,其余10万立方米可通过实施泉水先观后用工程,以满足群众生活对优质泉水的需求。在已找出的地表水强渗漏中心,积极建设小型水库、塘坝工程，充分拦蓄雨洪径流，增加地表水对地下水的补给量。经初步调算，年可增加地下水补给量0.3亿立方米。

政府部门应严格控制泉水补给区保护范围，加强对泉水重点渗漏区、出露区保护范围内的水污染防治，对在泉水重点渗漏区和出露区保护范围内新建、改建、扩建的建设项目，应当进行环境影响评价，对未经审查或者审查后未予批准的，严禁开工建设。施工前应对施工现场的名泉及其毗邻的名泉采取相应的保护措施，并于工程竣工前恢复名泉原貌。规定在72名泉泉池周围20米以内，禁止新建、扩建任何与名泉保护无关的建 (构) 筑物；泉池周围50米以内禁止新建、扩建工程地基基础深度超过2米的建 (构) 筑物。

大力提倡建设节水型社会，提升城市节水意识。同时开辟新水源，保证居民日常供水。优化产业布局，调整产业结构，转变增长方式，压缩高耗水产业，采用科技手段，全面提高用水效率和效益。改变以往粗放的增长方式，农业中推广节水灌溉技术，提高灌溉用水利用系数和用水生产率。工业加大技术改造，发展循环经济，推行清洁生产，提高水的重复利用率。加大科研力度，积极开发推广节水技术和设备，在全市范围内推行节水设施普及工作。

充分利用经济杠杆的调节作用，建立水资源的统一管理体制和形成水市场的运行机制，实现水资源的优化配置，实行计划用水，提高用水效率。建立符合社会主义市场经济要求的水价形成体制，逐步提高供水价格，实行超定额累进加价制度，逐步实行阶梯式计量水价，实现优水优价，全面规范用水管理。同时尝试分质供水，优水优用，优质地下水优先用于人民群众生活用水，黄河水、当地地表水、中水及污水资源主要用于工农业生产、绿化、建筑、冲厕与市政杂用水等城市生活用水，促进污水的资源化，合理扩大中水利用范围。

以《济南市城市节约用水管理办法》、《济南市名泉保护条例》为依据，做好节约用水与环境保护工作，对浪费水资源与破坏水环境的单位和个人严厉查处。全面实施水利综合执法改革，将各项水利执法职能加以整合，实行集中执法，积极推进依法治水、依法管水进程。

六、结语

济南的灵气在泉，因泉而活，因泉而秀，旅游业的开发也必然因泉而兴，只要充分挖掘泉文化内涵，发挥泉城泉文化优势，济南旅游业必将有新的局面。

参考文献

[1] 吴必虎. 区域旅游规划原理 [M]．北京：中国旅游出版社，2001.

[2] 张永泉，戴永夏. 济南大观 [M]．山东：山东友谊书社，1987.

[3] 靳怀堾. 中华文化与水 [M]．武汉：长江出版社，2005.

[4] 李宗新. 浅议中国水文化的主要特征 [J]．华北水利水电学院学报（社会科学版），2005（2）．

[5] 赵奕，贾玉良. 建设泉城特色，促进济南发展 [J]．城市发展研究，2001(2).

[6] 王军志. 建设扬州水文化城 [J]．现代城市研究，2005(8)．

[7] 王鹏. 打造“泉城”品牌，提升济南旅游经济竞争力[J]. 山东经济，2005(3).

[8] 刘小平．做好“泉”文章，发展旅游业 [J]．中国第三产业，2000，7（91）．

[9] 张文雷. 济南市小清河综合治理前期工作技术咨询的建议[R]．2005.

[10] 吴兴波. 济南市供水保泉水资源对策探讨 [J]．节水灌溉，2004（3）．

[11] 济南市人大常委会. 济南市名泉保护条例 [S]．2005-09-29.

[12] 任鹏. 四举措为泉水常喷“护驾” [N]．生活日报， 2005-05-26.

水文化与河流健康探讨

黄河小北干流陕西河务局　薛选世

文化是人类知识的结晶、文明的象征。水，作为自然的元素，生命的依托，以它天然的联系，似乎从一开始便与人类生活乃至文化历史结下了不解之缘。人们在利用水并与水患灾害作长期斗争的过程中，逐渐形成了与水密切相关并具有鲜明地域、时代特征的水文化。水的属性、水的形态、水的运动以及水的历史都无不蕴涵着丰富的文化。中国水文化积千年之精华，深深地植根于中华民族的沃土之中，成为民族文化和民族精神的重要组成部分，引领水利事业不断向前发展。一条河流既是生命之河，又是资源之河、生态之河，还是文化之河，河流孕育了水文化，水文化促进了河流的发展，一条河流乃至一个流域，如果缺乏水文化资源，就难以维护河流健康、实现人水和谐及流域可持续发展。

一、水文化与河流健康的基本内涵

（一）水文化的内涵

河流既有自然、社会和经济属性，也有文化属性，水文化是人类创造的与水有关的科学、艺术及意识形态在内的精神产品和物质产品的总和。其实质就是人与水关系的文化，是人类活动与水发生关系所产生的以水为载体的各种文化现象的总和，反映着人类社会不同时代、时期一定人群对自然生态水环境的认识程度，以及其思想观念、思维模式、指导原则和行为方式等。

（二）河流健康的内涵

河流健康与社会、经济、文化、人类、生态环境等密切相关，是水资源安全、水生态环境安全以及与水相关的社会经济安全的有机统一。河流健康是指河流富于生机与活力，具有一定的抗干扰侵害能力和自我恢复能力，始终保持生生不息的正常运动状态。即水良性循环、水生态平衡，水环境良好，河流可持续发展。河流健康的基本特征是人水和谐，即人与自然的和谐，这也是中国传统文化的精髓。

河流生态系统的健康应具有合理的组织结构和良好的运转功能，系统内部的物质循环和能量流动未受到损害，始终保持新陈代谢活动能力和平衡能力，对长期或突发的自然或人为扰动富于弹性和稳定性，对外界的压力具有一定的恢复能力，整体功能良好。不仅具有自我维持、自我调控、自我更新与发展的能力，而且有满足人类社会合理需求的能力，人与河流协调发展。

二、水文化和河流健康的关系

水文化与河流健康密切相关，河流孕育了文化，是文化的发祥地，也是传承文化的载体，河兴则文化兴。水文化是维护河流健康的先导、强大动力和有力支撑，水文化兴则河兴。如果没有河流，也就没有河流的水文化，河流的水文化随着河流的发展而发展，同时，河流的健康发展也离不开水文化，先进的水文化可以促使河流的健康发展，落后的水文化则制约河流的健康发展。所以，水文化与河流健康相互依存，相互影响，相辅相成，相得益彰。

（一）河流孕育了文化，河兴则文化兴

水是人类生存和文明进步的最重要的自然资源和物质基础。水既是生命的源泉，又是人类创造文化的源泉，水作为一种载体，可以构成十分丰富的文化资源，人类创造的所有文明，都离不开水的滋润。河流不仅具有自然生态功能、社会经济功能，而且具有强大的文化功能。河流健康生命的核心是水，水兴则河兴，河兴则文化兴，世界上几乎所有的

大河在经历文明孕育和吐纳的过程当中，都是一部活生生的河流文化生命史。这种河流文化，或是记录治国安邦的方策，鉴戒历史的演进规律；或是标量科技发展水平，演绎哲学思想；或是维系民族情感、反映民生要求，浩若烟海，灿烂辉煌，成为一个民族发展过程中不可或缺的重要精神宝库。综观人类几千年的文明史，不论是古代文明的摇篮，还是现代文明的居地，都离不开人类赖以生存的水资源环境和江河湖海。古代四大文明的古巴比伦文明发源于底格里斯河和幼发拉底河流域；古印度文明发源于印度河、恒河流域；尼罗河孕育了古埃及文明；黄河与长江则是中华民族的摇篮。中国古代最伟大的工程都江堰、灵国渠、京杭大运河，代表了河流在农耕文明时代三个最重要的功能：灌溉、交通和运输。这是古人“天人合一”智慧的结晶，两千多年来一直彰显着它的魅力。一条河流孕育一方文化，一个流域的自然环境决定或影响着一个流域的经济、政治和文化。我国几大文化系列的孕育与发展，与流域水系划分有着不可分割的关系。如关陇文化、中原文化、齐鲁文化就属于黄河文化，而巴蜀文化、荆楚文化、吴越文化属于长江文化。我国星罗棋布的江河湖泊、浩瀚无边的海洋总是与时代的脉搏一起跳动，共同发展，无不烙刻着中华文明的前进步伐，不仅是人类物质文明的发祥地，而且也是孕育中华民族文化之花的人文胜地。

（二）水文化是维护河流健康的先导和强大动力，水文化兴则可促使河兴

自古以来，水就一直给予我们灵感，丰富我们的精神、物质、智慧和情感生活。人们日益认识到，要了解和保护水资源，维护河流健康，就必须了解影响自然系统和与其发生相互作用的人类文化。水文化是人类文化的母体，是人们在与水打交道的过程中创造的一种文化成果。我国人民有着光荣的治水传统和抗洪精神，形成了历史悠久的中国水文化，在东方文化的历史背景下，产生了大仁、大智、大勇的大禹治水精神。这种精神的文化底蕴是“天人合一”、“人定胜天”，这是中国水文化在原始社会晚期的具体表现。1998年我国人民在战胜长江大洪水中表现出的“万众一心、众志成城，不怕困难、顽强拼搏，坚韧不拔、敢于胜利”的伟大抗洪精神，闪烁着水文化的灿烂光芒，是中国水文化在当代中国的新发展，是中华民族精神在当代中国的集中体现，黄河儿女在长期的治黄斗争中培育形成了“团结、务实、开拓、拼搏、奉献”的黄河精神，是黄河文化的精髓。我国水文化内容丰富，博大精深，它直接关系到水利事业的发展和河流的健康，关系到人居环境和人民群众的精神文化生活，关系到人水和谐。数千年来，水文化不仅仅是传统社会生活的一部分，同时它还作为一项规范，维系着人与自然之间的和谐发展。水文化最重要的价值就在于它让人们懂得了热爱水、珍惜水和保护水资源环境，加强水资源环境的科学管理，以水资源的可持续利用保证社会经济的可持续发展。只有从思想深处对水的价值有深刻的理解，在社会中形成规范，才能促使人们珍视水资源。而水文化是促使人们对水的产生与存在过程、对水与人类存在的价值产生深刻理解的重要途径。水在给人类带来利益的同时，也可给人类造成极大的伤害。实际上，人类对水的态度，往往决定这种伤害的程度和范围。水危机的产生正是人类社会水文化发展滞后和缺失的产物。如何做到趋利避害取决于治水思路。治水思路是思想、观念、道德和行为规范的总称，也属于文化范畴。要切实转变治水思路，汲取人类文化中的科学精神，统筹人与河流的和谐发展。众所周知，曾经依傍着良好的水土资源、环境，在农业文明阶段创造的闻名于世的西亚巴比伦文明、地中海腓尼基文明、北非撒哈拉文明、中国楼兰文明等，在随后的漫长岁月里，都是由于土地和水资源的不合理利用，违背自然规律而相继消亡的。因此，要正确处理人水关系，在防止水对人的伤害的同时，更要注意防止人对水的伤害，每条河流都有它自身运动发展的客观规律，人类社会一旦违背了河流的生存发展规律，对其过度索取，超过河流的承受限度，它就会对人类施以强烈的报复。

（三）水文化建设与河流健康面临的困扰及问题

水是生命之源，是社会经济发展的重要支撑和保障。水的问题已成为具有基础性、全面性和战略性的重大问题。我国水资源时空分布不均，人多水少，水土资源与经济社会发展布局不相匹配。长期以来，人们只注重经济社会发展，却忽略了水资源环境的承载能力；只注重水资源的开发利用，却没有重视水资源的节约和保护；只注重对河流的大肆掠夺和索取，却忽视了河流的健康。竭水而用，超量排污，过度开发，人水争地，用水结构不合理，致使用水效率低，效益差，水浪费严重。水资源短缺、水旱灾害、水污染和水土流失等水问题仍十分突出，加之思想观念落后、管理不善、科技滞后，经济增长方式粗放，不合理的人类活动，使人口、经济、资源、环境之间严重失调，水资源问题更为加剧，全国各大江河湖泊的水质和生态都受到不同程度的损害。不仅在北方一些缺水地区出现"有河皆干、有水皆污"，而且在南方一些水资源丰富的地区也出现了"有水皆污"的现象，河流健康受到严重的威胁。

目前，全社会的水文化意识较为淡薄，对与水有关的传统文化及相关知识更为贫乏，许多地方与水文化相关的"天人合一"等传统思想观念已经淡漠，没有充分挖掘利用和保护我国的水文化资源，对水文化建设重视不够，组织机构不健全，法规不完善，投入的人力、物力、财力不足，没有形成完善的水文化建设体系，直接影响了水利事业的发展和河流的健康，亟待大力发展和弘扬传统水文化，加速建设现代水文化。

三、加强水文化建设、维系河流健康的对策和措施

（一）大力弘扬水文化，转变思想观念和治水思路

今天我们发展水文化，弘扬水文化、研究水文化旨在在人、水、社会、经济、文化之间找到一个结合点和支撑点、平衡点，正确处理有关水的各种关系，营造尊重水、节约水、保护水、维护河流健康的社会文化氛围，从文化的深层次，塑造水利在社会上的良好形象；大力弘扬"献身、负责、求实"的水利精神，激发水利职工的工作热情和聪明才智，增强凝聚力和向心力，使全社会了解、关心、支持水利事业，形成全社会共同参与的良好氛围。转变传统的思想观念，冲破原始水利、传

统水利对人们头脑的禁锢，坚持资源水利、现代水利的治水思路；冲破传统计划经济的思想束缚，坚持社会主义市场经济条件下水市场的观念；冲破长期以来片面强调人与自然斗争的治水模式，坚持人与自然和谐共处及持续发展水利的理念，以科学发展观统领整个水利工作。过去，黄河的管理主要着眼于人类安全与经济发展，在管理措施中主要着眼于水利工程，在水利工程中主要着眼于坝、库建设，忽视了黄河生态、黄河文化。由于偏重工程，轻视制度，偏重坝库，轻视其他工程措施（如配水、环保等），因而出现了不少新情况和新问题。黄委审时度势，及时提出了“维持黄河健康生命”的新理念，为黄河的治理开发和保护指明了方向，我们一定要转变传统的思想观念和治理模式，以河为友，以河为伴，使黄河健康发展。

优秀的水文化可促进人水关系的协调，落后的水文化则使人水关系紧张。长期的人类活动，创造并遗留下了大量特定水域周边的人文景观，在各个领域都积累沉淀了丰富的水文化，并真实地记录了历史上的水旱灾害和社会历史变迁。各种形式的诗歌、碑刻、绘画、史记、著作、传说、民俗、信仰、祭祀等都蕴含着极其丰富的水文化。如反映黄河流域文明演进的历史文物古迹、古建、遗址、文化景观等。在治理河流和水资源开发的水利工程规划、设计与建设、管理中，不仅要挖掘保护我国历史上遗留下来的优秀水文化，而且要创造现代先进的水文化。大力塑造以水为题、以水为景、以水为用、以水为乐、独具特色的水文化，创造出具有时代特色的水利人文景观，建设水清、流畅、岸绿、景美的滨水文化，积极培育水文化市场，满足人民群众日益增长的亲水、爱水需求。各有关部门特别是各级领导应重视水文化建设，把水文化作为全民的基本文化道德素养，加强全民的水文化教育，从小学抓起，把水文化知识列入大中小学的教材之中，制定水文化的有关法规，从组织、制度等方面保护发展水文化，提高全社会的水资源环境意识、水危机意识、爱水节水意识和水文化水平，塑造尊重河流、珍爱河流、保护河流的发展理念，为河流保护开发注入文化血液，营造良好的文化环境，不断创新发展模式，大力发展循环经济，规范和约束人们的自身行为，尊重自然、善待自然、保护自然，实现人水和谐，维护河流健康。

要把水文化建设和加强精神文明建设紧密地结合起来，广泛宣传并牢固树立以“八荣八耻”为主要内容的社会主义荣辱观，养成良好的职业道德和社会公德，讲文明，树新风。要通过采取学习、培训等多种形式，大力培养人才、爱惜人才、尊重人才、重用人才，提高水利职工的整体素质，推动水利事业蓬勃发展。

（二）坚持科学发展观

坚持以人为本、全面协调可持续的发展观，转变治水思路，实现从传统水利向现代水利、可持续发展水利的转变，从工程水利向资源水利的转变，从控制洪水向洪水管理的转变。把水利工作的制高点放在维护河流的健康生命上，量水而行，以水定发展，调整经济结构，创新发展模式，推进产业结构优化升级。加强水资源的统一管理，合理开发利用、节约保护水资源，不断提高水资源利用效率和效益，使社会经济发展与河流的水资源环境承载能力相适应。确保河流的生态环境需水量，严格实行用水总量控制与定额管理相结合、市场管理与计划管理相结合，加强水利为经济增长服务和为人文的、社会发展服务的能力，不断提高水利公共服务和水利社会管理能力。在发挥好河流功能的同时，切实保护好河流，维护广大群众的知情权、参与权、监督权、管理权，使水利工作更加贴近群众、贴近实际、贴近基层，改善人居环境和生产条件，提高水的安全保障程度，转变生产生活方式，大力发展循环经济，真正实现以水资源的可持续利用支持经济社会的可持续发展。坚持把人民群众的根本利益作为水利工作的出发点和落脚点，保证饮水安全、防洪安全、生态安全，维护人民群众的生命健康，不断满足人民群众日益增长的物质文化需要，促进流域可持续发展。

（三）坚持人水和谐

人与自然的矛盾是人类生存和发展的最基本的矛盾，人与自然和谐是人类活动的共同价值选择和最终归宿。和谐则发展，不和谐则变异，这是千古不变的真理。我们都有公平分享流域环境资源的权利，也同样都负有保护流域生物资源的责任。发展不得危及其他物种的生存、不应以牺牲环境为代价。从远古到现在，人类与自然相互依存的关系一直没有改变，大自然养育了人类，人类也用自己的智慧改变着自然、美化着自然。然而，在这种相互依存的背后，却常常有着不和谐的音符。现代人在用知识武装了自己的头脑之后，却把敬畏自然的理念抛到了脑后。对自然灭绝式的索取与开发的行为比比皆是，大自然伤痕累累的躯体依然要承受越来越大的人口与资源的压力。在饱受伤害的同时，自然也在用自己的方式报复着人类。水资源的过度开采让许多江河不堪重负。而建立在哲学基础上的河流伦理，为合理规范人与河流的关系，有效调整开发利用河流中的矛盾冲突，提供了应该遵循的基本原则和思想范式。它体现了人类与河流、社会与河流、人类与自然的最高原则，是维持河流健康生命的至高境界。因此，要确立河流伦理观，正确对待和处理人与河流、人与人、社会经济发展和资源环境保护等关系，从防止水对人类的侵害，转变为在防止水对人类侵害的同时，注意防止人类对水的侵害；从重点对水资源进行开发、利用、治理转变为在开发、利用、治理的同时，注意对水资源的配置、节约和保护；从无节制的开源趋利、以需定供转变为以供定需，按水资源状况确定国民经济发展布局和规划，建立节水型社会；从人类向大自然无节制地索取，转变为人与自然的和谐共处，实现可持续利用。只有在观念上和行动上实现以上转变，才能在人水和谐相处中，既充分发挥主观能动性，又遵从大自然的客观规律，实行自律式发展。在防洪减灾方面，要科学安排洪水出路，合理利用雨洪资源；在应对水资源短缺方面，要协调好生活、生产、生态用水，全面建设节水型社会，优先保证生活用水，合理安排生产用水和生态用水；在水土保持生态建设方面，要加强预防、监督和治理，充分发挥大自然的自我修复能力，加快治理水土流失；在水资源保护方面，要加强水功能区管理，尤其要严格管好饮用水水源。充分发挥水利工程的生态功能，维护河流健康。

（四）统筹兼顾，协调发展

资源环境是社会经济发展的物质基础和源泉，社会经济和环境资源的相互作用伴随着人类开发、利用自然的全过程，协调社会经济和资源环境的关系始终是社会发展的一个核心的问题，社会和经济的发展过程就是变自然物为社会财富的过程，也就是人类社会与自然环境进行物质交换的过程。目前我国所出现的水问题虽然有多方面的原因，但主要原因是水利发展与经济社会发展严重失调、脱节。因此，要以水利可持续发展和维护河流健康为先导，统筹国民经济和水利发展，统筹流域、区域、城乡水利发展，统筹生活、生态、生产用水，统筹人口、经济、资源、环境协调发展，统筹上下游、左右岸之间的用水需求，统筹协调国家之间、地区之间、流域之间、单位之间、部门之间的关系，统筹解决不同领域水利发展和流域管理中的各种问题，坚持全面规划、统筹兼顾、标本兼治、综合治理，沿着生产发展、生活富裕、生态良好的道路不断前进，正确处理人类不断增长的需要与自然界有限供给能力之间的矛盾，合理协调人类社会与周围环境的物质交换，实现经济、社会和自然的可持续发展。

（五）尊重自然，善待自然，保护自然

河流是一个具有内在尊严的生命共同体，是一个赋予了人类物质和文化双重生命的自然本体，尊重生命是人类文明永恒的主旋律。要“热爱自然和自然美，尊重其他生命形式的价值和延续性，维护大自然的稳定性、完整性和多样性”。在约束水的同时，必须约束人类的行为；在利用水的同时，必须善待水、珍惜水、节约水、保护水；在以工程措施治理水的同时，必须大力采用法律、经济和行政、科技等综合措施来规范人与水的关系；在向大自然索取的同时，更要尊重自然、善待自然、保护自然，树立环保意识，倡导河流伦理，提倡环境道德，加强流域法制建设，形成尊重河流生命和价值以及人水和谐的良好的道德风尚及法治秩序。通过文化、道德和法律建立有利于流域可持续发展的社会风气、体制、机制和法治秩序，以人道的态度对待河流，把保护与改善生态环境作为维护基本人权，维护人的价值与尊严的必要基础，使人人负有为人类整体利益和子孙后代保护并改善环境的神圣职责与义务，谴责和抵制那种贪图私利或眼前利益而制造、转移污染的反人道主义行为，把人类的伦理观、权利观扩展到自然界中去，从自然价值的确认，到自然权利的尊重，既承认人的价值又承认环境的价值，既尊重人的尊严又尊重大自然的尊严，不再把自然作为剥削、统治的对象，而应该视为人类生存的基础和伙伴，建立一种追求人与自然以及人与人之间和谐为目标的新型价值体系和法律道德规范，以指导人们的日常行为方式。使生产者以提供绿色产品为生产理念，实行绿色生产模式；消费者改变传统的生活消费模式，主动选择绿色产品，注重消费过程中对环境的友好性，自觉履行废弃物分类回收处理的责任与义务，形成良好的社会氛围，实现人与河流的协调共生、和谐发展。

（六）坚持生态环境优先，保护与开发相结合

生态环境是人类、河流生存和发展的基础与保障，要以维护河流健康生命为终极目标，将水资源可持续利用和流域生态建设提升到压倒一切的高度，为盲目扩张的人类活动限定一个不可逾越的“保护区”。坚决维护流域良好的生态系统，保持生态平衡和健康。按国际通行标准，河流的开发利用率不应超过40%，人类活动产生的污染物总量不能超过相应区域的环境容量，各类有害物质即使通过食物链的富集作用也不应对人类或其他生物产生危害；保持物种多样性，使流域内保持一定的物种和遗传基因资源；保持足够的森林、水面、湿地面积；保持一定的地下水位；保持河流的连续性、水陆的连续性，防止河道断流及水利工程对生态环境产生不利的影响；把流域水资源的节约、保护、配置放在突出位置，合理开发利用；建设生态工程，营造优美和谐的自然景观，使生物与人类一样享有舒适的生活环境。坚决遏制浪费资源、破坏资源的现象，坚持生态环境优先、保护与开发相结合，以可持续的方式开发利用河流的价值，实现水资源的永续利用，使河流生生不息，万古奔流。

（七）坚持按自然规律和社会经济规律办事

人类社会的发展必须维持在资源和环境所能承受的范围之内，以保证发展的持续性。每一条河流对于自然和社会系统的承载力都是有限的，河流生命的负荷只有在其承载力的范围内，才能保持流域人口、资源、环境可持续发展。因此，社会经济系统的发展必须把河流的承载能力放在首位，以水资源供需平衡为基本条件，确定流域经济社会发展的目标和规模。坚持按自然规律办事，在防止水对人的侵害的同时，更要注意防止人对水的侵害；完善取水许可、水资源有偿使用、环境影响评价、生态补偿等制度，重视生态与水的密切关系，对生态问题严重的河流，采取节水、防污、调水等措施予以修复；有计划地进行湿地补水，保护湿地；在地下水超采区，采取封井、限采等措施，保护地下水；重视并充分发挥自然的自我修复能力，保护生态系统。同时，坚持按经济规律办事，实行政府宏观调控和市场机制有机结合，积极培育水市场，建立国家水权制度，规范水权转让行为，合理制定水价政策，加强以水功能区管理为基础的水资源保护管理，在充分发挥公共财政在水利建设主导作用的同时，积极发挥市场在资源配置中的拉动作用，不断推进水利投融资体制改革和水价机制改革，探索建立水权制度和水市场，优化配置水资源，以水资源的可持续利用支持经济社会的可持续发展。

（八）坚持可持续发展

人类社会的可持续发展归根结底是生态系统的可持续发展，而生态系统管理是合理利用和保护资源、实现可持续发展的有效途径。河流对人类的发展非常重要,不仅可提供食物、工农业及生活用水,还具商业、交通、休闲娱乐等诸多服务功能。河流生态系统还是生物圈物质循环的主要通道之一，很多营养盐及污染物在河流中得以迁移和降解。维持现有河流生态系统的服务功能，修复受损系统，促进河流及其流域的经济、社会和环境的可持续发展，已成为可持续发展的一个重要目标。要采用科学的、技术的、工程的、文化的、教育的、宣传的、经济的、法律的、行政的各种方法、途径和措施，实行综合开发、合理利用、严格保护、有效治理和系统管理，加快节水防污型社会建设，依靠制度变革推进水利由粗放型向资源节约型、环境友好型转变，重视和加强对水资源的配置、节约和保护，提高用水效率和效益，大力发展绿色经济和环保产业，合理利用自然资源和环境容量，在物质不断循环利用的基础上发展经济，使经济系统和谐地纳入到自然生态系统的物质循环过程中，实现经济活动的生态化。真正做到公正公平，包括当代人之间的公平（代内公平）、当代人与后代人之间的公平（代际公平）、不同区域之间的人的公平（区际公平）、河流与人的公平，人与其他生物之间的公平。在人的权利与河流的权利出现矛盾时，要按公正的原则实现权益的合理分配，坚持推进资源利用与经济社会协调发展，以流域的可持续发展保障流域的食物安全、经济安全、健康安全、环境安全、社会安全，使河流永葆生机和活力。

（九）加强水文化研究，推动科技创新

水文化的研究要以水为出发点，研究创新文化、水安全文化、水市场理论、河流健康生命理论和河流泥沙运动的基本规律、洪水管理理论、循环经济理论、科学发展观理论、水利可持续发展理论、节水型社会建设的理论，研究水利与环境、经济、社会协调发展理论，确立衡量河流生态健康的指标体系，把水文化的研究与发展水文化事业、加强水文化建设紧密地联系起来，使水文化的研究服务于社会经济的发展，服务于推动水利事业的前进，服务于提高人的思想素质和生活质量，服务于河流的生命健康。各级领导要重视水文化的研究，把这项工作纳入社会主义精神文明建设的规划和计划中，安排一定的研究人员和研究经费，确保水文化研究工作健康有序地进行。同时，要加强对传统水文化的研究，充分发挥和利用传统水文化中的积极因素，在包容传统的社会生产实践经验、社会的文化习俗和传统的水价值观的同时，还应当结合现代高科技的研究成果，使之与新思想、新观念相结合。在进行水资源开发建设活动中，既要注意保护传统历史人文景观，还要注意引进先进的现代科学技术、文化理念，创造出具有时代特色的水利人文景观，弘扬先进的水文化，反映现代人与水的关系，体现科学技术与人类社会的进步，引导人类社会与自然水环境和谐相处，提倡人们进行现代文明的生产、生活方式，认真总结前人的治水经验，丰富和发展治水理论，对出现的新情况、新问题，整合自然科学和社会科学的科技资源，组织科技攻关，加强科学研究，既重视发挥我国传统和现代水文化的优势，又要吸取外国水文化的科技精华，坚持“取其精华，去其糟粕，去粗取精，去伪存真”的原则，大力发展水文化事业。

水利科技创新是水文化的本质特征。变革、创新、谋发展、求进步，已成为当今世界一种普遍的意识和时代的潮流。文化创新是科技创新等一切创新的先导，世界科技革命的发生、发展和科技中心的转移，都与特定时期、特定行业的思想文化革新有着密切的联系。一个创新文化乏力的国家，难以持续兴旺发达；一个缺乏创新文化氛围的行业，不可能吸引、凝聚人才，也不可能拥有强大的科技原创力。我们要充分发挥水文化在创新中的导向和调节作用，不断完善创新机制，建立创新型国家、创新型单位，在全社会形成一种崇尚创新、勇于创新、激励创新和保障创新的文化氛围。不断进行理论创新、制度创新、科技创新、文化创新，更新转变传统的思维方式、工作方式、生活方式、生产方式，用水文化创新引领和完善水利科技创新体系，研究治水新思路，解决水利工作中出现的新问题，提高水利科技创新能力，开创流域管理的新局面，实现水利事业的跨越式发展。

（十）加强制度建设，实行流域统一管理

目前，流域环境污染与生态破坏等危及河流健康的水问题仍十分突出，固然有多方面的原因，但关键在于制度不健全，体制不完善，管理不到位，没有使经济与资源环境策略达到一种共生的状态。随着经济的迅速发展，对资源环境制度提出了更高的要求，简单的行政命令式的制度规定已无法有效治理环境问题。目前我国资源环境保护制度的一种导向就是资源环境保护是国家、是政府的事，而消费者和企业则是制度的被动遵守者，缺乏约束机制和激励机制，加之，监管不力，使水污染现象屡禁不止，甚至愈演愈烈。因此，要加强制度文化建设，不断完善流域管理的法规制度体系，制定《节水条例》、《水安全管理条例》、《江河流域管理法》等，建立完善河道防断流、防污染的应急预案和应急机制，及时化解水危机，并引入激励与约束机制，大力发展绿色经济和环保产业，将政府职能与市场机制结合起来，资源环境保护与经济主体的利益紧密联系起来，把资源环境保护纳入经济发展体系之内，将其作为一种产业来经营，使经济主体能够从治理污染、保护环境中受益，与其利润最大化的目标相一致，使资源环境保护成为人们的一种自觉行为，达到生产、消费与环境保护的和谐一致。同时，促使资源环境保护制度与产业政策的配套协调。资源环境保护本身是一项系统工程，只有方方面面制度的配合，才能实现资源环境与经济的协调发展，因此在制定相关产业政策时，要把环境影响考虑进去，对资源环境不利的产业政策则应予以调整或缓行，以实现经济发展与资源环境保护的双赢，维护流域良好的生态环境。

河流保护与管理需要权威高效的管理机构和有效的管理体制，然而，在我国涉及河流保护与管理的部门很多，流域内水土资源、森林资源、植物与生物资源等均属不同部门管理，加之部门间缺乏有效的协调机制，尽管我国现有七大流域机构，由于其法律地位没有真正充分体现、管理职能与管理手段缺乏，没有独立自主的行政权利，目前还很难发挥应有的作用。另外，现行管理体制未能有效利用经济手段，未能形成一系列激励水土资源优化配置和节约用水、节约用地和生态环境保护的政策措施，从而导致水土资源的有效利用程度不高、水土流失严重、河流环境持续恶化。总之，现行的部门分割、多龙管理的体制，严重妨碍了河流资源的统一规划、统一调配和统一管理，很难贯彻执行河流资源可持续利用的原则，是目前河流保护与管理面临的主要困难，河流保护与管理涉及到政治、经济、文化、水文、生物、工程、环境、管理等各个方面，需要多学科的合作，需要立法的支持，需要公众的广泛参与，更需要不同部门、不同地区及国际间的真诚合作，因此，实行流域一体化管理势在必行，要建立起政府宏观调控、流域民主协商、准市场运作、用水户参与管理的权威、高效、协调的流域管理体制，实行统一管理、依法管理、科学管理，真正使流域管理走上良性发展的轨道，有效维护河流健康。

保护水就是保护我们的生命，也是保护河流的生命，保护河流就是保护水、保护水文化，让我们共同行动起来，爱惜每一滴水，节约每一滴水，保护每一点水，尊重河流，善待河流，亲近河流，保护河流，让水文化之花更加繁荣璀璨，让条条河流重焕生机，万古奔流！

参考文献

[1] 钱正英，陈家琦，冯杰. 人与河流的和谐发展 [J]. 中国水情分析研究报告，2006 (3).

[2] 庞治国，王世岩，胡明罡. 河流生态系统健康评价及展望 [J]. 中国水利水电科学研究院学报，2006 (2)：151-155.

[3] 徐嵩龄. 黄河伦理学与未来黄河管理.

[4] 黄河水利委员会. 维持黄河健康生命伦理体系 (框架).

水的伦理与水的品德

世界水文化研究会 李复兴

本人长期以来所从事的专业是营养学，做了近30年的营养学的研究。前15年是研究人体的30%即固性营养物质（蛋白质、氨基酸、矿物质等营养素），后15年是研究人体的70%即水营养物质，从而与水结缘。

近20年来，我们在认识水、研究水、利用水、治理水、管理水和对待水等方面均犯下了不少错误，走了不少弯路，甚至错误还在不断犯，弯路还在继续走。例如松花江事件后，全国平均每两天就会发生水污染事件。中国已提前进入环境事故高发期。环境污染、生态破坏，其中以水最突出、最严重。20%的城市饮用水不合格，3亿农民喝不干净的水，而这还不是污染的高峰，污染的加速上升还要持续10年左右，预计2015年前后，水污染总量将是今天的3倍。

造成这些结果的原因就是人们远离哲学，违背水的伦理。人们不善待水就会受到惩罚，即所谓“水能载舟，亦能覆舟”。这些都是马克思主义哲学的基本道理。

一、是环境伦理的核心和重要内容

伦理是哲学范畴，在很长时期内，伦理的概念主要是指人与人之间的道德关系。环境伦理学是关于人与自然关系中伦理原则、伦理范畴和德行规范的知识体系。随着环境问题的日益严重，人与自然关系的问题也越来越为各国的哲学家及环境学家所关注，并于20世纪40年代产生了环境伦理的哲学思想，将人与人之间的伦理关系拓展到人与自然的关系，这是指导人类正确处理与大自然关系的最有效理论前提。大自然为人类提供了一个自然环境，人类在改造物质世界中开拓了一个人造环境，伦理学将为我们营造一个新的伦理环境。自然环境、人造环境、伦理环境三者之间只有相互协调、和谐共存才能保持综合可持续发展。水是环境伦理的核心和重要内容，除了阳光、空气，水是人类最重要的生存环境，因此水是环境伦理的核心和重要内容。联合国在2002年的世界可持续发展年会上，确定了5个最优先的可持续发展，即水（water）、能源（energy）、健康（health）、农业（agriculture）和生物多样性（bio-diversity）。水是生存的前提，也是生活的必需；水是生命的源泉，也是生命的保障。

二、与自然关系的三个历程

人类社会发展中，人对自然的个性的认知大体经历了以下三个阶段：敬畏自然、征服自然、和谐自然。渔猎文明和农耕文明期间人类敬畏自然，是因为生产力低下迫使人们依赖于大自然的恩赐。工业文明时期，现代科技发展，贪婪资本与强大科技的结合使人类将自然界变成服从于人类物欲的对象，人类生活获得极大改善的同时也造成了一系列环境危机。现在人们对于人与自然的关系有了新的认识，就是真正确立了“环境友好”理念，它抛弃了古人“敬畏自然的被动性，吸取了人与自然和谐的合理内涵，也抛弃了工业文明征服自然的人类中心主义的盲目性，吸取了改造自然的积极因素”。

三、违背伦理带来的后果

包括中国的知识分子，包括工程技术人员多是学习西方知识和技术成长起来的，骨子里自觉不自觉地渗透着近代西方“人类中心主义”的思想意识。由于缺乏“水伦理”意识，自觉与不自觉地做着一些违背水的伦理的事情，从而受到自然惩罚，这方面实例很多。

当今人类对水资源不珍惜了，人们任意污染水、浪费水、破坏水。

水是资源，水为人类提供了赖以生存的物质资源。水既然是资源，那么使用它就得付出代价。谁任意污染水环境，谁就得付出代价甚至受到惩罚。1吨污染水不止污染1吨好水，而是污染8吨好水。水的污染只需十年甚至几年时间，而水的污染得到治理和恢复需要几十年甚至更长。

当今社会进入经济快速发展、科技高度发达的时代，同时也给社会带来环境污染和生态破坏。水的污染、水的短缺、水的灾害等一系列水危机影响社会进步，经济发展和生命安全。在中国经济发达的地区，一方面经济昌盛，另一方面到处是臭水、脏水、黑水。已有大量流行病调查，这些污染水已引起癌症多、慢性病多、怪病多。今天我们不但使用并消耗我们子孙的资源来托起经济的发展，而且是以人体健康和生命作为代价托起经济发展。正像恩格斯所说的那样："我们不要过分陶醉于我们人类对自然界的胜利，对于每一次这样的胜利，自然界都对我们进行报复。"2006年8月有报纸报道北京太庙修缮工程中，人们曾经做了很多"蠢事"，意识到这些错误后，太庙内1万多平方米的水泥地面已全面更换为传统的青石砖。水泥地面何止在北京太庙出现，在城市建设中，许多城市大量采用水泥、柏油、混凝土等材料封闭地表，取代原有的土壤表面；对人行道、露天停车场、庭院及广场等公共场所，也喜欢用整齐漂亮的石板材或水泥彩砖铺设。封闭地表在改善交通和道路状况、"美化"环境的同时，也对城市生态和气候环境产生显著的不利影响。首先，城市成为"人造沙漠"。封闭地表和高楼大厦使现代化都市的地表逐步被阻水材料所硬化覆盖，水分难以下渗，降水很快成为地表径流。其次，城市"热岛效应"严重。不透水的路面缺乏对城市地表温度、湿度的调节能力，雨后水分快速蒸发，空气湿度大，使人感到闷热难耐，而后又异常干燥。第三，地下水位造成地理学上的"漏斗型"。不透水路面阻止了地下水补给途径，加之城市地下水的过量抽取，引发地面沉降，沿海地区还会导致海水倒灌。第四，城市遍布"死亡性地面"。硬化不透水地面使城市中用来调节小气候的地表植物生长困难，有的树木甚至因根系死亡、倒伏，从而丧失生态作用。第五，地表径流对城市地表水质量产生严重影响。由于城市地表存在大量尘土及各种污染物，径流形成过程虽然洗涤了地表，但也将这些污染物带入了城市河道。相反，路面如果透水，可以平衡城市生态系统。雨水由透水路面渗透入地，地下水位迅速回升。透水路面还能通透“地气”，使地面冬暖夏凉，雨季透水，冬季化雪，可以增加城市居住的舒适度。另外，由于透水地面的孔隙多，地表面积大，对粉尘有较强的吸附力，因而减少了扬尘污染，也可降低噪音。一些发达国家从20世纪70年代开始研究开发透水性路面材料，德国提出到2010年把全国城市90%的路面改造为透水路面。另外，近几年在国内关于水利工程的一些争议，例如“水坝争议”、“水电站争议”、“南水北调争议”、“三峡工程争议”、“圆明园塑料铺底争议”、“水系直与弯争议”，等等，关于这些问题不要单纯从短期利益、局部利益、经济利益、技术层面去争议，而要更多以全局利益、生态环境、地球保护、人类生存、长远效应等层面去考虑及分析其得失利弊关系。

我们不反对高新技术,但高新技术一定要尊重自然，与自然相结合、相协调。现在中国全民都在喝纯净水，认为水越纯净越好。生产纯净水采用RO反渗透膜技术，反渗透膜高科技技术用在工业用水处理时没问题，是先进技术。但用在饮水处理技术中，生产纯净水饮水供人长期饮用，就违背了人与自然的伦理关系，违背了人类进化规律，违背了科学规律。“天人合一”是中国传统哲学思想核心之一。人类进化300万年的历程中，喝的是“水溶液”而不是“水溶剂”（纯H_2O）。现在国内外很多生物医学和流行性病调查结果显示，长期饮用纯净水会给人体带来很多生理负面效应。

四、水的品德

物质决定精神，存在决定意识。从中国的传统哲学角度看，水确实有许多让人称道的品格，值得人歌颂和学习。

首先要提到的是水的公平。东汉许慎著的《说文解字》一书堪称我国古代最重要的字典，其中便释“水”为“准也”。在过去的人看来，天下万物没有什么能比水更平正的，因此，君子大人修身、为政都必须效法水的公平端正。《管子·水地篇》在论证水之重要性时，曾指出“准也者，五量之宗也”，而水“唯无流，至平而止”，直到最为平衡时才停止流动，所以水是万物的标准、根据。元曲《窦娥冤》中有“柔弱莫若溪间水，到了不平地上也高声”之句，水的公平象征此时便成了老百姓要求官吏们公正廉明的客观依据。

较之公正、平稳，道家思想更为推崇水的谦逊、虚怀的美德。道家创始人老子所著的《道德经》五千言几乎可被视为一曲颂扬水之盛德的赞歌。“上善若水。水善利万物而不争，处众人之所恶，故几于道。”水就是最高的善的代表，它滋润万物而不与之相争斗，处于最不为人愿呆的地方，所以最接受于天道。水之所以近似“上善”、“天道”，在于它的谦逊、辞让。比如，“江海之所以为王者，以其善下之，故能为百谷王。”江海正是有了虚怀若谷的博大胸怀，谦卑地出于最为低下的地方，所以才能包容百川，成其浩渺无垠。也正是这样，水才能以“天下之至柔，以驰骋天下之至坚”。柔弱的水一旦形成了一种无形的力量，就可能穿透极其细微的间隙，摧毁那些貌似强大的东西。可见，水虽默默“不言”，寂静“无为”，但天下万物几乎没有行不言之教，处无为之事；而天下各得其所，社会则和谐安定。

水确实是谦和、恭顺的典范，但又不乏富有生命力和进取精神的一面。孔子曾于滔滔不绝的河边，看着滚滚而去的流水，感叹道：“逝者如斯夫，不舍昼夜。”在这位圣哲眼里，川流不息、夜以继日正启示着人生应当兴奋不已，自强不息。也就是“士不可不弘毅，任重道远。仁以为已任，不亦重乎，死而后已，不亦远乎？”有见于此，我们不难明白这个圣哲讲“智者乐水，仁者乐山”的真正原因。水的活泼与流变不但让孔子发感慨，更令历史上无数的文人墨客赞颂不已。既有“飞流直下三千尺”的恢弘景象，又有“桃花潭水深千尺”的沉凝与稳重；既有“飞湍瀑流争喧豗”的喧闹和热烈，又有“明月松间照，清泉石上流”

的寂静和清新；还有“春潮带雨晚来急”的闲适和安宁。有位作家曾经说过：“山没有水，就如同人没有眼睛，似乎少了点灵性。”清澈、明净的流水能涤尽人心中久滞的尘垢，恢复人类纯真、善良的天性。

历代人民为治水而付出的巨大人力、财力，培育着伟大的爱国主义，锤炼出识大体、顾大局、舍己奉公，鞠躬尽瘁、死而后已的优良品质和崇高纯朴的道德精神，成为坚不可摧的强大的道德基础。

大禹与居住在淮河下游的夷族首领伯益联合治水，即树立起民族团结的光辉旗帜。长期治水孕育着中华民族优良的传统，铸成民族团结友爱的灵魂基础。水文化培育着先人垂范的人格力量。禹“身执耒锸”以民为先的治水表率行为，汉武帝亲临瓠子堵口现场，督察堵口等。人们在艰苦漫长的治水岁月中，培育磨炼出“先天下之忧而忧，后天下之乐而乐”，敬业爱国，公而忘私，吃苦耐劳，乐于奉献，勤劳勇敢的情操美德。奠定了中国“仁、义、礼、智、信”等德行的理论基础和实践。

水是物质形态又是粮食火种，有无穷的魅力、感召力和凝聚力。人们站在海边，心旷神怡，长志气，增力量；青山绿水，飞流瀑布，溪水潺潺，大江奔腾，一泻千里，则清神醒目，爱心生焉；爱祖国山河秀丽，得天独厚，爱伟大民族勤劳勇敢……

水之盛德，真是让人历数不尽，赞之不竭。然而，一旦把目光从遥远的历史拉回到现实社会时，我们恐怕再也无法保持古人的那种悠然自得的心态。许多可怕的事实，不能不令我们感到震惊。曾几何时，奔腾不息的黄河居然发生了断流、枯竭。“浮光跃金，静影沉碧”的长江竟是浊浪淘天、泥沙俱下，更为严重的是，无可计数的工业污水正每日不断地被排放到江河湖海之中，人类赖以生存的水资源正受到空前未有的严重威胁。虽则有“沧浪之水清兮，可以濯我缨；沧浪之水浊兮，可以濯我足”的古训。但如今的自然环境已无法让人像古人一样乐观。面临全球性污染，人类若不引起高度的警惕，未来世界的景象将是不堪设想的。如何使被严重污染的水早日回归自然将是一个重大的世界性课题。

取文化之精华　创盛世之伟业

——浅谈古代水文化在治水创新中的应用

黑龙江省水利厅普阳农场水务局　刘继光

水文化是人类对人类社会各个时期水环境观念的外化，反映着人类社会对水环境的认知程度，以及思想观念、思维模式、指导原则和行为方式。水文化的形成与发展和人类除害兴利的前进步伐是一种相互促进、相互依存的辩证统一关系，水文化是人类繁育生存和发展的结果，同时水文化也反哺着人类的治水实践。新中国成立以来，在现代治水思想的指引下，通过几代人数十年来的努力，我国现代水利事业有了长足的发展，新技术、新材料、新工艺如雨后春笋般纷纷涌现，逐步实现着人类治水兴利的预期目标。但是，由于工业社会的迅猛发展导致对水需求级数增长、经济发展过度依赖资源等现实情况产生了诸多涉水问题，继而衍生出了一系列的环境问题和社会问题，直接阻碍了人类社会健康文明的发展。近年来社会各阶层的专家、学者借鉴古代治水思想、大胆创新，对水问题进行了深入的探讨和研究，提出了各种解决水问题的思路和方案，取得了较好的效果。在建设社会主义和谐社会的今天，面对日益复杂的水问题，我们现代治水人必须运用理性思维研究古代水文化精髓，科学地认识涉水问题的实质，不断地对现代治水思路、治水体制和治水技术进行综合的创新，为全社会的发展和人类的进步服务。

一、科学认识是解决水环境问题的前提

水滋养了万千生灵，人类千百年来对水有着深厚的情感，也产生了为数不少的文化思想。老子说："上善若水，水善利万物而不争。"孔子曰："仁者乐山，智者乐水。"这些名言充分说明了古代人们对水深刻的认识，这些认识也承载着古代的治水思想。在用水矛盾日益突出的现代社会，只有从科学的角度出发正确认识水的本质，才能较好地解决现代社会的诸多涉水问题。人类对现代社会的涉水问题应该有三个方面的基本认识，首先现代社会产生水问题的本质是：水是人类生活和经济发展不可或缺的自然资源，是人类赖以生存和发展的命脉。随着人类的繁衍、城市的膨胀和工农业生产的迅速发展，对水资源的需求量日益增多且污染加剧，使原本脆弱的物质循环系统面临着巨大的压力和挑战，当支大于收时，骤减的水量严重影响了人们的生活和社会的进展；其次水是一种物质，是宇宙万物的组成部分，水是没有生命的，它不会无故地消亡；第三是历经数千年的建设和改造，人类生存的自然环境发生根本性的变化，世上万物在时时刻刻的博弈中相互适应并生存与发展着，作为万物组成部分之一的水，也是如此。毋庸置疑，作为智者的人类，虽然不能主宰万物，但人类是这些变化的首要诱因，人类的畸形发展造成水环境恶化。同理人类通过自己创造性的付出也可以成为维系生态平衡的主导因素和优化水环境的引导者。基于对上述三方面的认识，我们说保护水资源、解决水问题最深层次的意义就是通过人类自身的努力更好地促进自然环境与人类社会的和谐发展。如果把水环境的保护当成阻碍社会发展的绊脚石，或因一味追求环境而放弃发展就是人类从一个极端走向了另外一个极端，就是大错特错了。现代社会人与自然的"天人合一"是人类的理想状态，但是此"天人合一"绝非是洪荒远古之时的"依水而居，不耕不稼"的"天人合一"，而是建立在新型物质基础、环境基础之上的"投之桃报之李、人水共荣"式的"天人合一"。1987年联合国世界环境与发展委员会（WECD）发表长篇报告《我们共

同的未来》，定义可持续发展是：既满足当代人的需求，又不危及后代人满足其需求的发展。这充分说明了和谐的重要，人类有目的地控制自己的经济行为，或者寻找新的途径，达到节约资源又能促进发展的目的，在这个层面上讲，和谐与发展的“双赢”目标是人类唯一的选择。

二、理念创新是解决水环境问题的基础

据《洛阳记》载：“禹时有神龟，于洛水负文列于背，以授禹。文即治水文也。”传说鲧用堵法治水失败，只好自沉于羽渊，化为玄龟，而禹因受启示于龟背文（纹），用疏导法治水获得成功。由此可见，疏为堵也，堵亦疏也。禹疏与鲧堵的反其道而行之是一种思维上的创新，是一种新的治水思想。可以说禹治水的新思路创造了从宇宙洪荒之日始人类治水的第一个里程碑。在历经了现代工业文明洗礼后的今天，水环境恶化、资源枯竭和物种减少等诸多问题一直在拷问着我们曾经引以为荣的治水理念，我们不禁要问，是不是我们的治水理念也已经到了非创新不可的时候了！综观人类研究社会进程各种成果不难看出，人类社会在认识生物的链状结构或物质守恒的规律已经达到了极高的境界，也深刻地认识到人只是世界万物的一个组成部分，是宇宙这台庞大机器上的一个小小零件。可另一方面，人类又拒绝不了发展的诱惑，把自己当成了天外来客、宇宙的主宰，“杀鸡取卵”式地掠夺着有限的资源。人类正生存在是“留”与“取”的巨大矛盾之中，正徘徊在“得”与“失”的十字路口，在这个问题上人类像一只正在偷吃禁果的猴子。进入20世纪80年代后，人类也试图寻找着“鱼与熊掌可以兼得”的方法，从体制到技术、从局部到整体、从简单到系统，付出了相当的艰辛和努力，却只能治标终无法治本！为什么？究其根本，人类千百年治水效率低下和水环境日益恶化的一个重要原因就是出发点的问题，人类一直以自身的利益为中心，以渔利为目的，只“取”不“予”，让本是健康循环系统在人类这个环节上打了折扣，一厢情愿的治理终究不会成功，“不识灾害真面目，只缘已字在心中”。几千年前，人类因水而迁徙的例子不胜枚举，如果人类再不创新自己发展的指导思想的话，经历了数百年工业文明历史的人类经历新一次的迁移决非耸人听闻！从持续发展角度出发，创新思路重于泰山，是其他任何创新的基础所在。人类只有创新，才能摒弃曾长久以来沿袭“以人为中心”的出发点，认清自己的位置，充分发挥自身的作用，坚持“和谐是发展的前提”这一理念，让人、水共荣，和谐发展。

三、体制创新是解决水环境问题的保障

据《水经注·江水》载：三国蜀汉时，“诸葛亮北征，以此堰为农本，国之所资，并征丁千二百人主护之，有堰官”。自蜀汉以后，晋、唐、宋等朝代均将都江堰的管理归统于当地官员，渠首所在地的县令兼任渠首工程的堰官。在2200多年的实践中，都江堰逐步形成科学的管理机制，即省级政府水利部门只管渠首工程，称为“官堰”；在各河引水的支渠以下灌溉工程，由受益群众组织自建自管，成为“民堰”亦为“民渠”。中国古代都江堰独具特色的管理体制——“官堰民渠”，是这个大型水利工程长久惠泽天府之国千里沃野的一个重要因素。由此可见，体制的创新直接关系着治水思路的实现，也是现代社会解决涉水问题的根本保障。2005年11月吉林省吉化双苯厂水污染事件的炸响余音绕梁，这次污染不但给国家造成巨大的经济损失，而且给松花江两岸的人们留下了永难磨灭的记忆。就目前的实际情况来说，如此大规模的污染在松花江是第一次，但在我国其他的流域绝非是第一次，也不是最后一次。在现实生活中人们往往不顾自然环境，以牺牲生态环境为代价单纯追求经济效益，小化工厂、小造纸厂、小制革厂、小铁厂等一哄而上，无节制地用水，无限制地排污，更有甚者，一些企业每时每刻都在污染着我们赖以生存的淡水资源，使淡水资源同时出现水量型与水质型短缺的双重危机，用生灵涂炭来形容决不过分。如何对付这些生灵的间接杀手，吊销执照、关停，甚至于重罚、重判，我们听到的和看到的是清一色的重拳，可在利益的驱动下这些行为不但没有收敛还有愈演愈烈之势。怎么办？如果运用古人治水之思想，创新保护水环境的管理体制，组建一支以“审批、管理、监督、研发”为一体功能齐全的水环境保护部门，则可以使体制在建设之初就避免人为割裂职能分工，防止政出多门和责任不清，做到打防结合，一管到底，同时这样的部门具有的研发功能可以有针对性地开发产品，对高危企业转型提供发展方向和技术依托。建立这样的部门可以做到“堵、疏”双管其下，体现着两方面的优势，一是对已有的易污染企业，可以监督其建设、完善防污染配套设施，堵塞住事故的源头，实现“一对一、点对点”的管理和监督，责任清晰，目标明确，易于操作和执行；另一方面，积极重视替代品的研发工作，疏通用新产品替代高污染品的渠道，让高污染高危产品逐渐失去市场和生存的空间，达到标本兼治的目的，岂不乐哉！在建设和谐社会今天，农村的发展将直接面临着农村城镇化、种植业人口比重大幅度下降，工业产值增加，排污排废和水资源保护问题将是一道难以逾越的鸿沟。古魏征“议政”则曰：“欲流之远者，必浚其泉源。”由此可见，只有管理部门真正做到规划有序、疏堵有度、辩证地运用治水思想逐步完善创新的体制和机制，才能真正从源头上解决好事业发展与资源保护的关系。

四、技术创新是解决水问题的关键

《史记·河渠书》记载：“蜀守冰凿离碓，辟沫水之害；穿二江成都之中，此渠皆可行舟。有余，则用溉浸，百姓飨其利。至于所过，往往引其水益用，溉田畴之渠以万亿计，然莫足数也。”都江堰工程设计之精妙可谓人间奇迹，它能长存久远另一个重要因素就是对泥沙治理的科学性。都江堰创新技术方法对水沙的辩证施治，是都江堰工程与都江堰灌区历经2000余年至今保持良好状态的重要原因。先人李冰治水是技术上的创新，从深层次上讲是治水技术思路上的创新。他遵循了事物的基本规律，治水既治沙，治沙既治水。也深见古代治水文化的精髓所在。现代的治理水灾害和解决水问题同样也要遵循内在的自然规律，切不可人为分割。综观近年来林林总总解决水问题的技术思路，不外有三：一是节约，二是开源，三是循环利用。其实细分析我们不难看出，节约不过是以牺牲某些利益换取的，多少有点“五十步笑百步”之嫌，节约解决不了本质的问题。再说开源，一个地方缺水了从另一个地方去调，表面上是用其他地区的过剩补充了其他地区缺口，但从本质上说不过是牺牲了地区的平衡，改变了地域水流的原始属性，不过是拆了东墙补西墙的做法而已。循环利用是一个不错的办法，但是由于技术上的局限或经济方面的因素，推广应用的范围也十分有限。由此可见，目前许多技术思路是因为不同程度地违背了物质自然规律，不可能取得较好的效果。在现代社会治水的技术思路的创新过程中，应该从遵循物质自然规律的角度出发，从细节入手，给自然水以正常“生长”的幸福环境。水的生存环境就是水资源赖以生存的循环系统，在大自然的万千物质中，土地和植物就是水循环系统中的基本支点，土地可以涵养水分，植物可以吸收、散发水分，是水循环的通道。土地、水和植物形成了一个稳定循环系统，通过这个最基本的系统，水可以完成自净、再生等基本过程。在这个结构中，植物和土地就是水依存成长的基本环境，保护植物和土地就是在保护水资源，变过去的节约、开源这样“输血”的技术思路为水物质自身的“造血”的技术思路，达到“事半功倍”和“标本兼治”的目的，“功夫在诗外”也许就是这个意境吧。

“水”是人类生存和发展的基础，中华大地“水文化”的源远流长，现代治水人只有深刻领会“水文化”的主旨，灵活运用“水文化”的精华，在新时期治水实践中用系统创新的办法解决水问题有着重要而深远的意义，“取文化之精华，创盛世之伟业”，将是我们当代水利人为之奋斗终生的目标！

浅谈人水和谐中的美学因素

北京市水务局水文总站 富 萌

从价值的角度来认识人与自然的关系，会得出三种观点：一是以人为中心，认为人是自然的中心和统治者的“极端人类中心论”；二是主张以生态为中心，承认自然界有独立于人类实践之外价值的“极端自然中心论”；三是以人与自然和谐相处为主张的“和谐相处论”。从马克思主义的角度看价值，其必须依附人而存在。离开了人，就无所谓价值。人是不同于一般生物的高级生物，人发展成熟到一定阶段具有超越自我的能力。人应该尊重、保护、合理利用自然，实现人与自然的和谐相处。

我们不禁要问，何谓和谐?

从历史的角度追溯和谐的起源，将从毕达哥拉斯说起。按照传说，毕达哥拉斯最先是在路过一家铁匠铺、听到铁锤打击铁砧的声音，辨认出了四度、五度和八度三种和谐音，猜想是由于铁锤重量的不同导致了声音的不同，并通过称量不同铁锤的重量确认了其间的关系，随后，又用不同长度的弦的振动实验发现了弦长与和谐音的关系。可以说，“毕达哥拉斯是千古第一人表现声音与数字比例相对应，比任何人更早把一种看来好像是质的现象——声音的和谐量化，从而率先建立了日后成为西方音乐基础的数学学说。”相应地，在毕达哥拉斯学派中，甚至提出了“和谐学”的说法。

由此我们可以看到，源于人对声音的听觉感受，也即听觉的美感，再结合强调数学的本质性的背景，关注到其间的比例关系，于是和谐的概念产生了。毕达哥拉斯进而在其宇宙观中赋予了这个概念以重要的一席之地。

在毕达哥拉斯之后，又出现了亚里士多德-托勒密的地心说模型、哥白尼的日心说，等等。不难看出，各种学说仍然保留着数学意义上的和谐与美的传统。即匀速而且是圆周的运动依然象征着古希腊人的和谐宇宙观点。而从音乐的发展上讲，和谐在对宇宙的认识和理解中的重要性意识也被传承了下来。音乐以某种数字秩序变相延伸着和谐。

从毕达哥拉斯到开普勒的“科学发展史”的回顾中，我们明确地看到了在这些重要科学发展者身上，一种美学动机所起的巨大作用和对他们的研究工作实在而深刻的影响。由此看来，和谐概念的提出，与数学、宗教信念和音乐均有关联，又被成功地用于对自然界的探索。它实际上提示着我们去思考在人类发展的历史中美学要素的作用和地位。

现代社会提倡和谐，倡导创建和谐社会，建立和谐生活环境。可见和谐的存在何等重要。而究其原因，我们必然会想到人本身对和谐的向往。正是人类拥有追求美、向往美的最根本动机，才有了创造和谐的原动力。正是因为有了这些动力，和谐的产生才变得更加迅速且具有可控性。

由和谐对自然科学发展的影响研究缩小到和谐对自然界某一元素发展的影响，我们将讨论的是水资源利用的和谐，即人水和谐。

从银河系观察地球，我们看到的是一个大面积被蓝色包围的星体。70%的水成为地球生命存在的关键因素之一。水是地球表面分布最广和最重要的物质，并作为最活跃的因素始终参与地球地理环境的形成和发展过程，在所有自然地理过程中都不可或缺。拥有由大量水体组成的水圈，使地球在太阳系九大行星中显得与众不同，得天独厚。正是因为有水，我们星球的地理环境才变得丰富多彩，充满生机。

地球上的水从来不是静止不动的，而是不断通过运动和相变从一个地圈转向另一个地圈，或从一种空间转向另一种空间。在太阳能的推动下及地心引力作用下，地球上的水在不断地循环变化。通过形态的变化，水在地球上起到热量输送和调节气候的作用。海洋和陆地间的水分交换是自然界水循环的主要联系，洋面上的水汽随气流进入陆地凝结而成降水到达地面后，部分蒸发而返回大气，部分则形成地面径流和地下径流，通过江河网及海岸排回海洋。这种不断往复的循环，使海洋中的水量在长时间内保持相对平衡。这部分逐年可以得到更替、在较长时间内又可以保持动态平衡的水量，就是目前通称的“水资源”。这一循环往复的过程，类似于天体运动的轨迹，形成圆的态势。

全球的水处于不断的运动中，从冰川的难以察觉的蠕动到急速的倾盆大雨，水运动的形式与速度各不相同。海洋、湖泊等都是水的蓄积点，水在蓄积点之间流动，以降雨、蒸发和江河流水的形式运动着。

水以各种状态和形式进行各自运动。从一种形态变化为另一种形态，但始终遵循某种规律。由大气凝降到陆地的水，其中三分之二经过蒸腾和蒸发作用又进入大气，余下三分之一是径流部分。经过计算，全球动态平衡的循环水量为496万亿立方米，多年平均降水量为971毫米，全球海洋上蒸发量为1172毫米，降水量为1062毫米，蒸发量超过降水量110毫米。全球陆地多年平均降水量为750毫米，蒸发量为480毫米，蒸发量小于降水量，因此产生了270毫米的径流，其中68%为地面径流。

如果将这种运动的规律性画在纸上，我们不难看出另一个圆的态势。

水资源的动态平衡以及水元素以各种形态的运动，构成了我们现在所说的通常意义上的和谐，一种形成平衡状态的和谐。这是其本身的内部和谐。

扩展到更广泛的范围，将自然界的高级生物——人与水联系在一起，水循环使人类赖以生存的水资源不断得到更新，从而永续利用。

人类主要生活在陆地上。各种生产活动，尤其是农业生产紧密地依赖于水分的正常供应。所以，陆地上特别是某些干旱地区的水量平衡，尤其值得重视。很早以前，人类就已经广泛地利用地表水和地下水来发展灌溉或航运事业。

人类历史上，对水利工程的记载不胜枚举。从我国著名的灵渠、都江堰、京杭大运河到外国的苏伊士运河、巴拿马运河，无一不是人类利用水为自身服务的例证。在没有这些水利设施之前，当地经济大多萧条闭塞，只能靠人工陆运来发展经济，费时费力。对比之后，经济繁荣，人口激增，贸易迅速发展的景象，我们不难想象出一幅繁荣的清明上河图。以都江堰为例：其渠道纵横，密如蛛网，无大坝拦水，无闸门控制，纯粹利用天然地形，因势利导，真正达到了"天开于前"，"工成于后"的天人相契的目标。其设计施工不仅有其科学性，亦有其"道法自然"的哲学意义。都江堰历2200余年，兴久不废。成都平原田畴千里，物产丰饶，无天旱雨涝之灾；岁无饥馑，年有丰余，赢得"铁板粮"美誉。都江堰达灌田之利，故又称"金灌口"，终使蜀郡亿万人民得丰衣足食，"富甲天下"，号称"天府"。

一幅幅美丽的历史画卷正是和谐的体现，是人类与水和谐相处的最好证明。人利用水自身的和谐为其服务，从而实现了水资源的合理利用，即人水和谐。

人类难以在缺水的环境中生存，因为缺少水，环境会变得恶劣。这不仅违反了人类向往美好的本质特性，更阻碍了人类获得和谐的进程。但地球表面水源分配的不均匀，给人类带来了干旱少雨，抑或洪水泛滥，于是，就有了前文提到的诸多水利工程。在美学动机的促进下，人类用智慧创造着和谐。

随着时间的推移，人类对自然科学掌握程度的逐步提高，逐渐能用非自然手段对水循环的某一环节进行改变，从而更好地为人类的生产生活服务。在现代科技日新月异的今天，人类仍然在开动脑筋，努力向美好事物、美好生活前进。中国乃至世界都在调动一切可以调动的力量，使水环境变得更加适于人类生存和发展。调水已经成为水资源和谐利用的重要方式之一。

南水北调工程是解决中国北方水资源严重短缺问题的特大型基础设施项目，建设的目的是通过跨流域的水资源合理配置，保障经济、社会与人口、资源、环境的协调发展。经过广大科技工作者持续进行几十年的调研工作，在分析比较了50多种方案的基础上，形成了分别从长江下游、中游和上游调水的东线、中线和西线三条调水线路。

东线工程，从长江下游江苏省扬州江都抽引长江水，利用京杭大运河及与其平行的河道逐级提水北上，并连接起调蓄作用的洪泽湖、骆马湖、南四湖、东平湖。出东平湖后分两路输水，一路向北，经隧洞穿黄河，流经山东、河北至天津。输水主干线长1156公里；一路向东，经济南输水到烟台、威海，输水线路长701公里。

中线工程，从长江中游北岸支流汉江加坝扩容后的丹江口水库引水，跨越长江、淮河、黄河、海河四大流域，可基本自流到北京、天津。输水总干线全长1267公里。

西线工程，在长江上游通天河、支流雅砻江和大渡河上游筑坝建库，开凿穿过长江与黄河的分水岭巴颜喀拉山的输水隧洞，调长江水入黄河上游，补充黄河水资源的不足，主要解决涉及青海、甘肃、宁夏、内蒙古、陕西、山西等黄河上中游地区和渭河关中平原的缺水问题。

不仅中国在调水，世界各国也在实施调水工程。哈萨克斯坦调水工程、以色列北水南调工程等，人种不同，语言不同，但体现出来的是同一种追求和谐的愿望。

对地表淡水的改善和利用只是人类促使水资源和谐的方法之一。现在，人类已经可以利用气象条件和科技手段对空中水以及咸水加以利用。

人工降雨是指在天上有云的情况下，通过人工手段实现降雨。一般是通过降低云层中的温度，使云中小水滴凝聚形成大水滴，从而实现降雨。中国目前有约3.7万名全职和兼职人工降雨工作者，几乎每一个省、区、市都有类似北京市人工影响天气办公室那样的组织机构。如今，人工降雨工作者承担的责任也更加多样：如缓解干旱、为气温过高的城市降温、预防具有破坏性的冰雹、扑灭森林大火以及为河流补水，甚至为城市除尘也成为人工降雨工作者们的一项任务。人工降雨还被用来降低冰雹等自然灾害对农业生产造成的损失。当气象学家通过卫星云图观测到可能带来降雨或冰雹的云层时，人工降雨工作者就可以在云层到达农业生产区域前，将其打散，或者削弱。

中国海水淡化起步于1958年，起步技术为电渗析，1965年开始研制反渗透技术，1975年开始研究大中型蒸馏技术，1981年在天津塘沽建成了我国第一台海水淡化百吨级多级闪蒸装置示范工程，1989年和1990年在天津大港电厂引进了由美国“ESCO”制造的两套日产3000吨淡水的（39级）闪蒸装置，并已投入运行。

雨洪利用是解决城市缺水和防洪问题的一项重要措施。雨洪利用就是把从自然或人工集雨面流出的雨水进行收集、集中和储存，是从水循环中获取水为人类所用的一种方法。雨水利用将会为解决未来水资源的短缺问题作出重要贡献。现有水资源利用方法有两个：一是收集雨水用于人畜饮用和农业生产；另一种就是进行城市中的雨水集蓄。水资源更有效地收集利用，是解决当前各大城市缺水最佳的方法。

由博返约，让我们来欣赏一下首都北京的秀丽之美。

京城水系众多，其中长河是极重要的水道，西北直通到颐和园，流经海淀区、西城区注入积水潭（西海），往北经北运河流往朝阳公园，往南经什刹海流入北海和中南海，最终经地下河注入通州区的通惠河。长河已有700余年的历史，史称皇河。长河在元代称“高粱河”，明代改称“玉河”，它是京城水系中唯一一条印染皇家色彩的河道，清乾隆年间经过整治改为皇家御用河道，至光绪年间成为慈禧太后前往颐和园避暑的必经水路。当年长河两岸广植柳树、桃树而留下“天坛看松，长河观柳”的佳话。几年前，长河出现大面积水体污染，水华现象十分严重，而今经过水文职工的不懈努力，我们的长河已经变得清澈见底。

治理后的长河，两岸鸟语花香，绿树红花，栏亭楼榭，一派大好风光。居住在长河两岸的人们，也从原来的躲避长河，变为喜爱长河，每晚在长河边散步乘凉，享受着晚风拂面的惬意，那一阵阵微风中夹杂着水的清新，让人陡生快意。北京人正体味着尊重水、保护水带来的益处，也正在用自身的努力让这种和谐之美继续下去。我们发现，在河边乱倒垃圾的现象日渐稀少，向河中乱投杂物的行为极少出现，大家都想留住这份美丽，让这种惬意变成永久，让长河保持她的青春，让她见证北京的发展，见证中国的繁荣。

在可持续发展的前提下，人水和谐已不是单纯意义上的人利用水而形成自身的和谐，而是人与水的双重和谐。人的和谐已经通过利用科技手段，创造条件，使水与自身和谐来实现。那么，水的和谐则应通过人对水的尊重，对自然规律的尊重来实现。我们一直在强调水资源的宝贵，提倡要珍惜水资源，保护水环境。而调动人本身的美学动机将更有利于人认识到水资源的宝贵。爱美之心人皆有之，这说明美学动机存在于每个人心中。对美好事物的向往可以让水资源和谐成为一种发自内心的行动，也可以让那些带着美好向往的人去感染更多的人，点燃他们心中的希望。从人工水利设施到北京的河流湖泊，我们看到的是不同的美丽画卷，但它们却有着惊人相似的主题——那就是人们向往和谐、向往美的强烈意愿。美学动机可以促使人对水源利用的同时加以保护，在充分享受水的和谐带给人类的诸多益处之后，我相信，更多的人将加入到创造和谐、保护和谐的主题中来，因为这已经成为一种趋势，一种主流。

如同一首动听的音乐带给人和谐的美感一样，合理利用水资源、善待水环境将会形成一幅灵动的画卷。在这幅画卷中，生活着向往美好的人们，他们满怀对美的追求而不断创造和谐，体味着和谐的意境。

参考文献

[1] 詹姆斯. 天体的音乐——音乐、科学和宇宙自然秩序 [M]. 李晓东，译. 长春：吉林人民出版社，2003.

[2] 马泰伊. 毕达哥拉斯和毕达哥拉斯学派[M]. 管震湖，译. 北京：商务印书馆，1977.

从儒家哲学思想看“人与自然”关系

江苏省水利厅信息中心 史新明

伴随经济社会的迅速发展，以及全面建设小康社会目标的提出，新时期的治水思路中提出了实现“人水和谐”的理念。“人水和谐”是“人与自然和谐”的一个重要方面，指的是人与自然的相拥、相惜和相爱，说到底是人与生态之间的关系问题。人作为社会活动的主体，同时也作为改造自然的核心力量，在实现“人与自然和谐”过程中，具有关键性的作用。现代生态环境问题所具有的综合性的特点告诉我们，人类在解决生态环境问题、协调人与自然的关系上再也不能采用机械的分析方法了，而应该按照科学发展观的要求，全面、协调、可持续考虑。只有科学的发展观才能真正帮助我们找到解决生态问题的出路，实现人与自然相和谐。为此，我们必须深入理解人与自然的辩证关系，认清“人与自然相和谐”的哲学构思、世界观原则和方法论要求。

其实，在我国古代，就已经自觉不自觉地意识到了辩证思维在协调人与自然关系中的重大作用，儒家将“中庸”看成是达到“与天地参”的重要方式就是这一意识的写照。所谓“人有中曰参，无中曰两”(《逸周书·武顺解》)，就是儒家辩证思维在生态学问题上、在人与自然关系问题上的集中表现。水利工作如何做到“人水和谐”？本文结合儒家对“人与自然相和谐”的辩证思维作简单分析。

一、“天人合一”——人与自然相协调

现代生态学把人与自然的关系摆到了十分突出的位置，显然，人与

自然的矛盾突出了。如何解决这一矛盾？笔者以为，不仅仅要充分遵循自然规律与社会规律，而且要更加理解人与自然在宇宙世界的客观存在。

人与自然都是宇宙空间的重要组成成分，他们共同存在于宇宙之中，两者之间有着客观必然的联系。人类脱离自然，则无法生存；相反，自然如果没有人类的科学改造，也不会为人类提供舒适的环境，人与自然天生属于同一母系。儒家哲学“天人合一”的思想就包含了这层含义，尽管儒家局限于当时的背景没有直接提出“自然”的概念，但他所讲的天和地、天地和万物、天地人等概念或范畴的总和已相当于我们现在所讲的“自然”的概念。儒家自然观认为，“天”和“地”、“天地”和“万物”都是以一个成对的范畴出现的，“天地人”三材的思想，把天地人三者看成是世界上相平行、并列的三个要素，由这三者构成了世界整体。所谓“天时地利人和”，充分说明了人与自然天然的相联性、同等重要性。《易传·系辞传下》说：“《易》之为书也，广大悉备，有天道焉，有人道焉，有地道焉。兼三材而两之，故六。六者非它也，三材之道也。”儒家认为，从表面上看，天、地、人三者的秉性是不同的，阴阳为天之道，柔刚为地之道，仁义为人之道。但事实上，这却是一样东西的三种表现，阴阳、柔弱、仁义本来是一回事，“立天之道曰阴曰阳，立地之道曰柔曰刚，立人之道曰仁曰义。兼三材而两之，故易六画而成卦。分阴分阳，迭用柔刚，故易六位而成章”（《易传·说卦传》）。充分说明了人与自然的客观关系——人与自然相协调。

新时期“从控制洪水向洪水管理转变”的治水思路充分体现了人类对人与自然客观关系的认识。水是自然生态环境中的控制性因素，水利是国民经济和社会发展的基础设施和基础产业。水利工作怎样才能在实现“人与自然和谐”中发挥最大作用？“天人合一”的思想告诉我们，首先必须承认水的客观存在，要知道水在整个自然生态环境中的重要位置，水有其规律性，水对万事万物均有着或多或少的影响。人类更离不开水，人因水而生，水对人也同样有着至关重要的决定性作用，水是生命之源，人类必须去保护水、呵护水，加强节水、加强水环境保护，为其能够更高地发挥作用做好人类应做的工作。

二、“天人相分”——自然界有其客观规律性

人与自然和谐相处，必须承认“自然”亦有其个性（即客观规律性）。荀子“天人相分”的观点，道出了这方面的含义。表面上看来，肯定了“天人合一”再来谈“天人相分”，似乎有点自相矛盾。因为在很多人看来，“天人相分”是对“天人合一”的排斥、否定。而事实上，在儒家哲学的自然观上，“天人相分”的真实含义就在于肯定自然规律的客观性，肯定自然界有其客观规律存在。所谓“天不为人之恶寒也，辍冬；地不为人之恶辽远也，辍广”（《荀子·天论》）就是这一观点的写照。荀子提出“天人相分”，把斗争的矛头直接指向神秘主义的天命论，还“天”以其本来的自然面目，“天地合而万物生，阴阳接而变化起，性伪合而天下治。天能生物，不能辨物也。地能载人，不能治人也。宇宙万物生人之属，待圣人而后分也”（《荀子·礼论》）。由于天人在结构和功能上都有其特殊性，将天和人分开才能使人认清天的本来面目，认清自然的客观规律性。天的客观性不是变化无常的，这种客观性是一种常规，具有普遍规律性，所谓“天行有常，不为尧存，不为桀亡”（《荀子·天论》），“天有四时，春夏秋冬，风雨霜露”，“天降时雨，山川出云”（《礼记·孔子闲居》），都说明了自然规律的客观性特点。由此看来，儒家特别是荀子提出“天人相分”的观点并非对“天人合一”的否定，而是强调了自然规律的客观性。当然，儒家在谈“天人相分”时，并没有把天看成是唯一可以代表自然的概念，而是把天、地、人、万物辩证地结合在一起，在矛盾的对立统一中揭示了自然规律的客观性。这种矛盾的分析方法，对我们实现“人与自然和谐”具有很好的启发意义，便于我们在工作中统筹考虑，周密安排。

了解了“天人相分”的科学涵义，认识了自然界存在的客观规律性，我们在发展经济社会文化事业的同时，就不可一意孤行，远离自

然；而应该实现二者的和谐相处，做到你中有我、我中有你，相互包容。水是生态环境的控制性要素，水在人与自然的关系中地位显著。为此，作为从事水利工作的人，就必须首先科学认识“人与自然和谐”的客观规律性，认识到水在协调人与自然关系中的重要作用，认识到水利工程对维护生态环境的作用。科学保护水资源，优化配置水资源。以水资源的可持续利用保障经济社会的可持续发展。只有这样，我们才能正确理解人与自然的真正意义，正确面对人与自然间或出现的矛盾，正确把握人与自然的和谐关系。

三、“人定胜天”——在尊重自然规律的基础上改造自然

“不以伟大的自然规律为依据的人类计划，只会带来灾难”（《马克思恩格斯全集》），“我们对自然界的全部支配力量就是我们比其他一切生物强，能够认识和正确运用自然规律”（恩格斯《自然辩证法》）。因此，儒家哲学思想里“人定胜天”，并不是要求人们盲目地征服和改造自然，而是要求人类在尊重自然规律的前提下充分发挥自身主观能动性，科学改造自然，改造世界。《荀子·天论》：“列星随旋，日月递炤，四时代御，阴阳大化，风雨博旋，万物各得其和以生，各得其养以成，不见其事而见其功，夫是之谓神；皆知其所以成，莫知其无形，夫是之谓天。”就是要求人们要注意自然规律的客观性，善于运用自然规律为自己服务。这里既肯定了人在改造自然中的主体性，又强调了自然规律的客观性。也是儒家之所以在强调“戡天”的同时还要求人们“顺天”的道理。

由对“天人相分”的分析，我们得知，我们必须正确认识自然界的客观规律，并在其基础上科学改造世界。为此，人们在协调人与自然的关系过程中，必须全面系统地把握自然的生态规律。在尊重客观自然规律的基础上改造自然，实现“人与自然和谐相处”。应该说，水是协调人和自然关系的重要生命线，如何使水更好地在人与自然和谐相处中发挥生命线作用，就要求我们在尊重水的客观规律的基础上发挥自身主观

能动性。把握水的特性，把握水生态平衡规律，把握洪水规律，变控制洪水为管理洪水，在此基础上真正实现人与自然和谐。

我们知道，洪水的汹涌而至，必将造成对生态的破坏，甚至对生态造成毁灭性的打击。因而，科学对洪水管治，是实现人与自然和谐的重要保障。洪水作为一种天灾，人类并无法阻止它的发生，但是聪明的人类，却可以通过一系列方法去治理它。我们可以建设一大片防洪工程，训练一大批防洪将士，一方面阻止洪水对生态的破坏，另一方面把洪水作为一种资源，充分加以利用，变洪为宝。对洪水进行合理调配，将洪水蓄好，做到防水于前，人与自然和谐相处。

综观上面的分析，我们发现，要协调人和自然的关系，首先，必须承认人和自然的客观存在，“人与自然和谐”的必然性，即“天人合一”；其次，必须承认自然界有其客观规律性，即“天人相分”；第三，人在自然面前又不是无能为力的，人类可以在尊重客观自然规律的基础上改造自然，美化自然，实现人与自然和谐，就是所谓“人定胜天”。当然，由于儒家自身的局限性以及当时历史条件的限制，他们不可能系统地提出“人与自然和谐”的准确内涵及实现的途径和方法。但是他们的这种“人与自然和谐”的意识，对我们在认识自然、改造自然中有着很大的启发，便于我们更好地开展工作。

水利院校要重视水文化教育与研究

安徽水利水电职业技术学院 金绍兵 张 焱

随着社会的发展，文化越来越受到人们的积极关注。早在1946年，英国著名的历史学家汤因比就曾提出，任何一个文明社会都是由政治、经济和文化三个剖面组成的，其中的核心和精髓是文化。“代表中国先进文化的前进方向”已成为“三个代表”这一全党指导思想的重要内容。水是生命之源，是人类文明的摇篮。中国5000年的文明史也是一部中华民族兴水利、除水害的历史，中国人民在数千年的治水活动中，为我们留下了史籍浩繁的水文化遗产，成为中国数千年光辉灿烂的历史文化遗产的重要组成部分。2006年联合国确定的世界水日主题就是“水与文化”，旨在通过宣传，提高各成员国对文化在解决水资源冲突中重要性的认识。因此，作为服务于水利改革和发展，为水利改革和发展提供智力支持、技术支撑和后备力量的水利院校，开展水文化教育与研究势在必行。

一、水文化的含义及其研究现状

水文化同民族文化一样，历史十分悠久，但是把它作为一种相对独立的文化形态加以研究，是1988年10月在安徽蚌埠召开的淮河流域治淮宣传工作会议上提出来的。此后在社会上，特别是在水利界引起了一定的反响。由中国水利文协主办的全国水文化研讨会截至目前，已召开4次。每次会议本着传承我国悠久的优秀水文化与新时期水文化的创新相结合、学术理论研讨与建设水利的实际工作相结合的宗旨，不断推动水文化研究向前发展。2005年9月6~8日国际水历史学会和云南省社会科学院联合在昆明召开了“水文化与水环境保护国际会议”。来自中国、德国、挪威、瑞典、日本等10多个国家的专家学者带来了各自关于水文化、水环境保护的最新研究成果。另外，早在1994年，水利部文协与松花江辽河水利委员会就共同创办了《水文化》双月刊。2006年底，水利部思想政治工作研究会决定，整合资源，将原《思想政治工作研究》易名《水文化》。与此同时，有关学会组织研讨班、培训班多期，已出版有影响的水文化方面专著或文集多部。这一切，为水利院校开展水文化教育与研究提供了充分的条件。

目前，关于“水文化”的定义就如其上位概念“文化”的定义一样，一直是水利专家、文化学者、社会学家、哲学家说不清、道不明的一个问题。“文化”的定义有关专家学者做过统计，或说160多种，或说200多种。“水文化”的定义有多少种，还没有一个权威统计数据，有代表性的观点不下10余种。依据“从宜”（科学性）、“从简”（简明性）、“从俗”（群众性）的命名原则，我们认为：水文化是全社会以水为载体共同创造与水有关的科学、艺术及制度、习俗等在内的物质产品和精神产品的总和。从文化形态上看，水文化表现为物质文化和精神文化两个方面。

物质文化是水文化建设的前提和载体，从形态上可以分为两类：①水利工程文化。它包括水利工程布局、水工建筑物风格、水利工程绿化美化等。②制度文化。它包括水利行业的管理体制、组织机构、规章制度、行为规范等。

精神文化是全社会及水利行业长期创造形成的一种特定的精神环境和文化氛围，它是水文化的核心和灵魂，形态上也可分为两类：①观念型文化。包括思想观念、道德观念、价值观念和审美观念等。②科学科技型文化。它以水利科学技术文化为代表。

顺便说明一下“水文化”与“水利文化”概念的异同。“水利文化”研究的时空距离相对较短，它是从人类有“水利”概念的萌芽开始，而“水文化”却可以从生命的起源说起。可以说“水利文化”是“水文化”的特定部分，是“水文化”的特殊形式，但它们并不能互相替换。“水利文化”有它特定的对象、内容和目标，而“水文化”由于它涉及的范围的宽泛，其外延可无限延展，故我们通常所说的“水文化”都仅局限在其狭义的范围之内，有时可以泛指“水利文化”。

二、水利院校重视水文化教育与研究的必要性

(1) 重视水文化教育与研究，是教育内在规律的要求。因为学校是传授知识、传承文化的场所，同时优秀的文化也是培育人的最主要手段。水文化如本文开篇所述，是我国传统文化和当今先进文化的重要组成部分，水利院校加强水文化教育与研究，既是建设和谐文化的一部分，也是充分利用水文化资源培育人、塑造人、丰富人们的精神内容、提升人们的精神境界的一种重要形式。

(2) 重视水文化教育与研究是现代水利发展的客观要求，特别是适应我国面向21世纪实现由工程水利向资源水利、可持续发展水利转变的要求。联合国教科文组织在一份文件中指出，“从水与人类文明的历史认识中激发人类对水环境保护的意识，人类历史上积极的水文化及当代新的水文化的形成对水环境保护有着积极的作用”。国际水历史学会主席菲里奥斯·特吉·特瓦特教授（Philos Terje Tvedt）在2005年昆明会议上说：“水文化和水环境整治和保护在全球属于新兴课题，也是可持续发展的重要课题。水环境治理不仅是技术问题，更是社会问题、人的观念问题。”当前，我国正处于从传统社会向现代社会过渡的社会转型期，就水利事业而言，多层次的生产方式同时并存，交互发生作用，呈现出复杂的态势；从现实角度看，今天的中国水利事业面临着相对大的困境：水资源短缺（甚至出现河湖干涸、地下水衰竭）、洪涝灾害损失仍然很大、水污染严重、水土流失和荒漠化等。更为严重的是，全体民众的水事观念转变滞后，水环境意识薄弱。对当前的水事行为方式，有关专家学者建议，应当做超技术、超经济的思考。过去单一的水利工程

技术，很难解决以上问题，必须建立一种科学的体制和机制，要靠法律手段、行政手段、工程手段、技术手段、经济手段综合运用来解决。直言之，应对这一挑战，需要我们在价值观、自然观、道德观和生活方式方面作出深刻的改变，即需要我们作出文化的改变。

(3) 重视水文化的教育与研究，有利于改善水利院校学生知识结构，有利于提高行业职工的综合素质。作为服务于水利改革和发展，为水利改革和发展提供决策支持、技术支撑和后备力量的水利教育，过去总的来讲是专业种数偏多、口径过窄、适应性差。近几年经专业改革、整合，目前专业设置较为科学、合理，但课程设置仍需探索。为适应21世纪社会发展的需要，水利水电类专业人才必须既要懂工程技术，又要会经营管理，尤其是要善于把哲学社会科学方面的知识运用到水利工程建设和管理中去，这就要求我们在培养人才时，实行文理科相互渗透，科学技术和人文精神相互交融。加强水文化教育与研究，既可以拓展人文社会科学的研究方向，又可以拓宽水利水电类专业的学科领域，对于培养21世纪水利人才具有重要意义。全国政协原副主席、中国工程院院士钱正英在香港大学工程学院作题为“中国水利工作的新理念——人与自然和谐共处”的报告中指出：当前更为重要的是，如何充实和改进大学教育中水利学科的相应内容和教材，以人与自然和谐共处理念培育水利界的新一代。

(4) 重视水文化研究与教育，有利于水利职工适应当前的水利部门的职能的转型。许多水利职工对当前水利部门职能的转型，即由过去以工程建设为主转向以经营为主，由过去主要跟自然界打交道转向现在需要跟各种类型社会部门打交道，缺乏必要的知识储备，尤其是水文化等社会管理科学知识，导致我们在工作中重建设轻管理，只注意到对水利在建项目的组织施工，却往往忽视了对已建成的水利工程的管理工作，眼看许多地方已建成工程年久失修，大量损毁而无力回天。这不仅在经济上造成巨额水利投资与建设后效益低微的不平衡，而且在思想上也严重挫伤了广大群众参加水利建设的积极性，使得水利部门自身也在经济上陷入非常窘迫的局面。因此，今后水利行业职工培训，要有计划地开展水文化教育与研讨。

三、水利院校加强水文化教育与研究的措施与重点

水利院校实施水文化教育与研究，要转变教育思想和教育观念，把科学教育与人文教育融合起来，把水文化教育与研究同校园文化创建结合起来。

(1) 在水利类或土木大类专业一年级开设《中国水利史》、《中国水文化概论》等和水利专业知识相关的人文知识选修课程，其他专业可开设水文化系列专题讲座。这样有利于丰富和完善学生的哲学思维和科学文化素养，让学生懂得自然与社会是统一的整体，人类是自然的一部分。最高境界的水利规划、水利工程是哲理性、科学性和艺术性的结合。

(2) 在高年级的专业理论课教学中注入水文化的血液。著名水利史学者周魁一教授曾多次强调：水与文化的发展是相辅相成的，水影响着文化的发展，同时，文化的发展影响着人们对水的看法。水利要繁荣、要发展，是离不开注入文化血液以提升自己的。在与人文精神结合过程中，科学可以汲取文化中精辟而广博的思想营养，可以拓展现代学人的视野和丰富自己的内涵。他认为，治水思路的误区之一就是以为单凭科学技术就可以治水，从而将科学技术孤立起来，疏远和冷落了文化，局限了我们的视野和洞察力。有人会疑问，水利类专业课是技术性很强的课程，在教学中讲述水文化知识，教学效果如何呢?曾荣获教育部科技进步一等奖、“水利部优秀教师”称号、宝钢教育奖的清华大学水利水电工程系博士生导师马吉明教授在接受记者采访时深有体会地说：我觉得理念的认知比纯知识的传授更为重要，我现在每次给同学上《水电站》这门课时，都会拿出一堂课时间讲理念。我过去给学生上课是从纯技术的角度讲授，现在则偏重从哲学的角度讲授，教怎么治水，怎么用水。从自然科学技术慢慢地向人文社会学科靠近，将我自己所作的一些

社会思考融入到我教的专业课中。学生很喜欢。马教授不但用自己的教学实践证明了答案是肯定的，他还给我们说明了如何在专业课教学中进行水文化教育。

(3) 在实践性教学中融入水文化知识。即在实践性教学中不仅要重视专业知识的传授和专业技能的训练，而且要重视水文化教育。实践性教学一般包括认识实习、课程实训、毕业实习、毕业设计等。以认识实习——参观考察淠史杭灌区和安丰塘为例，我们不仅要向学生介绍这两座水利工程在防洪抗旱、城乡供水、保持生态等方面发挥的功用，在发电、灌溉、通航、水产等方面带来的经济效益，更要让学生了解这两座水利工程在社会、文化方面的重要意义。如安丰塘，古称芍坡，是我国水利史上最早的蓄水灌溉工程之一，比秦代的三大水利工程——都江堰、灵渠、郑国渠还要早。因为芍坡灌区的兴建成功，寿县成为楚国重要的产粮区，并一度成为楚国的都城。2000多年来，安丰塘一直灌溉着周边的土地，滋润着一方文化。目前，安丰塘已成为全国重点文物保护单位。作为我国乃至世界古代优秀水利工程的杰出代表，安丰塘蕴涵着丰富的哲学思想。简而言之，就是“天人合一”、“师法自然”、人与自然和谐相处。这不正是我们水利工作者孜孜追求的目标吗?

(4)“两课”教学要充分发掘水文化深厚底蕴，丰富和活跃“两课”教学内容。我国人民数千年的治水活动，给我们留下了无数见解深刻的文化著作，阐发了许多光彩照人的哲学精华，为我们民族精神的发扬光大增添了坚韧的思想纽带。

孔子曰：“智者乐水，仁者乐山”；“逝者如斯夫，不舍昼夜”。

老子曰：“上善若水，水善利万物而不争，处众人之所恶，故几于道”；“天下莫柔弱于水，而攻坚强者，莫之能胜。”

庄子曰：“水静则明烛须眉。平中准，大匠取法焉。”

荀子曰：“君者，舟也；庶人者，水也；水则载舟，水则覆舟。”

《国语·周语上》：“防民之口，甚于防川。川壅而溃，伤人必多。”

《淮南子·原道训》：“禹之决渎也，因水为师。”

《水经注·笺序》：夫水在天地间，犹乎世之货财也，发源名山，流成江河，趋为四海，蕴为云气，还雨天下，以浸润万物，未尝少壅也。一有所壅，即至泛溢昏垫，患被四方。犹之高府之财，琼林大盈之藏，蓄而不散，纳而不出，理极势穷，溃决雷骇，此则不睹川壅而溃之祸也。有国有家者，使能因是《水经》之理，引申触类，以施于政，何患不地平而天成乎？

以上这些对于水极富哲理的诠释，都是有待我们进一步挖掘、整理、阐述的经典水文化价值理论，更是当代思想政治教育的宝贵财富。与此相对应，今天我们要弘扬的“献身、求实、负责”的水利行业精神，“万众一心、众志成城，不怕困难、顽强拼搏，坚韧不拔、敢于胜利”的伟大抗洪精神，“自力更生、艰苦创业、团结协作、无私奉献”的红旗渠精神等，是水文化的精髓，更是当今先进文化、和谐文化的典范，是建设和谐社会的精神支柱和力量源泉。

(5) 在校园文化建设中彰显水文化特色。校园文化是一种和谐文化，是一种科学文化和人文文化水乳交融的文化，是一个有着深厚底蕴的传统文化，是一个良好的生态文化。水利院校如何建设有自身特色的校园文化？笔者认为，充分发掘水文化资源，彰显水文化特色，不失为事半功倍之举。如提高校园文化品位，打造人与自然和谐相处的生态校园时，我们可以把校园景观建设和教学结合起来，和育人结合起来，科学规划校园集雨节水工程、漫灌、喷灌、滴灌等实习实训园地、各种生态水景观和雕塑作品，真正体现赏用结合、多种功能的综合性，高雅脱俗、风格独特的文化性，形象生动、寓意深刻的哲理性。这方面，不少水利院校都有成功之作。清华大学水利系楼前的“人形”雕塑，其一侧为厚实的山，另一侧为长流的水，下方画龙点睛刻上题名：智者乐水，仁者乐山。文化的品位和水文化的特色一下子就凸显出来。河海大学、北京水利电力学校等水利院校将集雨节水工程和生态校园建设完美结合起来，安徽水利水电职业技术学院将漫灌、喷灌、滴灌实训园地分别依地形地貌建在学生小区、教学楼前、办公楼后，将绿化、美化和实践教学完美结合起来，这些既体现了校园文化赏用结合的综合性，又突出了水利特色。为突出校园水文化，还可以将历史上水利名人画像和格言警句经筛选精制成宣传标牌，悬挂在教学楼、实验楼、图书馆、学生活动中心、食堂等走廊上，形成“文化长廊”和“文化墙”，真正做到苏霍母林斯基说的，“要使学校的墙壁也说话”，激励学生学水利、爱水利、干水利。

当前水文化教育与研究应以转变水事观念为重点。人们的水事观念具有不同的层次、不同的水平。水利群体集中了较为理论化的、系统化的水事思想观点，而其他群体的水事观念则往往是日常的、不系统的、零碎的。这些不同层次、不同水平的水事观念渗透在人们的思想过程中，潜在地组织着人们的思维活动，从而调节和指导着人们具体的水事行为。实际上要想成功地进行水利体制改革，落实水利部党组提出的新的治水思路，转变用水观念，创新发展模式，真正有效的途径是实行水利体制改革与水文化创新，必须与民众水文化观念的现代化转变同步开展，逐步形成一种以水文化背景更新为主体的宏观水利环境。

当前水文化教育与研究越来越受到有识之士关注，不少水利院校在优化学科结构和课程设置过程中，不断加强水利与社会、水利与哲学、水利与经济、水利与环境、水利与历史、水利与文化等知识融合的教育与研究。本文提出水利院校要重视水文化教育和研究，不能理解为是对水利院校水文化教育的一种低估，而应理解为从积极意义阐明重视水文化教育与研究的道理，找到最佳的切入点，以实现培养一专多能的高素质复合型水利人才。

参考文献

[1] 钱正英. 从人与自然的关系中探索前进方向 [N]. 中国水利报.现代水利周刊，2004-05-08.

[2] 汪恕诚. c模式：自律式发展 [N]. 中国水利报，2005-06-23.

[3] 顾浩. 中国治水史鉴 [M]. 北京：中国水利水电出版社，1997.
[4] 中国水利文协. 水文化文集 [M]. 武汉：长江出版社，2005.
[5] 周魁一. 追寻历史的智慧 [N]. 中国水利报，2005-02-19.
[6] 马吉明. 从人与自然发展关系看问题 [N]. 中国水利报，2006-02-23.
[7] 贾征，张乾元. 水利社会学论纲 [M]. 武汉：武汉大学出版社，2000.
[8] 李宗新. 水文化文稿 [M]. 北京：远方出版社，2002.
[9] 吴宗越. 漫谈水文化 [J]. 中国水利，1989-10-04.
[10] 靳怀堾. 中华文化与水 [M]. 武汉：长江出版社，2005.
[11] 李文芳. 搞现代水利要重视文化建设 [N]. 中国水利报，2005-07-09.

北京，建设中的人水和谐生态城市

北京市水务局水政监察大队　杨金华

水是文化摇篮、水是经济命脉、水是生命之源，人水关系是人与自然关系的缩影。对于“万年之前原是海”的北京来讲，人水和谐不仅是对过去的追悔和反思，也是对城市建设发展提出的新课题。“让人和水成为北京城最和谐的风景”，这是全市百姓的期盼，更是北京水务工作者夜以继日为之奋斗的目标。

一、北京构建“人水和谐”的重要意义

（一）北京是文化之都，人水和谐是传承中国历史的要求

和谐，《新华词典》解释的意思是“配合得适当，谐调”。《现代汉语词典》解释的意思是“配合得当和匀称”。有专家讲：“和谐”是指不同的事物、元素或性质能够和谐地共处于一个统一体中，并在一定条件下相互沟通和融合，表明了不同的事物、元素或性质既统一又转化的关系。

中华民族素有“贵和”思想，崇尚人与人、人与社会以及人与自然的全方位、多层面和谐。和谐理念表达了人们对中庸、适度、中和、匀称、对称和融通的期盼，和谐是中国文化的精髓。和谐文化，博大精深；和谐思想，源远流长。中华文明历经几千年而不衰，得益于中华民族对和谐的不懈追求。

北京拥有3000年文明史，无论是作为亿万人民敬仰的首都，还是归朴于历史古城，她都应传承中国历史文化的精髓——和谐，而首都水务

建设务必凸现人水和谐的理念。

（二）北京是政治之都，人水和谐是继承马克思主义，落实科学发展观的重要体现

恩格斯讲，“我们不要过分陶醉于我们对自然界的胜利。对于每一次这样的胜利，自然界都报复了我们。每一次胜利，在第一步都确实取得了我们预期的结果，但是在第二步和第三步却有了完全不同的、出乎预料的影响，常常把第一个结果又取消了”。

马克思主义强调必须尊重客观事物的规律。可见，人类只有在认识、掌握并遵循自然规律基础上，才能改造和利用自然。

北京作为政治之都，理应继承马克思主义、落实科学发展观。因而，建设人水和谐的生态城市是北京兴水利民的百年大计。

（三）北京是首善之区，人水和谐是首都文明发展的标尺

和谐思想的主旨是天地万物、社会人生的和谐与发展。文明绝不是无休止的对抗过程，而是一个和谐不断实现并在和谐中求得发展的过程。我们有许多经验可以总结：“任何再生产——包括人类社会的再生产和自然的再生产，只有在和谐的状态下才能顺利进行”；“天地万物生生变易，但是，万物只要自觉恪守和谐的理念，就能生生不息，在丰富多彩的自然界坐标系中找到自己的位置”。

回顾历史，有人把人类的治水历程分为3个阶段或5个阶段，我则认为是5个阶段。

第一阶段是人类听命于河流的阶段。人类只能够随水游牧，水侵则亡。这一阶段是水多人少，水强人弱，水主宰着人的命运。

第二阶段是人类防御河流的阶段。人类开始围湖造田、渔耕，以此来维持生计。这一阶段仍是水多人少，人虽仍听命于水，但已傍水而居，在水的滋养中逐步繁衍。

第三阶段是人类利用河流的阶段。人类从对水的恐惧中挣脱出来，有了控制洪水的意识和能力，开始兴利避害，建设较大型的灌溉和航运工程。这一阶段可谓水减人增，水开始为人所用。

第四阶段是人类改造河流的阶段。人类有了一定的建设能力，更有了“人定胜天”的雄心壮志，开始了对水资源的无序开发、无节制索取。这一阶段已呈现出水枯人溢，水受制于人又不服于人，人给水带来巨大伤害的同时也给自己酝酿了隐患与危机。

第五阶段是人类与河流和谐发展阶段。人们在主要依靠工程技术措施治水出现困境时，开始重新思考，进一步认识到人类与河流的关系应该是既要改造和利用，又要主动适应和保护。这一阶段人与水走出了征服与被征服的误区，人类主动转变观念，去作河流的朋友和保护者，共建人水和谐发展的空间。

和谐是一种文明的境界，北京作为首善之区，理应积极实践人水和谐的新的治水理念，把和谐治水、治市推向文明发展的新阶段。

二、北京构建“人水和谐”的指导思想

（一）牢固树立以人为本的治水理念

坚持以人为本的科学发展观，要始终把广大人民群众的根本利益作为水务工作的出发点和落脚点，着力解决好饮水、防洪、用水、生态等与人民群众利益密切相关的水问题，保障人民群众的生命安全，提高人民群众的生活质量。

要突出人与自然的和谐相处。在人水关系中，人是主导方面。人类不合理的活动，加重了人水关系的紧张，激化了人水矛盾，导致人类遭受河流的报复。要改变这种对抗，必须首先牢固树立人与自然和谐相处的理念。只有顺从并利用自然规律来改造自然，人们才能持续取得丰富而又合乎要求的资源来发展生产，从而保持洁净、优美和宁静的生活环境。

北京水务发展务必以人为本，这是在观念上强化人水和谐。

（二）积极实践循环水务的治水思路

所谓“循环水务”：一方面是指水的自然循环，从大气水—地表水—地下水—再回到大气水。顺应这一规律，就要统筹人与自然的关

系，实现人水和谐，在防止水对人侵害的同时，也要避免人对水的侵害。在这一循环中，水资源保护和生态建设是关键。只有有效的水资源保护才能使水不被污染，才能够更多地利用，从而造福人类。另一方面是指人类活动参与的水循环。这个循环主要包括：蓄水—供水—排水—治理污水—再生水利用。把握这一循环，就要实施水资源的减量开采—高效利用—无害化处理—再生利用。在这一循环中，加快水污染治理，使污水再生利用是关键。

北京以科学发展观和循环经济理论指导循环水务建设，这是在思路上落实“人水和谐”。

（三）建设节水型社会，积极应对水资源紧缺的实际问题

北京是资源型缺水城市，境内没有大江大河，水资源主要靠境内和上游流域自然降雨。北京已持续7年干旱，密云水库、官厅水库蓄水急剧减少，加剧了水资源紧缺的矛盾。北京人均水资源量不足300立方米，远低于联合国划定人均1000立方米的缺水下限，是水资源严重短缺的特大城市。

建设节水型社会是解决北京市水资源最根本、最有效的战略举措。目前，北京已制定节水型社会建设规划：①制定节水规划，实行目标管理。②实行最严格的水资源管理制度，严格取水许可，全面实行计划供水，定额管理，落实节水责任，节奖超罚，用水大户实行合同管理。③全面用水计量管理。地表水用水准确计量，实时监测。地下水抽采全部安装水表，计量收费，月统月报。④依法管理节水。制定完善水资源管理和节约用水法规，全面贯彻落实《北京市节约用水办法》，制定行业用水标准，强化政府行政管理，建立节水“三同时”制度。保证节水工作的实效。⑤调整产业结构，推广节水技术。农业推广节水灌溉，控制用水总量。限制用水量大的项目发展，工业企业实施节水技术改造，提高水的重复利用率。建设节水型社区，市民生活用水全面推广节水器具。⑥党政机关带头，从社会单位用水管理切入，压缩社会单位用水定额，严格实行超定额累进加价，严格实行节水“六必须”管理。⑦利用经济手段促进节水。逐步提高水价，实现成本管理;按定额供水，超定额累进加价;建立阶梯水价机制，调动节水积极性。特殊行业用水大幅提价。

北京积极构建节水型社会，这是在行动上实践“人水和谐”。

三、北京构建“人水和谐”的实践经验

北京构建“人水和谐”的核心经验是32字的治水新思路：“节水为先，治污为本，科学开源，安全供水，管理雨洪，安全迎汛，中水利用，循环水务。”

在北京市水务局成立的第一年，焦志忠局长代表北京全体水务工作者自豪地向市人大报告了“一年水务，十项成果”。2005年，北京市水务局再次克服各种困难完成了大旱之年密云水库蓄水超过10亿立方米，一年解决30万农民饮用“高氟、高砷、高盐、高氨氮”水问题，提升污水处理率12个百分点，使之达到70%，更新思路，变防汛为迎汛等十项任务。

而今，不展示骄人的成果，只讲述鲜活的经验——“构筑三道防线，保护首都水资源”。此举，可谓北京市水务局落实科学发展观、实践新的治水思路的大手笔。

北京市山区面积占全市总面积的60%以上，是一道天然生态屏障。然而，因多年持续干旱，水少、水脏已成为北京生态环境的首要问题。并且，随着山区农村发展和旅游景点的增多，污水、垃圾污染日趋严重。在这种严峻形势下，为了保障绿色奥运建设，统筹城乡生态建设，北京市水务局提出了以水源保护为中心，构筑“生态修复、生态治理、生态保护”三道防线，建设生态型清洁小流域的水土保持思路。第一道防线：生态修复。在远山、中山及人烟稀少地区，实行全面封禁，禁止人为开垦、盲目割灌和放牧等，实施生态移民，建立生态补偿机制，减少人为活动和干扰，充分依靠大自然的自我修复能力，实现自然保水。第二道防线：生态治理。在人口相对密集的浅山、山麓、坡脚等地区，

加强基本农田建设，开展节水灌溉，营造水土保持林和水源涵养林，因地制宜地修建缓洪拦沙工程，蓄水保墒，进行农业种植结构调整，减少化肥农药的使用，发展生态农业、观光农业等，减少面源污染。同时在人类活动和聚居区建设小型污水处理设施、垃圾处理设施，治理人类活动对水体造成的污染，达到治理保水的目的。第三道防线：生态保护。以河道两侧和湖库周边为重点，通过清淤、疏浚、生物护坡(岸)，封河育草、湿地保护等措施，建设林草生物缓冲带，发挥植物的水质净化功能，维系河道及湖库周边生态系统。控制侵蚀，净化水质，美化环境。

截至2005年，全市累计达标治理水土流失面积3713平方公里，涉及256条小流域，其中20条小流域已基本建成生态清洁小流域，全市水土流失治理程度达到56%。小流域经综合治理后，削减洪峰在50%以上，拦沙效益达到60%以上，各类水土保持措施年平均蓄水保水能力达到1.7亿立方米，累计保土拦沙1.65亿吨，水土保持工程在抵御局部暴雨和全市连续干旱过程中发挥了巨大作用，基本解决了受山洪、泥石流威胁的山区4万人的安全问题。已治理水土资源得到优化配置，生态环境明显改善，饮用水源得到有效保护，农业生产条件大为改善，农民收入显著提高。

构筑三道防线、建设生态型清洁小流域、保护首都水源是北京市水务局落实科学发展观，实践“农村水利向统筹城乡水务转变，工程水利向资源水务转变”，贯彻水利部治水新思路的具体体现。这一思路是北京根据自身实际情况，针对目前北京水土保持工作面临的新问题提出的，但也可作为经济发达地区和主要水源区生态建设的发展方向。它是时代发展的必然要求，体现了人与自然和谐相处的科学理念，是新时期水土保持实践中的一次有益探索。

经过多年的探索和实践，北京治水从一直引以为豪的“人定胜天”思想转向了更加科学的“人水和谐”理念。正在从对水资源的无序开发、无节制索取转向合理开发、节约保护，暨人与水和谐相处的方向，正在积极地践行着水资源的可持续利用与发展。

参考文献

[1] 蔡其华. 论人水和谐 [J]. 水利水电快报，2006 (8).

[2] 焦志忠. 构建循环水务，建设节水防污型社会 [J]. 科学时报，2005-10-19 (1-4).

[3] 孙凤华. 浅谈“循环水务”的基本内涵及实践意义 [J]. 北京水利，2005 (4).

人类文明需要人水和谐

四川省都江堰人民渠第一管理处　朱　蕾

在人类发展历史的长河中，对水的利用占有重要的位置。世界各地人民也都把当地的主要河流称为他们的母亲河，这是因为：人类不仅依傍河流而生，而且利用和开发河流，谋求社会经济的发展。水对人类文明与进步发挥了积极作用，人类在社会发展、经济发展的进程中，不断深化对水资源的认识。随着社会生产力的提高和科学技术的进步，人类对水资源开发的力度越来越大，对水资源的索取越来越多。但是，在水对人类贡献越来越大的同时，也引发水资源短缺等一系列问题，甚至影响到人类社会的发展。对此笔者认为，为实现人类社会的可持续发展，必须在认识自然规律的基础上，努力做到人与水和谐发展。本文主要就人类文明发展进程需要人水和谐这一问题谈一点个人看法。

一、水与人类文明的启蒙

考古学证明：人类四大文明的发祥地就位于长江与黄河、幼发拉底河与底格里斯河以及恒河、尼罗河等广大流域中。近代有人制作的人口密度分布模型表明：点状水资源——湖泊、水井等密度线是一个围绕水源的同心圆，而在线形水资源——河、江等附近则与之平行分布在两岸的环绕带，而且流域气候条件越干燥，人口居住密度就越趋近水源。这都无疑表明了水对人类生存的重要作用。

据史书记载：中华民族的始祖——神农氏族的炎帝和轩辕氏族的黄帝就分别出生和逝世于长江与黄河流域，并居住在姜水和姬水一带。近来考古工作者在黄河之支流河道两岸发掘出众多的原始村落遗址，像闻名遐迩的裴李岗-磁山文化和稍晚期的仰韶与龙山文化等群落。从这些文化遗址中出土了大量与水或水生物有关的陶纹图案（如陕西宝鸡北首岭的《水鸟啄鱼》、西安半坡的《人面鱼纹》和陕县底沟的《鱼形》彩绘等），尤其是在河南临汝闫村出土的《鹳鱼与缚斧》图充分表现了以渔猎采集为主要生产方式的人类祖先与水的密切关系。正如管子所说："水者，地之血气，如筋脉之流通也……集于草木，根得其度；华得其数，实得其量；鸟兽得之，形体肥大，羽毛丰茂，文理明著；万物莫不尽其几，反其常者，水之内度适也。"[1] 不言而喻，在远古时期曾产生的鱼龙原始图腾正是人与水的这种依恋纽带情结在原始社会的精神活动中的升华表征。我们从"子在川上曰：'逝者如斯夫，不舍昼夜'"[2] 到"上善若水。水善利万物而不争，处众人之所恶，故几于道。居善地，心善渊，与善仁，言善信，正善治，事善能，动善时，夫唯不争，故无尤"[3] 等与水有关的论述中，可以看出水性的认识已深深地溶化到人们的自然时空观和社会处世哲理中去了。

"君者，舟也；人者，水也。水能载舟，亦能覆舟。"这是我国历史上唐太宗李世民的一句著名的政治论述。从我国历史上众多对水研究的著作中（如战国《禹贡》、汉魏《水经》和晋郦道元《水经注》等）以及存于政治、经济、哲学等文献史料中以水性借鉴比喻的论述中，都可以看出水利与水害在人们意识思想中所划留的深深痕迹。无怪乎司马迁发出"甚哉！水之为利害也"的感叹[4]，由此出现了"禹疏九河，通济、漯而注诸海，决汝汉，排淮泗而注于江"[5] 的伟大壮举。综观古今，我们看到人类正是在与这场洪荒浩劫的搏斗中，增强了对自然的认识和抗衡的能力而步入文明时代。

二、人水抗争中寻求和谐，和谐推进人类文明发展

水与人须臾不可分，可是，人们对水的认识却是逐步加深的，是在对水的除害兴利、管理利用中不断推动着文明历史的发展。

中国古代没有“水权”这个名词，它是近代才使用的。但这并不说明中国古代不存在水权问题，不存在调整用水关系的法律和政策。相反，中国古代在解决水权问题上有其独特的概念，连续的法律，大量的判例，还有见诸地方志记载的习惯法。中国封建社会水的所有权不同于土地所有权，土地所有制基本形态为私有制，绝大部分土地为地主占有，而江河湖泊属于国家所有，不许私人占有。东晋咸康二年（公元336年）颁布的《壬辰诏书》规定，“占山护泽，强盗律论。赃一丈以上皆弃市”[6]。论罪极为严厉。唐宋法典《唐律疏议》、《宋刑统》都有这样的律文：“诸占固山野陂湖之利者，杖六十。”南宋敕令首次提出保护“众共溉田者”的“潴水之地”的明确概念，规定：“潴水之地众共溉田者，官司仍明立界至注籍。”“诸潴水之地，谓众共溉田者，辄许人请佃、承买，并请佃、承买人，各以违制论。许人告。未给未得者，各杖一百。”[7]《大明律》、《大清律》不仅规定惩处盗决、故决河防犯罪，还规定了惩处盗决、故决民间圩岸陂塘犯罪。其法理很清楚，既为了保护防洪安全，又为了保护公共灌溉。就盗决、故决圩岸陂塘而言，犯者为自己用水而“决”，称为盗决；抱有报复、嫁祸于人的动机而“决”，称为故决。盗决、故决圩岸陂塘等公共渠堰，侵犯了众人的公共使水权，都属于犯罪行为。清代还规定保护私人修建的蓄水池塘渠堰，“如有各自费用工力，挑筑池塘渠堰等项蓄水以备灌田，明有界限，而他人擅自窃放以灌己田者，按其所灌田禾亩数，照侵占他人田亩例治罪”（清《户部则例》，转引自《中华律令集成》清卷）。由此可见，中国古代历代都制定法律来调整水的所有权和使用权，调整用水关系，而且处刑之重、涉及之广，都远远超过了对其他资源的管理与调整，这也说明了人类在与水抗争过程中充分认识到水对于人类社会发展所起到的重要作用。《左传》中描述与此同时在社会组织建构中也产生了在中央政权地位很高的司熔职任，以掌管“修堤梁、通沟浍、行水潦、安水藏，以时决塞。岁虽凶败水旱，使民有所耕艾”的水利工程的建设（《荀子王制·序室》）。还有在我国最早的文献史料中曾出现过诸如

“杀黑龙以济冀州，积芦灰以止淫水”的女娲，“窃帝之息壤，以堙洪水”的鲧和“决口疏河，东注至海，以固流水也”的舜等众多治水英雄与传说，都反映出人类在与水抗争的过程中在不断地寻求与水的和谐相处，都江堰就是人类与水和谐相处的典范之作。都江堰的诞生，是当时社会、经济、政治及军事等人类文明发展的迫切需要，原成都平原上水道紊乱，洪涝与干旱交替为患，岷江，经过340公里的湍飞流急，在都江堰西驰入成都平原，夏秋洪汛时，常常泛滥成灾，无情地吞噬着平原上的生灵，远古以来，这里的人民就与岷江展开了长期的抗争。而历朝的封建统治者们要实现得蜀的宏愿，就必先治水。至秦昭王时 (公元前256年)，蜀郡太守李冰父子经过访查水脉，因地制宜，在前人的基础上建成了举世闻名的都江堰，分水工程在岷江江心以竹笼装卵石而成，将肆虐的岷江分为内外两股，化害为利，兼具泄洪与灌溉两大功能，使成都平原“水旱从人，不知饥馑”， 从此成为“沃野千里”的“天府之国”。都江堰是古代水利工程至今仍在造福人类的罕见范例，被誉为“独奇千古”的“镇川之宝”。公元前157年，西汉蜀郡太守文翁穿湔江口，灌溉繁县农田1700顷，成为史载扩大都江堰灌区的第一人。经过唐宋时代的发展高峰，都江堰灌溉面积迅速扩大到了当时成都平原的14个县，并逐步形成了冬季断流、春季淘淤的岁修制度。元明两代是都江堰堰工技术发展的重要时期，“笼石”与“铁石”两种治堰方法的反复争论与实践，使都江堰堰工技术和工程结构得到了进一步完善，并趋于成熟。清代在治理和维护都江堰的同时，还形成了水费征收制度，并在整理治水经验的基础上，最终形成了“三字经”、“六字诀”、“八字格言”。所以，可以说都江堰水利工程的不断成熟丰满不仅是古代劳动人民的智慧结晶，而且是人类文明不断向前推进的需要和要求，其中有政治、经济和文化的需求，更是人民群众为改善自身生存条件而不断努力的结果。都江堰在2200多年的漫长发展过程中，正是人水和谐推进人类文明史的兴衰历程的鲜明写照。

三、水与人类文明的可持续发展

水在整个地球的生态环境中发挥着不可替代的作用，是生态环境中最活跃、最有影响力的重要因素。物种的进化、气候的变迁、地貌的变化都与水的运动与循环有着不可分割的联系。但由于水资源与人类的社会经济发展有着十分密切的关系，随着人类经济与社会发展进程中，对水资源需求的增加，尤其是现代农业和现代工业发展对水的需求大幅度增加，以及人类生活水平的提高和文明的进步、城市化进程和公共卫生工程加速增加了对水的需求，人类在自身文明建设和经济发展中却往往忽视水资源在整个生态系统的再生循环关系。人类对水资源的开采与利用虽然在一定程度上改善了人类生活环境，但是，大规模的开发和污染问题不仅破坏了原有的平衡，而且产生了严重的生态环境问题，造成良田绿洲变化为沙漠、水源日益匮乏的局面，全球水资源短缺矛盾尤显突出，从而导致迅速曼延的旱魔肆虐横行，吞食毁灭着人类艰辛创造出的文明并最终危机到人类的生存。这一切严酷现实都使自食其果的人们意识到合理利用和保护水资源的重要性，研究对水资源的可持续发展与利用，是人类与水协调发展、共建地球文明的重要举措。

全球经济一体化的推行已成为世界经济发展的主流，人类应按照自然资源的可持续性发展理论开发和利用好水资源，以确保人类社会在进步与发展中符合可持续发展理论。用科学发展观来看，我们应倡导合理用水、科学管理、综合发展和保持平衡的原则，科学合理开发和利用水资源，以促进社会的发展和进步。人类社会在进步与发展进程中，如何在对资源的需求中找到平衡是确保对水资源可持续发展的关键。当在某些地区或部分区域的资源失衡后，人类应该进行反思，并积极地作出补救，才能确保社会进步和发展能与自然界和谐共存，这就要求政府建立一套科学、合理的监管体系，从国家发展战略的高度制定符合发展观的政策，在管理和技术上给予支持，从而在社会上引发一场“用水革命”。

和谐的社会，应该是一个民主法治的社会，一个公平正义的社会，一个诚信友爱的社会，一个充满活力的社会，一个安定有序的社会，而且还是一个人与自然和谐相处的社会。新《水法》的颁布施行，为依法治水提供了坚实的法律保障，标志着我国水利事业进入了一个新的发展阶段，同时，也对如何进一步加强水资源管理的研究提出了新的更高的要求。

人与自然和谐，是和谐社会各种关系中非常重要的关系。由于现代社会有限的资源与人类需求之间的缺口巨大，导致了人类对环境资源的竞争性使用。因此，也可以说，人与自然的关系，本质上反映了人与人的关系。人类文明离不开水的滋养、人类的生存和健康离不开清洁的水源和良好的水环境。追溯到混沌一片的年代，最初的生命是源于水的，水的滋润让宇宙中一颗平凡的星球有了生机，有了怡人的绿。我们需要水，因为它是我们机体活动不可或缺的。水资源无论是以慈祥还是以严酷的面孔出现在我们面前，实际上都是在教我们学习、实践、总结并不断地进步。实现“人与水和谐相处”，以期达到人类文明最高境界这一终极目标，不是一个固定的标尺或高度，而是一个永无止境的运动过程。

参考文献

[1]《管子·度地》.
[2]《论语·子罕》.
[3]《老子·八章》.
[4]《史记·河渠书》.
[5]《孟子·滕文公上》.
[6]《宋书·羊玄保传》.
[7]《庆元条法事类》.

发展浙江水文化的策略研究

中国水利博物馆筹建办公室 张志荣

一、概述

水文化研究是20世纪80年代拓展出的边缘学术领域，它的兴起同社会文化繁荣、水利事业蓬勃发展有着密切关系，是水利事业发展不可或缺和独具风采的内容。水文化是社会文化的组成部分，一般是指人在发展进程中，不断调整同水这种自然物的关系形成的一切成果的水平、程度和质量的状态，即反映了人水和谐发展的历史足迹和趋势。从大文化思路出发，人的治水思想、治水技术、治水成果都是水文化研究的领域。从狭义的文化概念理解，水文化的研究方向主要是水利发展的生产水平、治水精神、价值观念、艺术形态和附着在水利历史遗产上的相关因素。

新时期水利事业的可持续发展，离不开水文化研究和建设，一是因为水文化建设在社会经济发展中有着不可或缺、不容替代的特殊作用，加强这一领域的研究有助于城市水利的健康发展，也有助于调整出水和社会发展的适宜关系；二是因为对这一领域的研究刚刚开始，与水利事业和整个社会文化事业的发展要求有很大的差距，需要我们下大力气研究、发掘、整理、继承优秀的传统水文化。同时，还要按照两个文明协调发展的要求，在水利建设中不断提高文化的含量，建设新型的水文化，确立水利在社会发展和国民经济中基础设施和基础产业的重要地位，塑造水利在社会上的良好形象，弘扬高尚的水利精神，使更多的人来关心、支持水利事业的发展，构建人水和谐相处的水利事业新局面。

二、浙江水文化的历史内涵

每个区域都有其特殊的发展历程和文化积淀。水是一个地区、一个城市产生、发展的基础条件，每个地区、每个城市都有不同于其他地方的水利史和特定的水文化内涵，都可以找到与水的渊源关系，都有其个性鲜明、丰富多彩的水文化。

浙江地处亚热带季风气候区，雨量丰沛，气候较为温和，但降雨时空分配不匀，河流源短流急，水、旱、风、潮等灾害往往频繁交错发生。人们为了生存和发展，同自然灾害作了长期不懈的斗争，谱写了光彩夺目的水利史篇。可以说浙江境域的开拓史，同时也是一部人与自然、人与水和谐相处的水利史。

在浙江古代水利中，有史籍可考的早期工程出现在春秋战国时期，如越王苟践为富国强兵治理开发滨海斥卤之地，创筑了富中大塘和吴塘；秦代开凿了嘉兴至杭州的陵水道，开江南运河之先河。最为著名的是绍兴鉴湖，鉴湖存在的近千年历史中，使当地田地“亩值一金”，由“荒服之地”成为“珍宝所聚”的鱼米之乡。

水利兴旺，农桑繁盛，地方日渐富庶，随之形成了地区性、多元性明显的吴越文化。吴越文化是水之文化，吴人从上古时期起，就显得秀慧、细腻、柔和、智巧与素雅，江南声调均呈现出亲水性、轻柔与细腻的特征，吴越文化不同程度地表现出水文化的基本属性，主要表现在水文化的开放性、兼容性及其前进性和扬弃作用。水文化的开放性和兼容性并没有影响水文化永远鲜活而朝气蓬勃的文化状态。到唐与两宋时期，吴地城市经济、城市文化空前繁荣。特别是在明清期间，中国的资本主义萌芽在这里孕育，从而使吴越文化的内涵更加丰富，特性更加鲜明，生命力更加强大，辐射全国甚至海外不少国家和地区。

在吴越水文化中，西湖水文化是一支奇葩。长期以来，杭州人开凿了汲水井，铺设了涵管，修筑了捍湖大堤与涵闸，多次疏浚了西湖，设置了闸、涵、笕等水利设施，使西湖变成一个人工湖，成为历史上成功的水利工程之一。同时在进行西湖水利活动中，逐步积累了经验，形成了符合西湖实际情况的思维方式和工作方式，建成了与西湖水利工程有关的苏堤、湖心亭、三潭印月、阮公墩等古建筑，并以西湖为题材创造了许多神话传说、民谣故事、诗词歌赋、绘画摄影、曲艺戏剧、文学作品、科学著述等，成为西湖水文化的重要内容。西湖水利从初期杭州的给水开始，随着城市发展的需要，逐渐发展成给水、灌溉、航运、防火、护城以及美化环境等综合性的水利工程，为杭州地区的繁荣作出了重大贡献。

三、浙江水文化建设的新内涵

新中国的建立是水利发展的重要转折点，广泛的社会力量兴修水利，从根本上改变了水旱灾害频繁发生的自然状态。特别是十一届三中全会以来，水利服务方向的转变和水利事业的快速发展使水文化具有了鲜明的时代特征。大规模的水利建设不仅形成了水库、大坝、水渠等物质成果，而且形成了艰苦奋斗、无私奉献、开拓进取、尊重知识等精神成果，这些都是水文化的宝贵矿藏，开掘其中的丰富宝藏在今后的水利发展中有着重要意义。

（一）水利工程设施是水文化的重要载体

新中国成立以来浙江水利发展使水文化有了更丰富的内涵，特别是20世纪90年代以来，浙江水利进入空前发展阶段，建设现代化水利体系成为水文化发展的主要特征。

“九五”期间，是浙江省水利建设发展最快的时期之一。5年来，水利总投资达到400多亿元，列全国前茅。建成了千里标准海塘、杭嘉湖太湖治理一期工程、温州珊溪水利枢纽等一大批重点水利工程，其他如舟山大陆引水应急工程、玉环漩门二期蓄淡围垦工程等基本完成，分水江水利枢纽等工程已开工建设，病险水库除险加固1580余座，开展小流域治理130余条等，基本建成了相对完善的防洪、供水和水环境体系，有力地支持了地区经济和社会的快速发展，具备了水文化建设的直接载体。

（二）形成了“献身、负责、求实”的水利精神

水利事业的发展，依靠党的领导和党的水利政策，也依靠为水利事业艰苦奋斗、顽强拼搏、无私奉献的治水人，他们身上有着我们民族特有的大禹后世传人胼手胝足、为民造福的光荣传统，也有着现代人的时代精神。水利工程建设任务繁重，条件艰巨，远离城镇，交通不便，水利人风餐露宿，干的是重体力劳动，但都以参加水利劳动为荣，在浙江水利事业建设中涌现出一大批梁焕木式的人物，他们把理想和真诚铸入大坝和堤防，塑造了水利在社会上的良好形象，塑造了一种时代精神，一种有着时代特点的水文化。这种高尚的水利精神，砥砺着水利人，在水利行业中形成凝聚力和向心力，为发展我们水利事业多作贡献。

（三）重视科技在水利事业中的作用

浙江水利在发展中重视科技发展，大大提高了水利建设中的科技含量。据统计，自1978年全国科技大会以来，全省有近800多项成果获各级政府颁发的优秀科技成果奖，其中“定向爆破筑坝技术”、“砌石坝建坝技术”、“推广喷灌新技术”、“浙江省千里海塘建设技术综合研究与应用”等230多项科研成果获省部级以上奖励，里石门水库拱坝技术、秦山核电厂海堤工程等10项工程获国家级、省部级优秀设计奖和优质工程奖。科技的作用体现在水利发展的每个方面，需要和可能是科技成果发挥作用的结合点，推进了浙江水利科技的发展。浙江省在坝工建筑技术、软黏土地基处理、河口海岸研究、防汛非工程措施研究、农田灌溉新技术等方面成绩显著，面板堆石坝建坝技术的推广运用居全国领先水平。

（四）继承优秀的水文化遗产，使其在新时期发挥积极作用

浙江省保留了不少价值很高、相对完整的水文化遗产，如始建于南朝的丽水通济堰，拱形堰体、立体交叉输水道和长藤结瓜式的水利网络等水利技术在当时都是十分先进的，而在管理养护上更以堰规完善而著称，被列为国家重点文物保护单位；唐代兴修的鄞县它山堰，因其坝工“精致坚固、功侔鬼神”，历千年不毁，堪称水利一绝，被列为国家重点文物保护单位；驰名中外的京杭大运河元代初期全线沟通，至今仍为航运主干河道。这些都为我们继承传统水文化，建设具有时代精神的新型水文化创造了良好的条件。

由于城市水系是历史文化名城的重要标志，近年来，保护水系沿线文物被列入水系治理工作的议程，绍兴的古运河治理，使水文化遗产展示出新的风采，也在全省乃至全国起到典型示范作用。

浙江省曾整理出版《海塘志》、《河闸志》、《堰志》、《湖经》等等，1998年修纂出版了200万字的《浙江省水利志》，客观地记述了全省水利发展情况，为发展水利事业，弘扬大禹治水精神起到很大的促进作用。

文化体现着人类劳动和智慧发展的成就，是人的本质的展现。浙江水利发展史充分表明，无论在物质文化、行为文化建设领域，还是在精神文化建设领域，水文化建设都取得了令人瞩目的成就，为进一步营造人水和谐、充满生机和活力的浙江提供了文化动力。

（五）浙江水文化建设存在的问题

水文化建设是多层面的，它与文化的性质和功能紧密地联系在一起，体现着水利建设中人的思想、观念、意志和创造力，体现在调整人与水关系过程中人们治水、用水创造的一切成果，它代表着一定时代、一定区域、一定文化背景下的生产力水平、生活方式、审美取向。综观水文化建设，也有许多不尽人意之处。浙江水文化建设存在的主要问题表现在部分水文物遭到破坏、对水资源认识不到位、水文化宣传力度不够、水文化研究没有形成一定的氛围等方面。

20世纪60年代以来，在建设中不注意文物保护的现象普遍存在，尤其在特定历史时期对水文物的破坏非常严重，造成了不可弥补的损失。

在20世纪即将结束之际，72位诺贝尔奖获得者曾联名倡议：在新世纪各项新技术突破性发展形势下，文化决不能因技术发展而削弱，越是现代化，历史文物越显得重要。为此，他们呼吁各国政府和社会付诸行动，保护遗存不多的文化遗产。

在人们的传统观念中，水是“取之不尽、用之不竭”的。改革开放20年来，我国经济建设处于转型时期，由于人们急功近利思想，短视行为十分严重，对水资源进行大肆掠夺性使用，水环境的承载能力达到了极限，水环境恶化问题日益突出，水资源已成为影响经济社会可持续发展的重要制约因素。如果认识不到这个问题，水文化建设就无从谈起，而且水环境作为水文化的物质要素的极为重要部分，是水文化的物质载体，水环境问题不解决，也将影响水文化的建设。

从水文化建设动态层面看，宣传力度还不够。一是对水利基础产业重要地位宣传不够，十五届五中全会已将水利提升到基础产业的首位，加大了基础设施建设的力度，但宣传没有到位。二是对水资源重要性宣传不够，21世纪的国际投资和经济发展有“一看人、二看水”的说法，说明水可能成为持续发展的最大制约因素，若认识不到这个问题，将威胁到经济的进一步发展，前景堪忧。三是对水商品、节水治污宣传不够，目前国家已出台了城市供水价格改革意见，但市民头脑中“节水警报”还没真正拉响，水法制意识还比较薄弱，宣传上还要加大力度，为水利工作创造良好的舆论氛围。

水利史是浙江历史的重要组成部分，保存历史能了解自己的过去，由过去预期将来，从过去才能理解水利对治国安邦的重要关系。开展水文化研究，有利于了解几千年的水利史，激发人们热爱社会、热爱人民的激情；有利于学习古人前仆后继顽强的治水精神，增强战胜困难的信心；有利于研究浙江水利的发展规律，用以指导现在和将来的水利建设。目前水文化研究虽然取得一些成果，但还没有形成一定的研究氛围。水文物还缺乏完整、系统的搜集、整理，尚未建成集中收藏、展示的地方，不利于水文化的教育和研究。

四、发展浙江水文化的策略

（一）大力宣传水文化

水文化宣传是发展水文化的一个重要组成部分，通过宣传水文化，可以让人们了解水文化，认识水文化，提高水文化意识，促进对水的合理开发利用，保障人水和谐，同时促进水利事业的发展。

宣传水文化，努力繁荣浙江省的水利新闻出版和广播影视事业，提高对水的认识。没有水就没有社会的发展，而一些人对浙江的缺水形势却了解不多。浙江虽然是我国降水较多的地区之一，但人口密度较大，水资源地区分布不均，洪涝台风干旱灾害多发，水资源实际人均占有量在全国处于较低水平，用水形势十分严峻。目前来看，国人对水的关注是历史上从未有过的，它已渗透到社会生活的各个层面。水关系到人类的生存和社会的发展，宣传水文化就是关系到人类生存和社会发展的宣传。

近年来，党和政府高度重视水利，一个重要的目的就是让水利走向社会，让社会了解水利。水利部部长汪恕诚说，水利具有满足社会与经济发展的5个层次：饮水保障、防洪安全、粮食供给、经济发展、生态环境。水利走向社会，宣传是一条重要的渠道和窗口，就浙江省实际而言，要切实做好水利基础产业重要地位需要宣传、水资源重要性需要宣传、水务市场需要宣传和水商品、水费调价、节水治污需要宣传。

（二）营造良好的水文化环境

良好的水文化环境可以使人关注水的生态环境，加深对水的理解，体验人水和谐的真谛，从而促进水利事业的繁荣发展。水文化环境可以分为“软件”和“硬件”两大部分：“软件”主要是指繁荣昌盛的水文化事业、丰富多彩的水文化活动、促进发展的水文化政策，“硬件”则是指提供精良的水文化设施。为此，一是要加强水利行业思想道德建设，在水利建设中坚持以培育有理想、有道德、有文化、有纪律的水行业职工为目标，引导职工树立正确的世界观、人生观、价值观，培养职工高尚的社会公德、职业道德和家庭美德，这是水文化建设的核心与灵魂。二是要大力宣传水文化，繁荣水利教育科学事业和水利文学艺术事业，形成良好的水文化环境。三是要开展丰富多彩的教育类、艺术类、健身怡情类水文化活动，以此把水文化建设各项任务落实到基层、落实到每一个人，使人们的思想和情操在这种氛围中受到陶冶和升华，增强水利人的自豪感和凝聚力，为发展我国的水利事业提供精神动力和智力支持。四是要提供完善的水文化设施，提供精良的水文化设施是营造良好水文化环境的物质条件和重要内容。它包括保护和维修已有的水文化设施、兴建新的水文化设施、把水文化内涵融入社区规划中以及建立水文化保护区等举措。

（三）开展水文化研究

水文化可认为是在广义意义上的整个社会文化（文明）的一部分，即围绕着认识水、治理水、利用水、保护水乃至观赏水而涉及的一切人与水、人与自然和谐共存的物质文明、精神文明的内容，包括科学技术、工程设施、历史地理、法律制度、文学艺术等。它是整个社会文明的产物，并随着社会文明的发展而发展，它的水平可能有某些方面在当时处于较高程度，但不可能脱离当时社会文明的总体水平。这样的“水文化”不能包括也不能统帅整个社会文明，但它反过来能对全社会的文明起极大的促进作用，其作用更多地表现在生产、生活和环境的物质方面。如科学技术反映到工程上，表现为物质文明，它的物质成果（被治理、被开发、被保护的水本身）对促进社会经济发展有着不可代替的巨大作用。同时也表现在精神方面，激励着人们的水文化素养的提高。水文化是人类在与水相处的历程中创造的与水有关的科学、艺术及意识形态在内的精神产品和物质产品的总和。

1.研究内容

人类的生活和生产活动都离不开水，在我国6000多年的悠久历史中，创造和形成了极为光辉灿烂的水文化遗产，主要体现在大量的水利历史典籍、水利文物古迹和各种古代水利工程中，记录了我国的自然、地理、灾害和社会变迁等。我国的水文化遗产表现形式大致包括了诗歌类、碑刻类、绘画类、史记传说类、信仰类、祭祀类、民俗类、科学著作类等，它们均极具研究和欣赏价值。我国历史上水文化遗产是极为丰富的文化宝藏，应该下工夫去开发、去维护，取其精华，弃其糟粕，与时代精神融为一体，使这一独具魅力的文化珍品成为水行业发展的先进文化的闪光点。

2.研究方向

水文化研究涉及范围很广，包括自然科学和社会科学的有关学科，因而是一门新型的边缘科学。水文化的研究需要各有关学科的共同配合，协同作战。围绕水利事业发展这个中心，水文化研究的任务有3项：一是立足于水行业的现实，研究如何发展面向现代化、面向世界、面向未来民族的科学的大众的社会主义水文化；二是开发和整理我国优秀的水文化遗产；三是在前两项工作的基础上、通过长期坚持不懈的努力，逐步把研究成果系统化、理论化，创立出不同风格、不同学派的水文化学科。

参考文献

[1] 汪恕诚. 资源水利——人与自然和谐相处 [M]. 北京：中国水利水电出版社，2005.

[2] 顾浩. 中国治水史鉴 [M]. 北京：中国水利水电出版社，1997.

[3] 顾浩，等. 中国水利现代化研究 [M]. 北京：中国水利水电出版社，2004.

[4] 靳怀堾. 中华文化与水 [M]. 武汉：长江出版社，2005.

[5] 高安泽. 中国水利百科全书 [M]. 北京：中国水利水电出版社，2004.

人水和谐是可持续发展水利的核心理念

——江苏泰州市打造特色水城的启示

泰州市水利局　王羊宝
江苏省水利厅　王　铭

人水和谐，是人与自然关系的核心，是科学治水实践的更高境界，也是构建社会主义和谐社会的重要内容。近几年来，江苏泰州市在科学发展观的指引下，牢固确立人水和谐理念，积极调整治水思路，走可持续发展水利之路。大做水文章，培育水文化。现在，一座充满现代文化气息、饱含水韵灵气的苏中水城正在江淮大地上迅速崛起。

一、转变思路，坚持“以人为本”，加快发展城市水利

泰州地处江苏中部，南临长江，北接淮水，上苍好像特别垂青这座城市，让长江、淮河两大水系在城中自然交汇融合，从而形成了别具一格的地域水系风貌。泰州也是一座文化名城，2100多年的历史使其享有“汉唐古郡、淮海名区”之称。历来人文荟萃，施耐庵、郑板桥、梅兰芳等，是泰州文化名人中的杰出代表。历史上的泰州因水而生、因水而兴，是一座名副其实的“水城”，水网密布，河道纵横，地域水系脉络清晰，城外有护城河环绕，城内有纵贯南北的市河和横穿东西的玉带河，形成了“双水绕城、水城一体”的水系格局。改革开放以来，由于种种原因，在经济发展的同时，人与水争地，城市水生态环境、河道水系遭受不同程度的破坏，填埋水系、阻断河道、污染河水等现象时有发生，导致水系紊乱、河道淤塞、水质恶化，城市出现了不少“断头河”、

“臭水塘”、“龙须沟”，等等，城市水环境不堪重负，成为市民心头挥之不去的伤痛。20世纪末，特别是进入新世纪以来，随着城市化进程的加快、人们物质生活水平的提高，人民群众的精神文化生活需求不断提升，要求改善水环境的愿望十分迫切。目前，恢复水系风貌、重塑水城形象的要求，已成为政府及广大市民的共识，人水和谐交融的都市生活成为人们的向往和追求。

（一）人水和谐是建设宜居城市的需要

城市是普通市民的家园，城市的发展目标是服务市民，造福市民，让市民生活更美好，从城市的发展中受益，因此建设宜居城市、适应人的生存环境和精神生活需求，成为城市建设的根本宗旨。泰州地处江淮平原水网地区，没有山，只有水，水是城市的特色所在。由于水多、河多，因此营造亲水环境、满足市民亲水需求成为建设宜居城市的重要内容。立足泰州实际，政府确立了以水为魂的城市发展定位，努力建设城在水中、水在城中、人水交融的宜居城市。建设宜居城市，对泰州这样一个水城来说，就是要理性处理好人水关系，促进人水和谐相处，让人们能够亲水、近水，与水为伴，寄情于水，营造人依水、水润人的生动画卷。正反两方面的经验让政府和市民充分认识到，水是城市的灵气所在，水活则城活，水滞则城滞。如果人水关系不融洽，人与水不能和谐相处，那人就会对水造成伤害，水也势必给人以报复。填埋河道、阻塞水系、污染水体等就是人对水的伤害；城市受淹、洪涝肆虐，就是水对人的报复。只有人水和谐相处，人们才能享受水带来的舒适与惬意，水也才能更好地得到人的精心呵护。

（二）人水和谐是城市可持续发展的需要

随着科学发展理念的逐步深化，如何实现可持续发展、为后人留下赖以生存、发展的资源与环境，成为城市不可回避的现实问题。城市要实现可持续发展，必须要保护好包括水生态环境在内的城市自然生态系统，科学规划，统筹兼顾，努力实现资源可持续利用，进而实现城市的可持续发展。泰州作为一座水城，水在经济社会事业发展中具有举足轻重的作用。水穿行于大街小巷、绿地桥梁之中，与人们的日常生产生活有着千丝万缕的联系。有了水，城市就滋润饱满，就有了进一步发展的良好环境基础，就能充分集聚人气、财气和各种生产要素，实现更快更好地发展。城市可持续发展的要求，呼唤我们要保护水资源、改善水环境、营造水景观，建立人与自然、人与水和谐共存的关系，把水这个城市最重要的环境资源与自然禀赋保护好、利用好，为子孙后代留下发展的根基，从而实现城市可持续发展的远大目标。

（三）人水和谐是展示城市魅力的需要

城市形象是一个地区文明程度和综合竞争力的象征。未来的城市要在推进现代化的进程中，协调抓好经济建设、社会建设、文化建设以及和谐社会建设，努力张扬地域特色和文化品质，形成自己的独特个性，这样才会打响城市品牌、展示城市魅力。泰州市委、市政府明确提出了“以水为根，以绿为主，以文为魂，以人为本”的发展思路，要求做足水文章，把泰州建设成为“历史文化与现代文明相互交融、城市水景观与城市水文化特色明显、城市品位与市民素质同步提升”的文明城市，实现“水清、绿透、文昌、城秀”的发展目标。遍布城市的河道水系，犹如流淌不息的条条血脉，为城市带来灵秀与涵养，也为城市注入动力与生机。离开水的滋润与支撑，城市神韵与容颜就会消失，也就失去了赖以竞争的资本。因此，打造魅力城市、提升城市形象，需要因地制宜，尊重自然规律，统筹规划，科学治水，让城市之水成为城市最美的风景，让城市河道成为装扮城市的一条条绿色项链。有了充满生态与人文理念的水与河道，城市就会迸发出勃勃生机和无穷魅力。

二、着力创新，描绘人水和谐的城市水利蓝图

近几年来，泰州市围绕人水和谐目标，勇于探索，积极创新，走出了一条致力于人水和谐的城市水利发展路子。

（一）创新理念，追求水与工程的和谐

长期以来，水利工程建设上普遍重视工程的坚固与实用，缺乏工程

与环境协调的意识。水利进城，水利工作迈进了一个全新的领域，过去的思维模式和框框束缚必须打破，不能就水论水、就工程论工程，要兼顾水工程建设与激活城市水系、维护河道自然生态、保护生物多样性等的关系，尊重客观自然规律，保护城市水系特色，使水利工程与城市水系、城市河道更好地融为一体。通过转变思维方式和规划设计理念，恢复城市水系和创新水工程结构模式，来实现水与工程的和谐。在水系恢复上，还河道以本来的历史面目和水域风貌，让以前遭到填埋、覆盖的河道重见天日、再现生机，把宽阔的河、灵秀的水还给城市和市民；着力打通河道"肠梗阻"，解决水系阻隔、断头河、死水沟塘等问题，让城市水系相互沟通联接；同时兴建城市引水排涝泵站，提高城市防洪排涝能力，使人民群众免遭水淹，实现城内外河道水源的互相调济，达到水通、水活的成效。在创新水工程结构模式上，积极运用新材料、新工艺，让城市水工程包含更多的自然生态气息，如城市河道护岸形式，可改变过去的高大直立式混凝土护砌形式，采用亲水型的河岸设计，水岸交接，堤岸与常年控制的河道水位齐平，河岸遍植自然适生植物，设置适宜的园林建筑小品，体现一种返璞归真、崇尚自然的风格。这种新的河道设计与建设方式，更易让人近水、亲水，显示出一幅人水和谐的城市生活画卷。

（二）营造环境，追求水与环境绿化的和谐

在推进城市防洪工程建设和河道清淤疏浚工作中，泰州突出搞好河道绿化美化，把城市河道打造成一条条绿色生态长廊，让水绿交融，发挥河道的生态环境效益。凤凰河是纵贯泰州新区的一条骨干河道，全长5.43公里，绿化面积达50万平方米。徜徉其间，仿佛置身于无尽的绿色世界之中，乔木、灌木错落有致，相互掩映，杨柳迎风翩翩起舞，各色花卉竞相盛开，园路小品精巧点缀，给人以清新自然、心旷神怡的感觉。特别是凤凰河北段有栽植700多株樱花的葫芦岛和拥有500多株银杏的银杏园，已形成"樱岛春晓"、"银杏溢金"两处具有典型生态特色的景观。每当春天樱花盛开时，葫芦岛绚丽多姿，游人如织；每当秋季来临，银杏园硕果累累，落英铺地，犹如一片金色的海洋。凤凰河中段的治水者广场，花坛植满月季、杜鹃等花草，沿河平台植有红枫，与对岸的绿柳辉映成趣。现在，不仅凤凰河草木茂盛、绿意盎然，而且城南河、中子河、稻河等，也遍植树木和草皮，形成了一环水、一环绿的生态环境景观。通过绿化美化，河道仿佛披上了绿色外衣，显得更加清新靓丽，水与河岸环境也更为和谐，城市景观也因此变得更加多姿多彩。

（三）彰显特色，追求水与文化的和谐

泰州作为一座历史文化名城，具有深厚的历史文化积淀。在推进城市水利建设中，该市注重水与文化的结合，处理好水工程建设与彰显城市文化之间的关系，努力赋予水工程以丰富的文化内涵，让水与文化和谐共生，为城市打上深深的文化烙印。位于泰州环城河畔的东城河泵站，主要解决老城区东部的防洪排涝问题，兼有调水活水功能。结合实施泵站工程，建“文会清风”景点，以挖掘再现宋时海陵郡从事滕子京与时西溪盐监范仲淹二人文会堂唱和意境。泵房采用宋代建筑风格，与环城河整体环境协调，工程绿地中立有滕、范二人唱和的雕塑，并将范仲淹《书海陵滕从事文会堂》诗文板刻于塑像旁边。这一景点的兴建，为环城河风景区增添了一处新的旅游景观。老西河涵闸沟通西城河和老西河水系，改善老城区西部区域水环境，结合工程建设，兴建“古泰坝掣盐”雕塑，展示泰州的盐税文化，重现当年“扬州八怪”之一的高凤翰任泰坝监掣官时，在泰州掣验过坝之历史；并将《两淮盐法志》所绘《泰坝过掣图》镌刻其后，为老西河涵闸增光添彩。

凤凰河畔的《治水者》雕塑，选用一块重约16吨的整体花岗岩巨石制作，采用裸体造型，突出治水的强健体魄和不屈不挠的顽强意志。位于凤凰河上的百凤桥、鸾凤桥、莲花桥等也都进行了装饰创意，形成了具有文化内涵的城市桥梁建设的新风格。百凤桥通体雕有999只凤凰，呼应泰州“中华凤城”定位，凤凰文化品味浓厚。鸾凤桥桥栏也进行了艺术装饰，中为用石材制作而成的一只展翅欲飞的鸾凤，其余为石材制作的朵朵祥云，线条简洁而又意味无穷。莲花桥选用汉白玉石材雕凿而成，整个桥体晶莹剔透，浑然天成，给人以文化熏陶和美的享受。凤凰河与古运盐河交界处拟建一古汉阙，展示运盐河两千多年的历史。葫芦岛莲花池内拟建一忠节碑，以弘扬历史上李庭芝等人的不屈民族气节。

泰州水利人正着力使每一座水利工程都能体现文化神韵，突现人文精神，为历史和后人留下精彩而又宝贵的文化财富。

（四）把握定位，追求水与城市的和谐

2002年，该市全面推进城市水利建设以来，泰州首先从规划入手，在摸清城市水系来龙去脉的基础上，因地制宜，精心谋划，紧扣城市发展脉搏，把握城市水的品性和特征，高标准、高起点规划城市水系，力求达到水与城的和谐。按照这个思路，在原《泰州市城市防洪规划》的基础上，编制了《泰州市主城区水系综合治理规划》，形成了“一横、两纵、三环碧水绕凤城”的主城区水系新格局。“一横”，即老通扬运河及其延伸段；“两纵”，即南官河接卤汀河、凤凰河接老东河；“三环”，即以老城区环城河为内环线；以引江河、新通扬运河、周山河和拟开挖的先锋河为外环线，构成大包围态势。在内环与外环之间，根据需要和水位变化规划布置一中环水系。该规划已被泰州市政府批准并付诸实施。为了让水与城和谐的目标早日实现，该市在满足城市防洪、排涝、供水等基本功能的同时，努力做到“三个结合”，即城市防洪工程与改善水质、修复水生态环境相结合，水系综合整治与搞好滨河绿化、建设宜居环境相结合，城市水利建设与挖掘泰州文化积淀、打造城市景观、优化旅游资源配置相结合。围绕“露水、亲水、净水、活水”的基本要求，将河道、岸地、植物、园路、灯光、建筑等整体布局，营造一个“碧水绿岸、亲近自然”的城市休闲活动空间。

泰州水系综合整治规划围绕“提升城市品位、打造水城特色”这一主题，服从城市总体规划建设要求，注重水与城市建设的协调，充分吸收了城市水与城市文化内在关系的研究成果，以再现“双水绕城、水城一体”的城市景观和水系格局，做到水在城中、城在水中、人在绿中，以实现“水清、绿透、文昌、城秀”的发展目标。在具体工作上，对滨水的城市道路、跨河桥梁、迎河楼盘、园林小品、文物古迹等，都进行精雕细刻，精心揣摩，着力使每一座建筑、每一处景观都与水相协调、相融合，让水与城市建设相得益彰，共同促进城市品位与形象的提升。

三、人水和谐治水实践的主要启示

（一）人水和谐是落实科学发展观、实现科学治水的最终目标

进入新世纪以来，党中央相继提出科学发展观和建设和谐社会的理念，这就要求我们转变观念，调整思路，努力适应科学发展观及和谐社会建设对水利工作的新要求，在水利工作的各个环节上落实科学发展观，做到科学治水，以实现人与自然和谐相处。水利部门落实科学发展观，实现科学治水，就是要通过现代治水手段来达到人水和谐相处的目标。水利进城以后，面临一个全新的工作领域，决不能再沿用过去从事农村水利和工程水利的传统模式来谋划城市水利。要坚持“以人为本”，把人的需求作为第一目标，通过科学治水，来满足人们亲水、近水、爱水需求，把城市之水与城市建设、环境景观、人文历史等统筹考虑，打造人水和谐融洽的城市水环境，让城市之水给市民带来精神上的愉悦，让水之灵气融入市民的日常生活之中。

（二）人水和谐是强化水资源统一管理的现实要求

多年来的城市水利工作实践，让人们深深体会到，要实现人水和谐目标，必须加快水资源管理体制改革，强化水资源统一管理，为建设人水和谐的城市水利提供有力的体制支撑。对城市涉水事务，诸如防洪排涝、水系整治、河道清淤、供水排水、污水治理等实行统一管理，可以减少多部门治水、管水上存在的职能交叉、推诿扯皮等弊端，可以更好地统筹规划好城市涉水事务，加快城市水利进程，也可以更好地优化配置城市水资源，提高资源的综合利用水平，充分发挥城市水工程、水环境的社会及生态环境效益。因此，要着眼于人水和谐的城市水利发展大局，加快推进水资源统一管理进程，为人水和谐目标的早日实现，提供

强有力的制度和政策支持。

（三）人水和谐是以水为魂、建设现代水文化的核心内容

和谐是一种美，也是一种文化，延伸到水，就是要实现人与水的和谐。随着经济社会的发展，人们对精神文化生活的需求不断提高，因此面向未来，要把水与文化融合起来，把水的自然之美与文化的精神之美结合起来，努力赋予水利工程以更多的文化内涵，使注入文化内涵的水极富灵性，使承载了水的文化极具感染力。要通过文化内涵的注入，让水利工程变得丰满、形象、生动，使城市水利成为充满生机和活力的展示文化、传承文明的一个载体。近年来，在整治河道、改善水质、兴建工程的同时，坚持做大、做优、做美水文章，建成了一批富有水文化内涵的景观河道、特色景点。人们在近水、亲水、嬉水的同时，通过观赏水文化景点，了解泰州水城的历史、现在和未来，既放松了身心、愉悦了心情，又学到了知识、增长了见识、开阔了视野，进一步增强了人们热爱家乡、建设家乡的情感，激发了人们立足岗位、无私奉献的豪情。在先进文化的滋润下，泰州近年来各项经济社会事业快速发展，城市综合竞争力不断增强，人民群众正不断从城市发展中获益。

论水生态、水文化与水管理

——山东诸城潍河水利风景区建设与管理的实践探索

山东省诸城市水利水产局　孙　友　周德宝

水利风景区是生态水利的精品和亮点。传统水利中，基层水利工作者往往片面注重工程的硬性要求，而忽略了生态的、文化的、管理的辐射效应，致使水利风景区刚有余而柔不足，缺乏自然、和谐与灵秀品位，特别是传统的“职能分割、分而治之”的管理体制，使水利风景区的可持续发展陷入“势力范围、责任脱节、效率低下”困境。现代水利的治水思路给我们提出更高的要求，在确保防洪、工程、蓄水安全的基础上，更应融入自然生态、以人为本、和谐共生新理念，注重水生态、构建水文化、加强水管理，突出地方特色，提升品位和档次。

一、水生态、水文化与水管理的关系

（一）水与生态

水是地球赖以生存的基础性物质，也是维系生命生生不息不可缺少和不可替代的重要自然资源。在山、水、林、生物等大的生态因子中，山有水则灵，木因水而秀，生物靠水而存。动态的、多功能的水是生态环境的控制性要素，始终处于首要位置，并发挥核心作用。对水的总体评价也由生命之源、自然资源、经济资源上升到生态资源、生态资本，贯穿经济社会发展诸环节。

水是自然的，对水的开发利用也应是自然的。以往的水利工程建

设，局限于蓄水抗旱、防洪排涝，着重于工程的结构设计，很少考虑工程与社会环境及生态环境的统一，造成工程设计与周边环境脱节。汪恕诚部长曾经指出："恢复和维系良好生态系统，以水资源的可持续利用支持经济社会的可持续发展，是水利工作的基础性目标。"力求把每一项水利工程建成为"生态工程"，一方面是指水利工程要满足水资源合理配置的各项要求，充分发挥工程效益；另一方面要满足水生态建设与保护的要求，使水利工程发挥最佳的生态效益和环境美化功能。

水生态指在以水为载体的前提下，通过工程或非工程措施，合理开发、利用、保护水体环境及水陆交汇地带的自然、人工环境。范围广涉水量、水质、水流、景观、工程、沙石、堤防、安全及临水衍生的生物多样性等。以水生态为主旨的生态水利不是治水阶段的更替，而是现代水利的内涵。作为水利工程，必须摒弃"就水论水"的传统思维定势，融入回归自然、恢复生态、以人为本、人水相亲、和谐自然新理念，满足时代对水利建设提出的多样化要求。作为水利部门，要突破以往水、山、人、文、景分离的单一做法，实现水利与园林、防洪与生态、亲水与安全的有机结合，把河道、水库、山地建设成清水走廊、亲水乐园和旅游胜地，使水利工程在满足于防洪抗旱的基础上，进一步提高对生态、自然、景观的承载能力。

（二）水与文化

水是生命之源，也是文明之源，孕育了人的精神与品格，荡涤着人的心灵与思想，一切的文化渊源都根植其中并发扬光大。人临水而居，近水而聚，亲水感情决定了水利风景区的文化定位。近年来，越来越多的人已经改变了"游玩吃喝"的旧观念，更加注重旅游构成中的文化熏陶。在影响水利风景区品位的诸多要素中，文化品位首当其冲，地域性和独特的文化背景决定了其独一无二和不可复制的特性，也决定了风景区的气质、风骨和灵魂。任何一个水利风景区，无论规模大小、特色各异，必须要有深厚丰富的文化底蕴作依托，否则，无异于一座盆景、一副剪纸、一棵纸花，缺乏生机、活力和吸引力。当今国际上衡量一个国家或城市的发展水平，除了用GDP外，还把文化质量作为一个重要参数，提倡用HDP这个人文发展指数作为衡量标准。文化兴则人气旺，人气旺则景区活。就水利风景区发展趋向看，也应引进和实践“文化资源”、“文化资本”这种新理念，统筹考虑与人文精华的关系，在历史与现代的结合上作文章，适应社会进步，体现时代特色。鉴于此，我们定义水文化：以水或水域为依托，引发的历史古迹、人文传说、诗词歌赋、风土人情、法律法规、治水理念、工程技术或涉水、亲水、临水的文体商贸社会活动。

（三）水与管理

管理是活化水功能、体现水价值的重要途径。治水思路的转变，水利服务领域的扩展，必然要求管理体制的改革。生态水利首先是水利，其次才是生态，防洪安全和工程维护始终处在第一位，任何形式的开发都必须建立在防洪安全大框架下。若一味强调旅游或园艺，对水利工程管护范围内的风景资源采取掠夺式开发，则必然会造成防洪工程明险隐患，导致开发投资流失，顾此失彼，得不偿失。尤其对特定水域的管理，决不能以宏观的、传统的部门职能而割裂。对水的管理，包括涉水、水利工程、水利景观、水文化、水利执法、水行政职能、运行方式等的管理理念、管理体制、管理模式、管理措施，既要根据“资源、安全、生态、文化、管理”需要，制定长期发展规划；又要能有效调度上下游水库、河道综合防洪，保障风景区安全，实现防洪与水土保持组织、协调、监督、工程维护和园林绿化美化统筹兼顾。同时，还可通过水政监察、水保监督、水保方案审批、划分水功能区和保护区等综合措施，进一步加强生态水利工程的管护，确保现代水利的可持续发展。

（四）“三水”的关系

在现代水利的表现形式上，水生态是基础，水文化是灵魂，水管理是保障。水生态既体现自然保护本质，又体现人工修复特性；水文化既挖掘丰富厚重的历史底蕴，又激发、教化地方文化的连续性发展；水管理既体现治水管水理念的与时俱进，又是对水文化的二次创作。三者递进，和谐共生，任何一个环节的缺失或薄弱，都会影响现代水利的整体韵味和时代特色。

二、国内外对“三水”的研究进展

（一）水生态进展

国外水生态探索最早从欧洲开始。法国政府于1933年就成立了法国国立罗讷河公司，负责建设、开发和管理罗讷河的综合整治工程，提出生态整治河道的理念，在工程建设中十分注重环境问题和海上观光业的开发；20世纪50年代，德国正式创立了“近自然河道治理工程”，提出河道的整治要符合植物化和生命化的原理。自20世纪80年代，针对水利工程对生态系统的某些负面影响，欧洲的工程界对水利工程的规划设计理念进行了深刻反思，认识到不但要符合工程设计原理，而且要符合自然生态原理。“近自然河道治理工程”实施至今虽然仅20多年，但与传统工程方法比较，其突出的特点是生物多样性增长，生物生产力提高，生物种群的品种、密度成倍增加。美国、苏联、加拿大、巴基斯坦、澳大利亚、印度、巴西、阿根廷等采用跨流域机构对水利资源进行综合管理与开发，一方面确保水资源的高效利用，另一方面又注重保护生态环境，并配套有相关的措施及管理体系。如巴西在1997年1月8日颁布的第9433号法令中规定“江河流域作为水利生态资源管理的区域单元”；美国国会1933年通过了《田纳西河流域法案》，专门设立田纳西河流域管理局负责生态河流治理工程，等等，这些国家的成功经验无疑为生态水利的建设提供了很好的借鉴。

相比较而言，国内对生态水利的理论研究则较少，主要是在人口、资源、环境关系日益失调的情况下开始的，但研究最多的是防洪排涝、雨水利用、水土保持、污水治理等方面。1999年，中科院刘昌明院士发表了《中国21世纪水供需分析：生态水利研究》，建议在水资源供需平衡的研究中，把生态水利和环境水利结合在一起。华东师范大学阚水玉、王祥荣对城市河流水生态进行了研究，于1999年提出了要保护河流地貌特征、维系自然水文过程、控制河水污染、建设亲近自然场所、保护景观和物种多样性等思想。2002年10月，水利部国际合作与科技司司长董哲仁教授提出了生态水工学——人与自然和谐工程，指出，传统的水工学应吸收、融合生态学的理论，建立和发展生态水工学，在满足人们对水的各种不同需求的同时，还应满足水域生态系统完整性、依存性的要求，恢复与建设洁净的水环境，实现人与自然的和谐。2003年1月，水利部部长汪恕诚在《资源水利——人与自然和谐共处》一书中，实事求是地阐述了现代水利发展中的新观念：人是自然界的一部分，人类活动要适应自然，与自然和谐共处。在生态治水实践中，全国大部分城市以扩大水面面积、人工植绿和建设景观为切入点，进而改善生态系统，为修复水生态提供了良好的思路，但这些实践都只是建立在局部的研究基础上，未认识到水生态的系统性，未能全面地开展水生态的综合研究，实践人与自然和谐共处理念仍不深入。实际上，追溯到远古时代，在春秋战国时期，我国古人就提出“维持鸟兽鱼鳖繁衍”和“封山育林定期开禁”、“天人合一”的保护自然生态思想，但几千年来，人把自己当做万物主宰，“人定胜天”思想根深蒂固，对自然资源的开发利用往往是以牺牲环境代价换取短期、局部的经济利益，造成泥沙淤积、断面萎缩、河床移位、洪水泛滥、水质污染、物种减少等恶果。

（二）水文化进展

国内外对水文化的研究比较广泛，特别是我国的水利风景区建设，大都与弘扬水文化紧密结合，且具有浓郁的地方特色。但在其他水利工程上，水文化体现不明显或尚未开发，在此不再赘述。

（三）水管理进展

水域特别是河道，往往是流域面积大，涉及多个国家、地区或县（市）、乡（镇）。在综合开发各种自然资源、最大限度地维持生态平衡上，美国在20世纪30年代成立田纳西河流域管理局（简称TVA），对航运、防洪、发电、供水、娱乐、生态等实行广义的、综合的、多目标的管理，成为水管理最早的成功范例。我国的水管理，大部分地区特别是县级城市，仍沿用传统的部门分割方式，存在“管治水的不管供水、管供水的不管排水、管排水的不管治污”等责、权、利脱节、责任推诿弊端。2000年以来，全国相继推行的水务一体化改革，实现了“城乡水务一体考虑、涉水事务一体协调、涉水管理一体承担”目标，但从管理层面和管理深度上看，涉及水生态、水文化的也不多。近年来，全国如雨后竹笋般发展起来的水利风景区，大部分管理模式仍然是水利、建设、旅游、林业、环保等部门分而治之，仍没跳出传统的框架，水利部门的作用依然单一、乏力。2003年，汪恕诚部长提出“要全面、统筹地考虑水问题”，“水利管理要法制化、市场化”，“防止人对水的侵害”等新观点。2004年“中国环境与发展国际合作委员会”年会上，流域管理课题组在重建中国生命之河的报告中呼吁，采用集权与分权相结合、经济手段与行政手段相结合的管理机制，推动生态系统的流域综合管理，恢复江河生命活力。这些无疑都是对现代水利管理理念的创新和发展。目前，对包含水生态、水文化内容的深层次水管理，我国仍处在多形式的探索与实践中。

三、加强山东诸城潍河水利风景区建设与管理，实践三水和谐交融

（一）潍河水利风景区现状

潍河古称淮河，为古代四渎之一，是诸城市第一大河，境内全长78公里，其中城区段10公里，众多支流与主干河道呈叶脉状分布，流域面积1901.2平方公里，占区划总面积的87%，经山东最大的水库——峡山水库汇流后入渤海。潍河是诸城市的“母亲河”，沿河沃野平川、水灵人杰，孕育了发祥久远、薪传不绝的诸城5000年历史，形成了以“恐龙文化、虞舜文化、名人文化、超然文化”为主的水文化圈。

随着诸城城区“北扩东移”战略的实施，城区段10公里河道逐步成为城中河。2001年以来，诸城以创建国家级水利风景区为契机，以水文化、水生态、水管理“三水”和谐交融为切入点，由市财政自行投资2

亿元，对城区10000米河道实行综合开发。该工程由香港专业公司规划设计，沿河两岸分为观光平台、凤头广场、金谷平原等六大景区，建成彩色橡胶坝1座、水榭5座、栈桥2座，修复拦河闸2座；栽植南、北方名优苗木品种11万多棵；大堤由原来的5米拓宽到10米，防洪标准由20年一遇提高到50年一遇，洪峰流量3850立方米每秒，最大河宽1000米，最大水深5米，扩大水域面积28公顷，形成373公顷水域和150公顷绿地，蓄水总量达到2600万立方米，相当于两座中型水库，成为融防洪、生态、人文、景观于一体的“两河相交、三闸（坝）联体、水陆互映”城市滨水景观带，并与市区内三里庄水库、扶淇河及潍河周边的龙塔、恐龙博物馆、恐龙公园、大舜苑等连成恢弘景观群，成为诸城市安全保障的防洪线、景色秀丽的生态线和内涵丰富的文化线。管理体制为水利部门水务统管。2005年被水利部命名为“国家水利风景区”。

（二）打破“就水论水”思维定势，突出“人水和谐”理念，保护和修复水生态环境

水生态是潍河水利风景区的核心和首要表现形式。建设实践中，按照自然生态和以人为本、协调共生的原则，把人作为生态链中的重要一环，突出了兼容并举、集约开发主题，在古朴与现代、平实与典雅相结合上做文章，既注重了生态河道治理的连续性、规模性，又兼顾了核心景区的整体性、品位性；既注重了规模湿地、潍河鲤鱼、珍稀鸟类等原生态的保护，又兼顾河堤内音乐喷泉、休闲广场、大型雕塑、名优苗木、水榭、栈桥、自然堆石、滨水大道等高层次人工景点的建设，形成陆地、水上、滨水、湿地四条风景线，满足人们近距离亲水要求。

在河道治理上，吸收国外“近自然河道治理工程”理念精髓，针对诸城水源自主和不同河段防洪能力的实际，充分考虑人和自然的关系，顺应原河道走势，分别采取自然化、干砌化、浆砌化处理，较好地协调了当前争议颇大的河道硬化与自然保护的关系。潍河是诸城市的洪水走廊，也是沿河两岸的地上、地下水库，对自来水管网覆盖范围内的支流扶淇河，侧重于景观功能，将5公里河道设计成九龙戏水图案；对潍河两岸企业密集的河段，侧重于自然保护统筹兼顾，挡土墙干砌透水，河堤岸坡原生植被覆盖；对防洪能力较弱的核心景区，按照融入整体、高于整体的原则，实行蘑菇石高标准浆砌，附设2座栈桥、5个水榭，并对景区地面实行建菱砖铺装，恢复透水地面，缩短亲水距离。对水域结构调整，侧重于保持多样性，通过密州彩色橡胶坝和栗元、拙村拦河闸拦蓄水源，抬升水位，形成三个联体而又相对独立的人工湖；将原堤坝外侧的塘坝纳入景区予以保留，并改造成中国地图轮廓。同时，为解决沿河企业用水问题，依托密州橡胶坝和拙村拦河闸新建了两处供水工程。景区全部实行雨污分流，雨水注入河道补充水源，污水排入下游日处理6万吨能力的银河污水处理厂。

在绿化美化上，主要采取兼容性措施，对扶淇河左岸的6公顷湿地，禁止任何形式的经济开发和排污，实行原生态保护。对新开发河堤实行人工植被与自然植被相结合方式进行，扶淇河培植35公顷绿地、4030米绿篱；潍河上游实行“坝外雪松沟边杨、堤顶芙蓉戗台柳”规划，栽植各类苗木13860棵；核心景区实行南北名优苗木荟萃，栽植银杏、元宝枫、日本樱花、合欢、白玉兰、黄栌等94种11万多棵，形成乔木、灌木、草坪合理搭配，春夏秋冬景色各异的特色。在植物群落布局上，借鉴国外莱茵河经验，大胆改革现行的标准化人工林模式，实行模拟化的天然植树造林，并辅以休闲小道，增强自然流畅感。

水生态治理构建起景区生物多样性、立体化布局，水中有鲤、鲫、鲢、鳙、草、鲶等18个鱼种畅游，其中以潍河鲤鱼四个鼻孔独具特色；水域有黄鹂、野鸭、灰鹤、白鹤、翠鸟等16种鸟类嬉戏；沿河有100多种20多万棵名优苗木错落分布，为潍河滨水景观赋予了更多的生机和活力。

（三）打破“先景观后文化”规划定势，体现“文景和谐”理念，提升景区水文化品位

水文化是潍河水利风景区的神韵所在。诸城始称东武，为古密州治所，是一座充满神奇色彩的古城，也是全国百强县和山东半岛都市群的大城市，向有“文献之邦”、“礼仪之邦”之誉。以苏轼为代表的超然文化、以出土世界上最大鸭嘴龙化石而闻名的恐龙文化、以众多文人贤士而引以自豪的名人文化、以作为舜帝出生地而孕育的虞舜文化，构成了起源于水并归结于水的诸城水文化圈和独具诸城特色的人文历史景观。特别是作为“刘邦、项羽潍水之战古战场的韩信坝”、“5月13日(传统中的雨节）忘不了秃尾巴老李”、“巨型山东龙”的历史典故、神话传说、化石资源和从潍河沿岸走出的“三皇五帝之一虞舜”，“通晓鸟语的公冶长”，“大清名臣刘统勋、刘墉（刘罗锅)”，“金石学家赵明诚”，“清明上河图作者张择端”，“中共一大代表、山东党组织创始人王尽美”，“世纪诗翁臧克家”，“红色革命作家王愿坚”等历代名人，更让潍河蒙上神秘面纱。潍河风景区规划创意中，诸城市抓住“恐龙之乡”和“人中之龙”这个最大看点，突出体现了龙的图腾。借助潍河与支流扶淇河T型自然布局，将扶淇河设计成九龙戏水图案，寓意“龙生九子、九九归一”；在潍河水域建设凤头广场，并设置潍水风帆大型雕塑，寓意“龙凤呈祥、一帆风顺”；高28米、重220吨的巨龙雕塑厚重敦实，栩栩如生，远古色彩与现代气息融会，风格独特，火红的颜色、腾飞的动感，象征诸城经济正像巨龙一样腾飞。潍水之灵雕塑既是诸城地图的抽象，又是潍河博大精深文化底蕴的写意；在潍河河畔建起名人园、大舜苑、恐龙组群等景观，与龙塔、王尽美烈士纪念馆、恐龙博物馆、恐龙公园等景点相协调，组成穿越时空的历史隧道，并与市区内的龙型城标、龙型绿带和以龙命名的现代建筑遥相呼应，实现了水文化与龙文化、人文化的有机融合，成为人们瞻仰先人、了解历史、净化思想、陶冶情操的文化场所，再现苏轼知密州时词作“试上超然台上看，半壕春水一城花”，“但愿人长久，千里共婵娟”及其弟苏辙“至今东鲁遗风在，十万人家尽读书”的生态佳境和文化韵味。

（四）打破“分而治之”的传统管理定势，凸显“水务统管”理念，创新水管理模式

诸城的水管理模式体现水务统管下市场化运作特点。

管理体制：在2003年成立河道管理局的基础上，2004年8月诸城市整合密州、拙村、栗元三个拦河闸的水利、人力资源，成立了诸城市城区河道管理处，对水利风景区实行水面保洁、苗木管护、景点维护、排污监管、防洪供水、水量调配、水质监测、水上救护、水文化开发等水务统管。2005年7月，又将河道管理局调整为市水利局直属管理的正科级全额拨款事业单位，将城区河道管理处调整为河道管理局直属单位，增加了负责全市河道水利风景区的规划、建设、管理职能。管理体制的调整，不仅紧密配合了全国正在进行的水利工程管理体制改革，而且还解决了长期困扰水利基层单位的吃饭难问题。

管理模式：潍河水利风景区突出服务功能，市政府重新对景区范围进行确权划界，并划定潍河城区段为河道采砂禁采区，管理范围内的土地开发由水利部门统一组织实施。河道休闲渔业、水面保洁、苗木管护、开发项目由河道管理局实施招标形式的市场化运作。服务设施配套实行餐饮、停车场、医院、自助银行、卫生、抢险求援等一条龙服务。同时，设立了警务区，并在主要景区设立了保安监控系统，进一步完善景区功能。人员配备上，在增加水利、水产、水电专业编制的基础上，又通过社会招考形式，充实了旅游、园林、公安、自动化控制等必需专业人员，打破了传统的水利队伍结构，进一步体现出水、水利在生态景观和经济社会可持续发展中的作用与效能。

四、结语

立足于可持续发展，诸城潍河水利风景区一要坚持统筹规划，在横向扩展、纵向延伸、土地增值上做文章，建设“百里水上画廊”。二要树立大经济回报观念，城市周边的水利风景区不同于著名旅游景点，应定位在人们亲近水体、回归自然的载体上，生态环境改善、投资环境优化、市民素质提高、经济实体积聚、三产繁荣、地方财税增加、文化韵味浓厚就是最大的经济回报。国内外35个过亿元的项目落户潍河岸边的经济开发区，已经彰显滨水景观的“洼地效应”。三要深层次开发水文化，通过开展一些涉水娱乐活动，实现传统文化与现代文化、本地文化与外来文化、精神文化与物质文化的融合，使水文化表现方式古今、动静结合，切实增强水文化对水生态、水管理的影响力。

山东诸城潍河水利风景区通过水生态、水文化、水管理的和谐交融，从根本上突破了该市沿袭50多年的"就水论水"思维模式，其"崇尚自然、文化神韵、水务统管、人水和谐"的新定位，为生态水利可持续发展提供了一定的经验。

参考文献

[1] 刘树坤. 中国生态水利建设 [M]. 北京：人民日报出版社，2004，135.

[2] 汪恕诚. 实现水资源的可持续利用[R]. 在第十一届"世界水日"上的讲话. 2003.3.22.

云南少数民族水文化及其现实意义

云南省水利水电学校　耿鸿江

位于中国的西南部的云南省有25个少数民族，少数民族人口约为1400万，占全省总人口的三分之一。这些少数民族大多生活在云贵高原的高山大川之间，不同的水环境决定了他们不同的生存方式、适应方式、自然观和价值观，并逐渐形成各具特色的少数民族水文化。研究和分析少数民族水文化对当今的环境保护、可持续发展和科学发展观具有十分重要的现实意义。

一、纳西族水文化

在金沙江中游，滇、川、藏交汇处，世居着30多万纳西族人，他们生活的小城丽江及其文化被联合国分别收入世界文化遗产、世界自然遗产、世界记忆遗产三项名录中。水是丽江古城之魂，水使世界遗产一直“活”到了今天。

在丽江纳西族的东巴经《龙鹏争斗》中记载，先民将山林、川泽、植物、空气等人类赖以生存的自然环境称为“署”，人类和署分别住在若南山的南北两侧，各自过着平静的生活。有一次，人类把烧红的钢矿石丢进海里，伤害了署。于是，署开始报复，海水猛涨，淹没大片耕地。双方矛盾激化，无法解决，人请来天神丁巴什罗调解。人说：“天地、山谷、木石、水都被署霸占，人类难以生存。”署反诉人类污染了洁净的山泉，任意捕杀野生动物，还到江边淘金破裂山上石头，砍光山头的森林，烧净树木，最后说：“是人类不让我们活下去啊！”丁巴什罗调解说："如果这样下去，河水会断流，树木会枯死，万物生灵会渴死，海枯石烂了，人和署谁都难生存。"

最后双方达成协议：署把淹没的田地还给人，负责流出清泉，及时降雨，允许人适度开垦一些山地耕种食物。人类则不得任意毁林开荒、捕杀野生动物和污染河水，要主动给署除秽治病。于是，人和署又和好如初了。

纳西人奉信，署是人类祖先的同父异母的兄弟，人类和署要和睦相处，保持手足情谊，双方才能共存共荣；人类如果伤害了署，就将受到惩罚。所以他们亘古以来，一直在约束伤害署的行为，不断调整与署的关系。纳西族先人认为水是最具代表性的"署"，人与水有着千丝万缕的情结，为了保护能直接饮用的河水，每天早上10点前不能到河里洗东西，不准倾倒污物，大年初一清晨要到河边井口点香买水，当天用的水要在头天即年三十挑完，否则，署就会认为你索取过多而不高兴。先人发明的"三眼井"在丽江古城里也一直在延用着，最上面的水井是饮用泉水，中间的水池是淘米洗菜的，最下面一个水池是洗衣物的。水凭借自然的坡度，从源头流出来以后，流满第一潭，然后流到第二潭、第三潭。饮用、洗菜、洗衣、刷地卫生节水系统自然生成。最令人激动的莫过于纳西族的洗街习俗了。傍晚，集市散去，四方街上垃圾遍地、污渍斑斑，聪明的纳西族人关闭西河的活动水闸，利用古城西高东低的自然落差，用西河水自动冲洗四方街。洗街后的河水流进中河，灌溉了丽江城南边的上万亩农田。形成了白天为市、薄暮涤场的独特街市景观。

纳西族人这种原始朴素的自然观在古城的建设和发展中得以充分地体现出来。"先理水，再修城"。水是丽江古城的血液，没有水就没有今天的古城。正是这溶进了纳西文化的奔腾不息的河水，古城今天仍然朝气蓬勃，充满灵性。皑皑的玉龙雪山上的雪水融化后汇集到了黑龙潭，经过黑龙潭的淀积蓄势贯穿古城，进入古城之水又分为中、西、东三支溪流。中河为远古的自然河水，这条河的存在与天地同寿，因为它是太阳出月亮落的时刻里诞生的；西河是木氏土司用人工挖成的河，以分中河之水，它是与丽江古城一同诞生的；东河则为改土归流后开挖的河，东河再分中河水。古城的布局，实现了对水的充分利用，街道和房屋摆脱了整齐划一，方正对称的中原建筑模式，更多的是依山就水，不对原来的地形地势作过多的改变。“以水为脉，顺其自然”，三条河像三条小龙，自然地把河水送到了每一个街巷，有街的地方就有水，有水的地方就有桥。顺着水走，就会走到南城外；逆水而行，就能回到古城的中心——四方街。只要跟着水走，就不会迷路。整个古城无不体现着一种灵活变通、自然和谐的设计理念。小桥、流水、游鱼、纳西人家，“高原姑苏胜似姑苏，东方威尼斯美过威尼斯”。

二、傣族水文化

在滇西南边陲澜沧江畔的热带雨林中生活着一支爱水、恋水、惜水、敬仰水的民族，他们认识到水不仅有饮用、洗涤、航运、灌溉、带动水车等功能，还具有养育世间万物的作用，水成为他们表达爱慕和祝福的吉祥物，他们与水有割不断的深情。这就是有水的民族之称的傣族。

傣族心目中的水，是孕育万物的乳汁，是生命的血源。在傣族的《回塔五蕴》医学论著中，把“巴他维塔都”（土）、“阿波塔都”(水)、“爹卓塔都”（火）、“佤约塔都”（风）解释为人体的物质本源。水在其中起胶合作用。傣族创世史诗《巴塔麻嘎捧尚罗》中讲到，开天辟地的英叭天神，就是用水混合其他物质造成了地球。傣族法典中规定：“建勐要有千条河。”民谚说：“泡沫跟着波浪漂，傣家跟着流水走。”“寨前渔，寨后猎，依山傍水把寨立。”“无山不狩猎，无河不建寨。”丰富的水源，是傣族选址建寨定居的重要条件之一。所以，所有傣族村寨都傍水而建。傣族住地虽然都靠近江河，但他们只把江河水用来沐浴、洗涤而不饮用。他们要另寻水源，修建水井，专供饮用。为防止污染，所有的水井都要修建井栏、井屋，防止污物落入井水内。不少水井还建有井塔，将井口围严实，仅留一个取水口，防止山水冲入井内。傣家竹楼上的水，有“喃京”、“喃萨火”之分。“喃京”是摆在屋檐内较高的地方的饮用水；“喃萨火”是专门用来洗涤的水，以节约用水和防止水污染。

傣历新年在傣历年六月十五日，公历4月中旬左右。这个节日是西双版纳最隆重的传统节日，也是傣族人最欢乐的年节——泼水节。泼水节期间人们相互泼水祝福，年轻人敲着象脚鼓，人人尽享美食，处处欢歌狂舞。傣家人常说：“一年一度泼水节，看得起谁就泼谁。”人们把一切烦恼、忧伤都用这吉利的圣水冲得干干净净。欢乐中的人们，也把节日的欢乐和圣水洒向远方来客和过路人，把友情传给四面八方的朋友。

傣族又是一个有着悠久稻作历史的民族。据考证，傣族稻作起源于3700年前的商代。作为傣族先民的百越，种稻的历史更久远，在河姆渡古文化遗址的考古发现中就有野稻种，距今已7000多年。在西双版纳的景洪、南糯山等地也曾发现疣粒野生稻、药用野生稻和普通野生稻三种野生稻种。有的学者认为，云南是亚洲培稻的起源地之一，傣族是我国稻谷的最早栽培者。

傣族居住在江河流域平坝地区，气候炎热，土地肥沃，灌溉便利，为水稻生产提供了优越的自然条件。为了经营好水利灌溉，西双版纳的最高统治者召片领及下属各级政权机构中，建立了一套严密的管理系统。从召片领议事庭“勒司廊”的召龙帕萨到各村寨的“板闷曼”（村水利员），形成一个专管水利灌溉的垂直系统。每一个级别的水利官员都有明确的职责范围，各司其职。每年傣历新年节后进入春耕生产前，召片领议事厅都要召开主要官员“细卡真”（四大丞相）、“别卡真”（八大臣相）及各级地方官中“召陇”（乡长）、“召火西”（行政村长）、乃曼（自然村长）参加的会议，专题研究水利灌溉及农业生产有关事宜，并用傣文书写岁修水利的命令通知到各村寨，还派出官员巡视，监督执行。

各村寨根据命令组织劳力挡坝修渠。任务完成后，为了保证修渠质量，还有一套独具民族特点的检查验收方法：水利官员特制一个竹筏，其宽度只略小于水渠宽度。竹筏上放一张篾桌，上置黄袈裟一件，象征奉“帕召”佛主及召片领之旨意。检验开始，板闷曼一人在前鸣锣开道，一人在渠上牵着小竹筏顺水流而下。“扎板闷”（正副水利监）走在渠堤上巡视。竹筏在哪里卡住，说明渠宽度不够或转弯过急，即为不合格。这一行人就在该村寨住下来，该寨得酒肉招待，赶快派人抢修，还要处以罚款。整修合格了，再往下游去。筏子到达渠尾，要引渠水绕佛塔流一圈，将筏上黄袈裟取下献给佛主。附近群众则汇集在一起，载歌载舞欢庆渠流通畅，丰收有望。因为有如此严格的检查验收制度，所以哪个村寨都不敢马虎，修渠质量得以保证。通水后，“扎板闷”率各寨“板闷曼”从渠头到渠尾，逐段逐寨分水。计算出某处田的分水口应分几斤几两水。

主干渠与分支沟渠的各寨分水口上嵌一根带节的大龙竹管用来分水。按每块田应分的水量，用特制的分水器在竹节上凿通相应大小的进水孔。分水器为木质，圆形塔状，根部粗，越往梢越细，上面刻着斤、两、钱、分、厘度数，台阶分明。召片领“勒司廊“议事庭授权，正水利监就用分水器分水。一经分定，不得随意更改。

为了强化对水的管理，召片领议事庭将水利法规写进《西双版纳傣族法规》之中，对破坏水坝水渠，破坏水规，偷放水及其他妨碍水利灌溉的行为，具体规定了处罚措施，将水利灌溉与管理纳入“法制”轨道，实现了傣族的依法治水。

三、白族水文化

中国历史文化名城大理的苍山脚下有一形状似人耳的大湖，人称洱海。洱海湖泊面积250平方公里，平均水深20.5米，蓄水量28.8亿立方米，是滇池蓄水量的二倍。洱海水清如镜，当风和日丽时，苍山18峰犹如倒插海底一般，与玉洱相映成趣，被誉为“银苍玉洱”。洱海的小普陀岛上尚能见到南诏大理王行宫的残砖断瓦。月夜，朦胧的月色投下神秘的影子，风来波动，犹如万点星光，鱼儿悄悄来到船边，不时跃出水面，好像要窥探人间的奥秘，岸边歌声人语，灯火阑珊，使洱海月色显得梦幻般的美，与下关的风，上关的花，苍山的雪，构成大理四大奇景，著名作家曹靖华把这四大奇景组合成一幅迷人的山水画："下关风，上关花，下关风吹上关花；苍山雪，洱海月，洱海月照苍山雪。"一个个美丽多姿的金花姑娘举着小旗，带着大批的游客徜徉在画卷中，游湖赏花，尽享银苍玉洱风花雪月之美色。洱海不但景色美，而且鱼类丰富，年产数十万斤，其中以弓鱼最为著名，早在唐代弓鱼就作为贡品远送长安，故又有"贡鱼"之称。明代谪居云南的著名学者、状元杨慎，把弓鱼赞为"鱼魁"。洱海养育了白族儿女，洱海之滨自古就是滇西富庶的鱼米之乡。

龙是炎黄子孙的象征，龙文化是中华文明的重要组成部分。生息在西南边陲的古南诏和大理国的白族先民对龙的崇拜甚至超过内地。"白族尚白"，白族是特别爱清洁卫生的民族，是"家家流水，户户养花"的民族，同时也是具有悠久稻作历史的民族。水是白族心中圣洁之物，龙是水的化身，白族先人对水的依赖寄托于龙的庇护。白族人将村庄附近的山泉称为龙泉、龙井、龙潭，并在出水口处建龙王庙。久旱无雨时，村民"耍水龙"、"摆龙牌"，祭龙祈雨；当风调雨顺之年，栽秧之后，便杀牲献龙王，俗称"谢水"。龙泉是水源之地，被白族人看成是龙的居所，神圣不可侵犯。因此，他们世代呵护着龙潭及周边的环境，形成诸多约定成俗的禁忌。严禁在龙潭中扔垃圾、洗澡和洗涤衣物；严禁牲畜到龙潭饮水，严禁挖掘龙潭和洱海水边的泥土和砍伐树木等。白族的龙崇拜就是对水的崇拜，龙文化是白族水文化的另一种展现。

四、哈尼族水文化

在滇南红河两岸起伏连亘的哀牢群山中，一座座几十级、上百级的梯田，从山脚顺着坡势蜿蜒向上伸展，层层叠叠，直通茫茫云海，蔚为壮观。在这层层梯田中，聚居着140多万中国古代西北氐羌族群的后裔——哈尼族。哈尼族是一个富有创造力的民族，他们依靠自己的勤劳和智慧，依山就势，创造了令人叹为观止的大地艺术品，同时也创造了令世界称奇的梯田水文化。

哀牢山虽然不是一座名山，但它绝对是一座不同寻常的山。一千多年来，几乎很少有文献记录发生在这座山中的一切。在望不到天际的苍凉大山前，哈尼族的先人停下了奔走迁徙的脚步，用短柄锄头，开始了最初的生产劳作。凭他们的智慧应该先建造城垣，但是他们没有，而是把梦想和希冀都托付给了高山流水。时光穿梭，一百年，又一百年……在哀牢山绵延数千公里的险峻山岭间，哈尼族人刀锄斧犁的声音回响上千年。他们根据不同的地形、土质修堤筑埂，坡缓开垦大田，大则如曲池；坡陡开垦小田，小则如桌面；再利用“山有多高，水有多高”的自然条件，把终年不断的山泉溪涧，通过水笕沟渠引进梯田。这些梯田大小相间，错落有致，绵延不绝，往往一坡就有成百上千亩。元阳哈尼族自治县一个名叫老虎嘴的地方，一山梯田竟有1700多亩！到了初春，形状各异的大小梯田盛满清泉，在明媚的阳光下，山风微吹，波光粼粼；三四月间，层层梯田叠翠欲滴，宛如一块块绿色壁毯；夏末秋初，稻谷成熟，放眼望去，一片金黄。夕阳西下，绚丽的哈尼族少女，牵着暮归的水牛，走向蘑菇房袅袅的炊烟，简直就是一幅纯朴秀美的山水画，雄浑磅薄的天地交响乐。

山是梯田的脊梁，水是梯田的动脉。哈尼梯田山和水巧夺天工的组合，与内陆局地水循环有着十分密切的联系。高山森林涵养的溪流水被哈尼族人引入盘山而下的水沟，流入梯田，田田相连，水沟纵横，泉水顺着块块梯田，由上而下，长流不息，最后汇入谷底的江河湖泊，而后又蒸发升空，化为彩云雾雨，补给高山森林。哈尼族人家家户户还习惯在梯田里养鱼。阳春三月栽过稻秧后，人们投入鱼苗，任其自然生长。深秋时节，在收割稻谷的同时，一箩箩鲜鱼便成了餐桌上的美味佳肴。水以这种奇特的方式流动于哈尼梯田的生态系统中。

梯田是哈尼族重要的衣食之源，因此他们对水特别珍惜。为了不误农时，自古以来就有“刻木定水”的民约：根据一股山泉所能灌溉的面积，人们友好协商，拟定每块田应得的水量，按水流流经田地的先后顺序，在水沟与田块的入水口处设一横木，并在横木上将那块田应得的水量刻定位置，让水顺畅地流进田里。天梯般的哈尼梯田是一个几乎与长城同岁的伟大工程，其原始自然的水权配置千年来从没有引起纠纷和受到破坏，水资源可持续利用到21世纪的今天。

五、少数民族水文化的现实意义

牛顿的天体力学、爱因斯坦的相对论、达尔文的进化论、张衡的地动仪等，与其说是自然科学的重大发现或发明，不如说是人类时空观和世界观认识上的重大飞跃。都江堰、京杭运河、坎儿井等我国古代的水利工程的背后，无不折射出文化的火花和哲学的光芒。逐水而迁，傍河而居，诞生了人类文明；人水和谐、天人合一创造了深邃的水哲学。故事传说、文学作品、行业文化、治水精神、亲水景观以及涉水的文化娱乐设施与活动很难算得上真正的水文化，大禹三过家门而不入的治水精神只能是大禹水文化的外延，而“疏”、“导”和“天人合一”的哲学思想才是大禹水文化的真正内涵。云南少数民族的文化是以水哲学为基质的文化，特殊的地理环境和生存方式使他们对水的依赖更加强烈，在适应水到利用水的过程中，亲水、爱水、敬水、祭水，逐渐形成和丰富了他们的水文化。尽管这种原始的水文化现今看来好像显得有些粗俗和消极，但有一个共同的特点就是天人合一，人和自然唇齿相依，共生共存，以宗教、习俗、禁忌和乡规民约的力量惜水和护水，并世世代代地自觉遵守。这其中还有一个值得我们深思的现象，就是愈是没有被其他民族侵扰同化的偏远区域，本民族水文化保留的就更为持续和完整。云南少数民族地区的发展史没有停留在水草鱼虫都是神灵的崇拜和敬畏上，而是一部适应自然、人水合一的可歌可泣的发展史。他们的发展观算得上是最原始、最朴素的发展观。云南少数民族水文化是水文化概念的最好诠释。

近几年我们国家提出一系列治水新思路，如坚持按自然规律办事，在防止水对人的侵害的同时，特别注意防止人对水的污染和侵害；给洪水让出路，退田还湖，维持河流的健康生命，为大自然的自我修复创造条件等。这些关于水的新理念的核心和本质就是尊重自然规律，坚持人与自然和谐相处。说到底还是一个自然观和哲学问题。数千年来，人类与水的关系从“天人合一”到“人定胜天”，再到现在的“人天和谐”，人类认识的历史车轮辗了一个大圆，但并没有回到认识的起点，而是呈现否定之否定的螺旋式上升，逐渐接近自然规律这个“天”。

水文化不是沧桑怀古，更不是粉饰作秀，水文化是历史的，要有“化”的过程；水文化也是现实的，要有“化”的结果。文化传承于意识形态之中，形成人文观念和哲学思维，并产生自觉的实践和行动。一个地区的生存环境的好坏往往不是取决于当地居民的工程技术水平，而更多地依赖于他们人文素养的高低，没有文化支撑的工程技术，发展的越快，其破坏力就越大。如果工程技术更多地溶合文化和哲学的精髓，有的工程就可能换一种设计思路，自然界可能就不会被“改造”成今天这般模样。因此，水利勘察设计大师不能只宥于规范、计算能力和解决工程实际能力，更重要的是，要有反映他的人文素质的设计思想和设计理念，让水文化和哲学思想统领水利工作者从传统水利向现代水利、可持续发展水利的转变，这不正是云南少数民族水文化的现实意义之所在吗。

参考文献

[1] 郭家骥. 西双版纳傣族的稻作文化 [M]. 昆明：云南大学出版社，1998.

[2] 耿鸿江. 丽江水文化初探 [J]. 水利发展研究，2005，20（8）：61-62.

洪湖农村水环境现状、问题、成因与对策

河北省洪湖市水利局　王炎阶　陆　剑

优秀水文化可以促进人水关系的协调，落后的水文化则使人水关系紧张。农村水环境问题直接影响水文化在农村的传播，农村水污染问题直接阻碍水文化在农村的发展。和谐则发展，不和谐则变异，这是千古不变的真理。洪湖市农村水环境是该市农村的血脉，对降雨、洪涝、渍旱等起着重要的调节作用，不仅是农村生产生活不可缺少的基础条件，而且是农村农业生产的生命之源，更是农村居民的生命之源。然而，近几年来，该市农村水污染严重、水环境状况恶化，既直接影响农业粮食生产，又直接妨碍水文化的开展，而且严重威胁农村居民的身体健康，成为农村居民生命与健康的“隐形杀手”。因此，解决农村水污染，水环境恶化问题已刻不容缓！

一、洪湖农村水环境现状

洪湖市地处长江流域中下游，同时又位于四湖流域最下游，素有“水袋子”之称，是个水资源总量丰沛地区。据市水利部门资料显示，该市年均降雨量1100~1400毫米，长江、东荆河、四湖总干渠、洪排河等多年平均入境径流量6518.4亿立方米，其中长江多年平均径流量6443亿立方米，东荆河多年平均径流量53.8亿立方米，四湖总干渠、洪排河等内河多年平均径流量21.6亿立方米。该市降水产生的天然径流多年平均值为11.46亿立方米。据测算，该市年均水资源总量为12.94亿立方米，其中地表水资源量为11.46亿立方米，地下水资源量

为3.98亿立方米，重复计算量为2.5亿立方米。全市降水、径流时空分布不均，降水、径流年际变化大，且季节分配不均，洪涝、渍旱灾害频繁。

该市辖新堤、螺山、府场、峰口、大同湖等20个乡镇、办事处、管理区，有农业人口63.5万，占全市人口的70.6%。境内有南港河、洪排河、陶洪河、下内荆河等主要排灌渠道242条，长1041公里。市地跨东径113°17′19″~114°05′12″，北纬29°38′38″~30°05′12″。东西长94公里，南北宽62公里，总面积2404平方公里，其中干堤内面积2298平方公里，耕地面积1474.4平方公里，占总面积的61.34%；湖泊面积488.8平方公里，占总面积的20.3%。

该市农村居民长年饮用的是河流、湖泊、沟渠、坑塘未经处理的地表水和人工手挖的压把井硬度过大的地下水。据市环保部门监测，沿长江、东荆河、洪湖水质总体符合《中华人民共和国地表水环境质量标准》，但洪湖由于围栏养殖过度，出现了富营养化的问题，洪湖周边地区的水质曾一度出现过Ⅲ类。不少地方是“春饮泥水、夏饮药水、秋饮脏水、冬饮臭水”，特别是洪湖市是湖北省血吸虫病重疫区，绝大部分农村居民饮用的是血吸虫病疫区的地表水，沿长江、东荆河和洪湖周边一带尤为突出。

二、洪湖农村水环境存在的主要问题与原因

从洪湖农村水环境的现状中，我们可以看到洪湖农村居民饮水状况令人担忧，农村水环境对农村自然环境和农村居民的身体健康所造成的损害是巨大的、极为严重的。那么，洪湖农村水环境究竟存在哪些主要问题？究竟是什么原因导致了洪湖农村水环境污染呢？我们认为，其原因应从多角度、全方位进行思考。我们不仅要看到现实中农药、化肥、居民生活垃圾等造成的农村水体污染的直接原因，还要透过现象看本质，进一步了解我们在法律建设和思想意识及农业产业结构等方面的不足导致的严重的农村水环境污染的实际情况。

（一）主要问题

我们认为，洪湖农村存在水污染的直接问题和造成水污染的直接原因在于化肥污染、农药污染，乡镇企业污染、规模化畜禽养殖污染、生活垃圾污染和沟渠不畅污染以及血吸虫病疫区污染和湖泊围栏养殖富营养化等。

1.化肥污染

化肥污染主要表现在过量使用氮肥和磷肥，氮、磷流失进入水环境后造成了水体的富营养化，而且人体所发生的氟斑牙、骨骼氟中毒以及消化道形成亚硝胺而致癌的现象都与水体中含有过量的氮、磷关系密切。据市农业部门统计，洪湖市农渔业生产年平均使用氮肥55万吨，磷肥45万吨，按一亩（660平方米）计算：一次性使用氮胺、磷肥各100公斤计算，农田流失的氮与磷为31.5%和31.8%。由此可以看出，农田氮、磷流失对水体污染的程度和农村居民饮用硝酸盐污染水对人体健康造成的严重危害。

2.农药污染

随着全市农业生产的不断发展，洪湖市农药使用量也在不断增加。据市农业部门提供的资料，2000年洪湖市农业生产使用的农药品种有23类，农药总量达22.5万吨；2005年洪湖市农业生产使用的农药品种达43类，农药总量达31.5万吨；5年间，农药品种增加10类，农药总量增加9万吨，增加率分别为17.7%和14%。由于长期广泛和大量地使用化学农药，导致土壤环境中的农药残留以及土壤与水体的污染问题，已严重危及动植物的生长和人体的健康。农药对水体的污染的主要途径有以下几种：一是农药生产的加工企业排放的含有残留农药物质的废水；二是农民在农业生产过程中直接向水体施洒农药；三是农田中使用的农药随着雨水或灌溉水而向水体进行迁移；四是农药使用过程中，雾滴或粉尘微粒随风飘移沉降进入水体以及施药工具和器械的清洗；五是农药生产或作业中飘浮在大气中的残留农药随降水进入水体等。据调查，一般只有10%~20%的农药附着在农作物上，而80%~90%则流失在土壤、水体和空气中，在灌水与降水等淋溶作用下污染水体。

3.乡镇企业污染

乡镇企业的蓬勃发展，极大地带动了农村小城镇的复苏和兴起，但它使周边环境受到了严重污染。不少乡镇企业临江河、湖泊、河流、沟渠，而且直接向江河、湖泊、河流、沟渠排泄大量的污水、臭水和废水，使水体变色、水质变坏。如监利县在四湖总干渠上游兴建了一座小型造纸厂，每年向洪湖排放上千吨不经处理的污水，严重影响了洪湖的水体，使洪湖水质在一定程度上受到了污染。近些年来，随着对城市环境污染的严厉制裁，许多污染严重的企业将其污染源逐步转移到郊外乡镇，从而使乡镇的污染程度明显高于大中城市，而且这种污染的范围和程度均有迅速蔓延和加重趋势。

4.畜禽养殖污染

近年来，农村规模化畜禽养殖场迅速发展，不少地方先后办起了鸡、鸭、鹅、猪、羊、牛等畜禽养殖场，对当地经济发展和农民致富奔小康起到了一定的推动促进作用，同时带来了对土壤和水体环境的污染问题。畜禽粪便堆放不仅占据大量土地，而且堆粪场（池）附近的农田由于粪水的直接侵蚀也失去了生产价值。此外，粪尿中大量的氮、磷、氨渗入地下，使地下水中硝态氮、硬度和细菌总数超标，加上一部分畜禽养殖场兴建在江河、湖泊和沟渠旁，粪尿直接排入水中，使水体受到污染。农村居民因长年饮江河、湖泊、沟渠地表水，身体健康受到严重危害。

5.居民生活垃圾污染

农村居民生活污水和废弃物的污染也是农村水环境恶化的一个重要原因。所谓生活污水，是指人们日常生活中产生的污水，如洗衣、洗脸、洗手、洗脚、洗澡、淘米、洗菜等生活用水，其生活用水中主要含有人的排泄物和生活废料。生活污水一般不含有毒物质，但是含有大量细菌（包括病原菌）、病毒和寄生虫卵。农村生活垃圾同工业垃圾一样利用率极低，大部分在露天堆放，这不仅占去了大片的可耕地，而且随时传播病毒细菌，其渗漏液污染地表水和地下水，导致农村生态环境恶化。

6.沟渠不畅污染

近些年来，由于农田水利建设滞后，沟渠严重不畅，导致沟渠水源不能循环，使寄生虫繁殖严重，春冬季居住在沟渠旁的农村居民饮用的是浑浊的泥水，夏秋季饮用的是有害的农药水，使农村居民身体健康受到严重影响。

7.血吸虫疫水污染

人之所以会得血吸虫病，是由于生产或生活过程中皮肤接触疫水感染了血吸虫尾蚴，而尾蚴必须在有水的环境里才能从钉螺体内逸出并浸入人体。洪湖市是湖北省血吸虫重疫区之一，近来来血吸虫病患者成倍上升。据市血防部门调查,2005年全市血吸虫病患者25365人,其中晚血病458人,占血吸虫患者人数的1.8%。特别是该市沙口镇汉沙村，全村382人中就有264人患有血吸虫病，占村人口总数的69.1%。从2000年以来，该村先后有6人死于晚血病，且30~40岁的青中年人占多数。究其原因，主要是生活在血吸虫疫水环境之中，长年饮用的是血吸虫疫水。几十年来，该村居民饮水沟渠不通畅，一年四季是一沟死水，且钉螺遍布，是一条孳生血吸虫的臭水沟。因而，汉沙村农民饮用后极易患上血吸虫病。

8.围栏养殖污染

据市水利部门查实，洪湖沿湖的9个镇、74个村场、2万余农渔民在洪湖围网养殖达到13万亩，另外有外迁人员在洪湖围网养殖26.7万亩，共占洪湖水域面积39.7万亩，达70%以上。据科研报告，洪湖可承载的最大养殖量为不超过现有水域的10%，现在实际的养殖水面大大超过了洪湖生态保护和可持续发展的养殖承载极限。据市环保部门监测，每年养殖入湖饵料的总氮量2800吨，磷1400吨。与此同时，由于种植业普遍使用化学肥料，周边23个乡镇年用氮肥99870吨，磷肥81735吨，复合肥23746吨，入湖纯氮3700吨，磷400吨。种养业两项合计每年入湖的氮、磷元素分别占湖体水质中含氮、磷量的91%和94%。这种过度开发，一方面由于过度养殖削弱了水体自身净化能力，减少了洪湖的环境容量；另一方面湖面萎缩削减了淡化稀释能力，造成洪湖水质污染。

（二）产生原因

我们认为，洪湖农村水污染和水环境的恶化除以上问题造成的外，不可忽视的一个重要原因，就是我国现行颁布的法律、法规和规章缺少了对农业水污染防治规定，也就是说，现行水污染防治法律体系中关于农业水污染防治是空白。我国颁布的《环境保护法》、《水污染防治法》的立法原则和制度均是以城市为中心的，没有规定适合于农村生产、建设的法律制度及其实施手段和形式，也没有关于农村水污染的法律责任和规定。几十年来，洪湖市根本没有制定出台防止农村水污染，保护农村水环境的规章制度，从而自然导致了在农村水污染执法过程中无法可依的尴尬局面，使农村水污染愈演愈烈。

我们看到，农村农业污染对水环境的破坏日益严重，从表面上来看，是由于以上行为所造成的，但追究其更深层次的理由，我们不难发现，这其实是由于人们对于农村环境污染的轻视所引起的。众所周知，我们对于城市污染的重视从20个世纪已经开始了，但我们对农村农业污染的治理还没有真正摆在议事日程上来，并没有采取得力的措施和有效的行动。事实上，水环境是一个完整的生态系统，它全面地包含了城市水环境和农村水环境，仅仅着重于城市环境的治理，并不能阻止整个水环境的恶化；忽视农村水环境的治理，只能使我们城市水环境的治理工作事倍功半。而且我们在已经进行的城市水污染的治理过程中，也一贯只注重点源污染的防治，注重末端治理，忽视面源治理和源头控制。目前，我们对面源污染的治理还仅仅是处在可行性研究阶段，或是在小范围的试验示范之中，还没有一个完整的面源污染治理规划，这就是造成了农村水污染日益严重的现状。

同时我们得知，造成农村水污染的一个更为深刻的原因，是农业产业结构的不合理以及现有条件下农民利益祈求的表达方式的不合理。人们知道，洪湖农业生产率比较低，农民实现利益的唯一途径就是不断提高单位产量，也就是数量生产。但环境保护从根本上来讲，恰恰是对经济发展质量的要求，也就是说，环境保护要求经济发展要以最小的资源消耗最少的环境负担创造出最大的经济利益，而不仅仅是注重经济的数量产出，而且更不容忽视它的投入以及对环境造成的负担。目前，洪湖农村实行的联产承包责任制是以家庭为单位的，农业无法形成规模化生产，各个家庭都有配置的生产资料，这样进一步加大了其对环境的排放量，更加剧了农村环境的污染。

三、洪湖农村水环境的防治对策

洪湖是个水网地区，水资源相对充足。在充分利用水体的自净能力的基础上对污染源进行治理。在制定水环境保护措施时，结合自身的经济、环境特点，因地制宜地寻找适合本地区的农村水环境治理与保护措施，只有这样，才能达到治理和保护农村水环境的目的。为治理洪湖农村水环境，改变农村水环境的现状，我们提出以下对策。

（一）建立健全法律体系，提高人们的环境保护意识

环境保护是一项具有极高的社会性的活动，它需要社会各个方面的参与和共同努力，尤其需要广大人民群众从身边做起。目前，洪湖农村面临的是农民环境保护意识不高，缺乏环境保护知识，这就严重制约了农村环境保护工作的开展。据我们所知，洪湖市还没有出台关于农村水污染防治的规定，我国关于农村水污染防治的立法也还处于空白状态，因而在执法过程中无法运用合理的法律、法规，致使农村水环境的保护没有法律保障，更缺乏保护的法律手段，也无法处理污染农村水环境的行为。现阶段农村水环境保护的当务之急就是建立健全一个关于农村水污染防治的完善法律体系，为破坏农村水环境的行为设立法律依据，将农村水环境的治理与保护纳入法制轨道，从而切实保护农村水环境。同时，要充分利用各种渠道和新闻媒体，广泛而大力宣传保护农村水环境的重大意义，提高农民自我保护意识，鼓励农民积极参与农村水环境的管理与保护，积极监督行政部门和企业单位的各种行为，增强农村水污染治理与保护的科学性、民主性、广泛性，尽快改善农村水环境的状况，尽早恢复农村的良好生态环境。

（二）加强地方组织领导，环境治理列入政府行为

各级地方政府和行政管理部门是做好农村水环境治理与保护工作的关键组织，没有地方政府的领导，就不可能有效开展和积极做好农村水环境的治理与保护工作。当前洪湖市还没有把农村水环境的治理与保护工作列入政府的议事日程，也还没有制定农村水环境的保护与治理规划，仍是处在头痛医头、脚痛医脚的状态。在城市建设规划中，也没有将农村水污染工作纳入规划，使其规划不全面、不协调。因此，在建设和谐社会和以人为本的新时期，各级地方政府和各行政管理部门都应理清思路，转变观念，充分认识到治理和保护农村水环境工作的极端重要性和紧迫性，切实加强对其工作的领导，切实为广大农民办实事、办好事，把治理农村水污染，改变农村水环境的工作纳入政府的议事日程，下决心治理农村水环境，使农村水环境日益好转。

（三）加强乡镇污染治理力度，强化环境管理措施

乡镇企业是破坏、污染农村水环境的罪魁祸首之一，任意大量排放非达标水，对农村水环境造成了严重污染。一是对乡镇企业项目要严格把关。凡是破坏污染农村水环境的项目，无论其经济效益多高，也不能立项上马，不能以危害农民生命代价为成本来获取暂时的经济利润，要让其污染项目流产。二是对农村乡镇企业的污水排放情况进行严密监管，并逐步提高其企业的污水治理技术，减少污水对农村水环境的直接污染。三是坚决关闭有污染的乡镇企业。对污染农村水环境的乡镇企业要痛下决心坚决关闭，不能顾此失彼、因小失大，真正让农民生活在一个良好的水环境之中。

（四）加强农药化肥控制，走生态农业发展道路

针对农村种养业的特点，实行生态平衡施肥技术和生态防治技术，从农民自身中减少或控制农药、化肥的大量施用。在农药控制方面：一是可以开发、推广和应用生物防治病虫害技术，减少有害农药的使用量；二是研究采用多效抗虫害农药，发展低毒、高效、低残留量新农药，提高施药技术，合理使用农药。在化肥污染上：一是适时调整农业产业结构，宜农则农、宜渔则渔、宜草则草、宜林则林；二是多使用农家肥，尽量减少使用化肥；三是适时调整化肥品种结构，尽量采用高效、复合、缓效新化肥品种；四是增加有机复合肥的施用，大力推广生物肥料，减少或避免肥料流入水体和渗入地下水；五是采取一些经济手段遏制农药、化肥的大量和无限制使用，可以开征使用农用农药、化肥税，鼓励纳税人和使用者减少对农村水环境有损害的工序活动，从而逐步切断农村污染之源。

（五）控制养殖发展规模，积极推行生态养殖

养殖包括畜禽养殖和水产养殖。畜禽养殖，要合理规划，适时控制养殖规模，建立生态型养殖场，加强畜禽的粪尿管理和综合利用，建立一定规模、规范的粪尿池，减少粪尿的流失和对土壤的渗透，防止随意将畜禽粪尿流入沟渠、湖泊而污染水体。水产养殖，要根据湖泊、塘堰的承载量，适时养殖一些水产品，同时要减少氮、磷肥的使用量，防止水体富营养化。严格按照国家对《畜禽养殖污染防治管理办法》和《畜禽养殖业污染物排放标准》及有关湖泊管理规定，建立符合环保标准的养殖示范工程，走生态养殖之路，减少对农村水环境的污染。

（六）实行水利血防结合，综合治理血吸虫病源

洪湖流行的血吸虫病为日本血吸虫病，传播源种类多，除血吸虫疫区的水域传播外，还有耕牛、牲猪等粪便也可以传播血吸虫病，而且钉螺为水陆两栖，消灭钉螺的孳生环境，防治难度大。我们在防治目标上应当坚持“综合治理、科学防治”的方针和“因地制宜、分类指导”的原则，结合农业综合开发工程和农田水利建设工程，采取药物灭杀和土方填埋办法进行治理。对有血吸虫病疫的沟渠、坑塘等该改建的要彻底改建，阻止钉螺随水系扩散。同时在疫区打简单水井，兴建简易自来水厂，不饮沟渠、坑塘、湖泊的疫区水，按季节对周身的土壤和水体使用生石灰、漂白粉，以消除灭杀水体中的血吸虫尾蚴，减少对人体的侵害，使疫区群众生活在良好的水环境之中，让他们建设美好的家园，享受美好的生活，陶冶美好的水文化。

论和谐水电企业的文化建设

湖南省南津渡水电站　周作斌

在新世纪、新阶段，构建和谐社会是企业文化首要的价值取向，是企业文化最重要的价值目标。作为水电企业必须始终恪守“经济效益、社会效益、环境效益三统一”的原则，做到“发电与兴利兼顾”，牢固树立“企业来自社会，回报于社会，得益和发展于社会”的思想，使“人本主义”回归，营造和引导一种人与人、人与自然和谐协调、共同发展的生活方式，协调人与自然、城市与乡村的共生、共存、共享、共乐、共雅的和谐关系，把电站建成适宜创业发展和生活居住的现代化水电企业。

建设和谐水电企业，文化建设该如何着手？笔者以为应从以下几个方面做起。

一、重塑和谐企业的价值目标

长期以来，人们认为，企业的唯一目的就是利润、回报，就是利润最大化、投资回报最大化。但现在已有很多人开始反思，作为企业的目标到底是什么？除了利润以外，还有没有其他？利润就像氧气一样，没有不行，而且要充分足够，但只注意呼吸，那就没有生命的意义。不是说利润不重要，更不是说不追求利润，世界上没有不想盈利的企业，重要的是，在价值选择中，如何进行价值排序。正确的价值排序，是企业生存和生命的本质。如果企业没有认识到这一点，它最终将失去竞争力。

综观国内外长盛不衰的企业，他们都有一个共同特点：他们不再以追求利润为唯一目标，而有超越利润的社会目标，在追求利润的同时，注重企业的社会责任。企业只有主动融入到社会未来发展的潮流之中，顺应这个时代的脉搏，才能使企业获得新的生命力。

国有企业的社会责任是与党和国家的奋斗目标联系在一起的，是与人民的共同理想联系在一起的。党的十六大提出“全面建设惠及十几亿人口的更高水平的小康社会”，其中一个重要目标就是“人民安居乐业”。社会主义和谐社会，是“全体人民各尽其能、各得其所而又和谐相处的社会”，作为国有水电企业，电力生产是我们的第一要务，但发电必须在做好防洪与抗旱的前提下进行，这是水电企业的社会责任之一；其次我们还要最大限度地使国有资产保值增值，做好改革、发展和稳定工作，促使企业和谐、文明、健康发展。

二、把以人为本作为企业文化的核心

企业文化的意义在于，一方面，是为了保证企业的生存和发展，使企业组织具备不断改进的能力，提高企业组织的竞争力；另一方面，是为了实现个人职业生涯与企业总体目标的真正融合，使人们在工作中体会生命的意义，使员工个体得到全面发展，同时使企业整体得到可持续发展。要创造人与企业共同发展的平台，使企业的发展符合和促进人的全面发展。只有致力于人的企业文化，才能锻造强大的、和谐的企业。

“以人为本”是科学发展观的本质和核心，也是企业文化的核心。企业文化应当是“以人为本”的文化，把人看做是最宝贵的，以人作为价值的核心和社会的本位，把人的生存和发展作为最高的价值目标，把满足人们的需要作为企业发展的目的。一切为了人、一切服务于人、一切依靠于人、重视人、尊重人、相信人、发展人。“以人为本”必然要对人、财、物，对个人价值和共同价值，对社会价值和利润价值、用户价值和生产价值等一系列价值序列进行排序和选择。那么，按照“以人为本”的要求，水电企业应该怎样做呢？

第一，人的价值高于物的价值。

与技术、自然资源、资本等物的因素相比，人这个因素最活跃、最重要、最根本。卓越的企业总是把人放在首位，物是第二位的。“以人为本”不是不要物，而是通过物的发展来实现人的发展。

人力资源是最宝贵的资源，人才资源是第一资源，把“尊重劳动、尊重知识、尊重人才、尊重创造”这“四个尊重”，作为企业文化的核心内容，把能否给员工提供一个适合人的全面发展的良好环境、能否给人的发展创造一切可能的条件作为衡量企业优劣的根本标准。要实施“发挥老年人的智慧、中年人的经验、青年人的闯劲”的人才战略，营造“人才有用武之地，人人为企业发展不遗余力”的内部环境，积极培养、选拔和任用优秀的年轻人才。现在企业提倡和实施的“791”工程，即每个经营班子都配备一个70年代出生、90年代大学毕业和参加工作的年轻干部，就是要加快企业干部年轻化、知识化、专业化的进程。同时，善待那些为企业作出贡献的老同志，用优厚的待遇鼓励他们退出领导岗位，以担任顾问为形式继续发挥老同志的智慧，为年轻干部提供锻炼机会，形成老、中、青相结合的人才队伍。由于地理环境、居住条件、工资福利待遇等种种原因，水电企业的发展现正面临人才外流的问题，就湖南省南津渡水电站而言，近两年来人才外流更有扩大趋势，因此如何做到以人为本，使优秀人才甘于献生清贫的水电行业已迫在眉睫。

第二，共同价值高于个人价值。

人是社会的人，水电企业员工不是孤立的自然个体，是整个水利系统整体中的一分子。企业的基础是个人，没有个人能力的发挥，企业就不能成为一个有机的生命体，也就不可能形成企业活力。在和谐的大环境下，个人要融入集体，把个人的职业生涯计划与企业发展有机地结合起来，大力倡导集体主义价值观，倡导团队精神、团队文化，这样才能真正体现“献身，负责，求实”的水利行业精神。

第三，社会价值高于利润价值。

企业要向社会负责，负起社会责任，这是和谐社会的最基本要求。作为水电企业，首先，必须始终不渝地把防汛抗旱放在首位，把这个作为自己的第一社会责任；其次，要树立科学的发展观，大力搞好企业的创新与发展；其三，要强化居住人文理念，以企业为单元，用特色鲜明的文化打造企业灵魂，注重现代居住区的亲情化要求，努力营造一个具有本土特色的、富含人情味的企业文化氛围。

三、科学地确定和谐企业的文化内容

和谐水电企业的文化建设应该包括哪些呢？笔者以为，应该包括以下几个方面。

一是根据社会发展的趋势和文化的渐进性，结合企业的未来目标和任务考虑文化模式。生产方式、生活方式的变化和进步，必然导致人们心理及行为模式的发展和变异。文化的渐进是一条客观规律，也是实现民族的、企业的新目标、新任务的必然要求。和谐的企业文化必须是企业长期付之行动的理念的体现。

二是根据企业的外部客观环境和内部现实条件，形成企业的共性文化和个性文化。例如社会化大生产要求协作精神、严格的纪律和雷厉风行的作风；商品经济要求与用户搞好关系，保证产品和服务质量；市场经济要求遵守市场游戏规则，公开、平等地参与竞争。这些都是不以民族和企业特点为转移的。但各企业在自然资源、经济基础、人员构成等方面存在差异，客观上会产生和要求不同的文化特点。如湖南省南津渡水电站的企业文化是艰难困苦的建设时期的“老黄牛精神”和建成发电以来职工精神面貌朝气蓬勃以及宏伟远大的企业目标的具体体现，从而形成了“团结拼搏，争创一流”的企业精神。因此，南电的安全生产、经营管理、精神文明建设、改革与发展，都是以团结拼搏为基础，以争创一流为目标的。

三是博采众长，借鉴吸收其他企业的优秀文化。和谐的企业文化应该是开放的、广博的、包容性极强的文化。例如日本松下电器公司就十分注重荟萃世界优秀企业文化。它规定在国外的子公司有研究各国企业文化的使命，子公司领导人回国述职或参加培训，首先要报告所在国家和地区企业文化的特点。对于外来的企业文化，也不能简单地采取“拿来主义”，而应持认真鉴别，分析研究，有选择地吸收。要搞清楚哪些是优秀的，哪些是适用于自己的，同时还必须进行一番改造，这样才能做到文化建设与企业目标的和谐统一，才能适用企业的和谐与发展。

四是重视个性发展。一个企业的文化个性，是这个企业在文化上与其他企业不同的特性。和谐水电企业的文化建设必须具有水电行业特色，要集中反映水电企业生存、发展条件及其历史渊源和延续历程。国内外的优秀企业，都是具有鲜明的文化个性的企业。我国企业自觉的文化建设刚刚开始，尤其是一般水电企业还不具备自己独特的文化风格，这就更需要重视企业文化个性的发展，必须认清自己的特点，发挥本企业及其文化素质的某种优势，在自己经验基础上发展本企业的文化个性。否则，千篇一律，没有特点，就不能真正体现出企业的经营宗旨、奋斗目标和精神风貌，更谈不上建立和谐文化。

创建和谐水电企业，企业文化建设是关键。作为水电企业，我们必须重塑和谐企业的价值目标、把以人为本作为企业文化的核心并科学地确定和谐企业的文化内容，只有这样，我们建立和营造的企业文化才能真正与创建和谐企业相适应，才能进一步推动和谐的企业文化在水电行业的每个角落里生根、开花、结果。

解读渭河文化与现代文明的碰撞和融合

甘肃省陇西县文峰中学 董新民

渭河是黄河的最大支流，位于我国西北黄土高原的东南地区，发源于甘肃省渭源县的海拔3495米的鸟鼠山，于陕西潼关注入黄河，全长818公里。流域面积6.25万平方公里，其中山地占29%，黄土丘陵区占40%，关中平原为黄土沉积和河流冲积平原，占31%。渭河流域包括甘肃、宁夏、陕西三省 (区) 13个地区86个县 (市)，总面积134766平方公里，其中甘肃占44%，宁夏占6%，陕西占50%。渭河流域范围内大部分为深厚的黄土覆盖，质地疏松，且多孔隙，垂直节理发育，富含碳酸钙，易被水蚀；加之历史上长期乱垦滥伐，植被遭到破坏，以及广种薄收、单一经营的农业生产方式，因而水土流失严重，使渭河成为一条多泥沙河流。

一、渭河文化概述

几千年来，人们一直把黄河誉为中华民族的母亲河，这其中很大一部分要归功于渭河。位于甘肃东部天水市秦安县的渭河流域大地湾遗址的发掘，被学术界评定为我国20世纪百项考古大发现之一，大地湾遗址被誉为“黄土高原上的文化奇迹”。大地湾遗址是一处规模较大的新石器时代遗址，是我国农业的策源地之一，大地湾文化也是我国最早的农业文化之一。“据考证，大地湾遗址大致可分为五期文化：前仰韶文化、仰韶文化早、中、晚期和常山下层文化，其历史年代从距今8000年一直延续到距今5000年。其中距今8000年的一期文化是我国西北地区迄今为止考古发现中最早的新石器文化。”

渭河流域融汇了仰韶文化、二里头文化、齐家文化、马家窑文化、龙头山文化、梁家坪文化、张家坪文化、暖泉山文化以及半坡文化等古老文化。仰韶文化是黄河流域新石器时代早期文化遗址的代表，在渭河流域，尤其在甘谷、武山、陇西、渭源的渭河上游两岸，散布很广，比较集中。在陇西地区，沿渭河南岸的黄土台地保存了许多仰韶文化遗址。这些遗址的分布从西到东，包括首阳镇的龙头山文化遗址、昌谷乡的梁家坪文化遗址、巩昌镇的张家坪文化遗址、文峰镇的暖泉山文化遗址等十多处。

在中华民族特别是汉民族的早期，渭河的文化地位和黄河并列(《山海经·夸父逐日》：夸父与日逐走，入日；渴，欲得饮，饮于河、渭；河、渭不足，北饮大泽)，甚至在某些方面要超过黄河。从传说中的舜、尧、大禹、华胥氏、伏羲氏、炎帝神农氏和黄帝，到战国时期的秦国，无不在渭河流域的陇中、关中留下印记。

自周朝开始，随着政治中心的西移，渭河中下游的陕西关中一跃而为新的文明中心。关中，指秦岭山脉以北和万里长城以南地区，因古都西安位于群关之中而得名。西安地处关中平原中部，统领“八百里秦川”，北跨渭河，南依秦岭，土沃物丰，地祥人灵。西安是中国六大古都之首，自西周以来，12家皇朝建都长安，中华民族最重要、最辉煌的4个朝代——周、秦、汉、唐皆建都于此，是中国历史文化名城之一，是中国六大古都中建都最早、文化最悠远的古代都城，已有3100年的文明历史，丰富的历史文化遗存在古都处处可见。

综上所述，渭河流域在中华文明史上是一个传说时代人物众多、历史遗址丰富、文化悠远的重要区域，是中华民族文明的发祥地之一。也正是如此厚重的人类远古文明和众多传说、历史的沉淀，使得渭河流域几乎处处都有丰厚的文化遗迹，也使得古老的渭河绽放灿烂的文化色彩。

二、对立篇：渭河流域现代文明与文化的碰撞

从许许多多的资料和遗迹中，我们能清楚地了解到渭河曾经的辉煌和灿烂，也正是如此厚重的文化氛围给予了渭河儿女不懈的追求和智慧，然而新时代的现代文明却时时与渭河的厚重文化发生着这样那样的碰撞，这些碰撞让渭河的辉煌和灿烂只能沉淀在历史的记忆里。本文略举几例作一介绍。

（一）源头：不该沉默的鸟鼠山

鸟鼠山，地处甘肃渭源县城西10公里的龙王沟垴，又名鸟鼠同穴山、青雀山。《山海经》云："鸟鼠同穴之山，渭水出焉。"据《山海经》郭璞注说，因鸟鼠"同穴止宿"而得名。该山东西长3公里，南北宽2公里，山上尚有禹王庙，相传禹凿鸟鼠导渭出山。庙侧有3泉，呈倒"品"字形，故称"品字泉"，被世人认为是渭河真正的源头。

鸟鼠山是中国文献记载最早的名山之一，《山海经》称鸟鼠同穴山。《尚书》载："禹贡导渭自鸟鼠同穴。鼠之山有鸟焉，与鼠飞行而处之，又有止而同穴之山焉，是二山也。鸟名为鵌，似鹅而黄黑色。鼠如家鼠而短尾，穿地而共处。"《尔雅》说：鸟鼠山"山中有鸟名鵌，有鼠名鼵"。除上所引，《淮南子》、《洛阳伽蓝记》、《水经注》、《河图括地象》、《史记·夏本纪》、《汉书》、《后汉书》、《新唐书》、《中国地图大辞典》、《中国名胜大辞典》等几十种古典要籍和现代名典中对鸟鼠山和鸟鼠同穴均有记载。后世历史学家和文化名人的脚印都曾不间断地留在了这里：北宋大诗人张舜民《鞏州首阳铺鸟鼠同穴》中留下"谁能穷物理，目送渭波东"的感叹；著名历史学家顾颉刚先生1938年考察渭水源头也曾发出了"疑问鼠山名，试为答案歧千古；长流渭川水，溯到源头只一盅"的疑问。在这里，有大禹导渭治水、曹操逐伐西凉马超、唐太宗沉鞭、唐玄奘藏（葬）马、建文皇帝失位漂泊避祸遁身等几十种传说，至今渭河沿岸人民为纪念夏禹治水泽民而把渭河干流称之为"禹河"。不管是鸟鼠同穴的神奇，还是渭水源头的缘故，抑或是

众多历史文化的沉淀，都使得鸟鼠山在地理位置和文化含金量上显得尤为重要。

然而，今天的鸟鼠山却因历史和现代文明的双重因素而备受冷清，曾经的辉煌和灿烂不再耀眼。在渭源县城里打听鸟鼠山的位置，能准确地说出的人不多；沿着渭河河道通向鸟鼠山的道路，也时时因洪水的泛滥而被淹没；文献中记载的鸟鼠山的溪流潺潺、林木参天，也由于政治历史和农耕文明交错作用的原因，山上只遍布着1980年以后栽植的碗口粗的树木；星星块块的梯口也似鸟鼠山翠绿山体上的疮痍，格外让人心痛；曾经随处可见的泉眼，如今只有“鱼跃、吐云、御鞭”相望，而“吐云泉”的牌碑也破碎地躺在泉边；残破的禹王庙和孤独的“风调雨顺”钟，难得在这只有单调的鸟鸣和牛马啃草声中热闹一次；新建的华夏渭水源头取土点的碑、亭，依然掩盖不了鸟鼠山地理和文化辉煌背后异常的冷清……

可是，鸟鼠山真不应该如此沉默啊！

（二）沿途：满目疮痍的渭河

渭河流域从渭源县到天水市地貌类型为黄土沟壑丘陵区，该区域因土壤侵蚀导致的水土流失主要以面蚀、沟蚀等形态存在，所见重力侵蚀现象如滑坡、泻溜、崩塌等较多。渭河干流自渭源县城以下沿岸河谷开阔，两岸阶地发育。渭河上游是渭河水土流失的主要区域，为防止水土流失的进一步加剧，国家始终坚持着对这一区域的治理工作。新中国成立以后，这里曾进行过大规模的植树造林活动，但是受气候制约树木成活率很低，又缺少必要的管理，树木大量死亡，再加上绿化的速度赶不上人为破坏的速度，生态环境进一步恶化，水土流失严重的现状仍未得到改变。后来又启用了绿化工程和现在的退耕还林工程，但这些工程在实施过程中遇到许多阻力，水土保持工作困难重重。这样，在我们的眼前，渭河的河滩上要么是洪流滚滚的泥沙之水，要么是身披泥衣裸露着的渭河石，根本无法看到李白眼里的“渭水银河清，横天流不息”（《君子有所思行》），也不再目睹王维吟咏的“雉雊麦苗秀，蚕眠桑叶稀。田夫荷锄立，相见语依依”（《渭川田家》）。历经千百年，许多历史遗迹被掩埋在层层积淀的黄土之中，许多潜藏在幽雅秀气的沟壑层林之中的文化脚印也裸露在山腰之间。如伯夷叔齐采薇的首阳山，已无法真正映照曾经的幽深和文化的智慧。

近年来，随着国家政策倾向西部，西部发展的速度加快，建筑业迅猛发展，对砂石资源的需求量越来越大。由于巨大的市场需求和高额利润空间的刺激，再加上连年渭河大水形成新的砂石资源，采砂业迅猛发展。但相应的管理没有跟上，出现了多头、无序的管理混乱局面，滥采砂石的现象屡见不鲜，不仅浪费资源，而且影响了许多河流的河势稳定、防汛和航运安全。渭河因乱采滥挖砂石，致使河道内的很多滩地“千疮百孔”，弃料堆积如山。过量的开采或无序的乱采滥挖河道砂、石、土料，不但会对河势产生不利影响，破坏河道的防洪工程，影响桥梁、大坝及其他建筑物的安全，而且可能形成新的险工险段，对河道的防洪安全将埋下严重的隐患，还使渭河流域动植物的栖息地遭到不同程度的破坏。打开唐诗，白居易笔下的“渭水如镜色，中有鲤与鲂”（《渭上偶钓》）和无名氏诗人眼中“晚来清渭上，一似楚江边。鱼网依沙岸，人家傍水田”只能成美好的想象了。

由于现行我国城镇化进程加快，城镇迅速扩大给城镇的生态环境带来了巨大的压力。不仅城镇的日常生活需水量增加，而且生活污水量随之也大量增加。前几年，渭河沿途，大大小小的生活垃圾和建筑垃圾随意堆放于河岸上，宽宽窄窄的水沟排放着臭气熏天的污水，不大的渭河里时时漂浮着白色垃圾。水资源的严重污染致使水资源的可利用率极低，渭河中下游的水因严重超标而被人们称为“污水河”、“臭水沟”、“黑水河”等。这就是一些没有污水处理设施以及有而不用的化工、造纸、印染、酿酒和制革等严重污染行业对利益的追求而不顾环境的恶化造成的结果。据有关资料统计，20世纪90年代以来，渭河沿岸生活、工业污水排放量已达到6.5亿立方米每年，《黄河水系水质情况示意图》表明，渭河早已超过了V类水标准。

（三）中下游：关中文明的叹息

渭河中下游地区即关中地区号称“八百里秦川”，是陕西省政治、经济、文化的中心，包括西安、宝鸡、咸阳、铜川、渭南5个地级市。这里曾经是中华民族灿烂文化和文明的汇聚地。“2000年末统计人口2211.78万人，占陕西省总人口的61.4%，全区多年平均降水量648.6毫米，年平均地表水资源量为73.697×10^8立方米，地下水资源量为53.409×10^8立方米，扣除重复量，关中地区多年平均水资源总量为82.027×10^8立方米，占全省的18.4%，人均水资源总量为370.86立方米。根据国际水资源丰富程度指标的划定，人均水资源量低于1000立方米，水资源利用率大于25%为紧缺；人均水资源量低于500立方米，水资源利用率大于50%为贫乏。由此可以看出关中地区的缺水程度，除宝鸡人均水资源量为1001.992立方米每人，属于水资源紧缺区外，其他4个地市人均水资源都低于500立方米，其中又特别以咸阳为最，仅有118.604立方米每人，必然受到严重缺水的威胁。”

2003年8月26日~10月19日，渭河下游出现了1981年以来的最大洪水，渭河临潼站6次洪峰过程的最大洪峰流量为5100立方米每秒，洪水6次洪峰过程在渭河下游持续时间长达39小时。导致渭河9条支流发生倒灌，倒灌长度达到5~7公里，由此导致5处支流堤防决口，并造成部分渭河大堤垮塌，防洪设施毁坏严重，形成了一个东西长25公里、南北宽8公里的淹没区，面积达30万亩，淹没最大水深4米，滞留水量3亿立方米，有14个乡镇近20万群众被迫转移，直接经济损失达10.5亿元。

2004年前，在陕西省境内，渭河是宝鸡、西安、咸阳、渭南等4个重要城市工业企业的主要水源，这4个城市辖区内的8000多个企事业单位串珠似地分布在渭河两岸。其中875个工厂每年通过85个排污口向渭河排放工业废水3亿吨。污水排放量是流域量的3倍！渭河已成了名副其实的“关中下水道”了！

这些令人触目惊心的数字和事实，让我们不寒而栗，心惊不已；关中文明光耀四海的灿烂和皇都文化俯视天下的辉煌已让渭河的污浊和洪灾冲刷得让我们不忍再张扬，无法表情阳光地去回忆。“目极云霄思浩然，风帆一片水连天”（温庭筠《渭上题三首》）的壮观和《诗经》中三秦大地淳朴的民风民俗，再也无法从关中人的脸上看到了。曾经辉煌的关中文明，也因现代工业文明、农业文明和城市文明的多重冲刷，不禁发出深深的叹息。

三、和谐篇：渭河文化与现代文明的融合

公元前2500年，我们的祖先就开始了仰观天文、俯察地理的活动，逐渐形成了“天人合一”的宇宙观。这些智慧行为和理性结晶，体现了人与自然协调发展、科学精神与道德思想相结合的朴素的理性光彩。水，不仅是一种基础性的自然资源和战略性的经济资源，也是不可或缺的文化资源。在渭河的治理和开发上，我们要将用水、管水、治水与现代文明、人类文化发展有机结合起来，从文化层面去发掘古人成功的经验，更好地弘扬水文化，传播水文化。渭河作为黄河的最大支流，是渭河儿女的“生命河”、“母亲河”。在新世纪工业文明、农业文明和城市文明的冲击下，渭河不仅要肩负着渭河流域的水体功能，还要承载着几千年的文化内涵，谋求渭河文化新的发展，也给渭河流域新的机遇。一句话，人水和谐，加强渭河文化和现代文明的生命融合，是实现现代文明的高度发展及渭河文化的再度辉煌的关键和最高境界。

（一）加强生态治理，展现渭河魅力

史料记载：自汉唐以来，渭河一直是一条水量丰沛、冲淤平衡、水环境良好的“生态型”河流，曾有“一泓清波、鸟欢鱼跃、百舸争流”的优美景象。渭河上游干流以北地形地貌以黄土丘陵为主，形态有山川相间、沟壑纵横、梁峁交错，地形破碎、干流河道宽浅、主流不稳定，遇较大洪水，两岸良田冲毁淹没面积较大，甚至危及村庄安全。生态环境脆弱，水土流失严重。特别是渭河“2003”洪水，使陕西省渭河中下游形成严重洪涝灾害，给全省经济社会发展造成严重影响。渭河下游三门峡库区频繁发生的小水大灾，已经成为渭河存在的诸多问题的焦点和

症结。备受各界关注的《渭河流域近期重点治理规划》已正式得到国务院批复，计划用10年左右时间，通过调水、治污、建设等措施，初步解决渭河流域水资源短缺、水污染严重、下游防洪形势严峻和水土流失等突出问题，促进渭河流域经济社会可持续发展。渭河上游及其支流的治理，应重在植树造林、退耕还林还草、开发与保护并重等生态治理，这样，不仅可以保持水土流失，减少下游河道淤积，而且可以净化水源，提升渭河的水体功能，还渭水曾经的健康明亮，让白居易“渭水如镜色，中有鲤与鲂”的赞叹不再是神话，让青山绿水映照现代文明高速发展的霓虹灯影。

流经甘肃天水市的耤河是渭河的一条重要支流。“水”是2005年10月开工的天水耤河生态环境治理工程的关键词，这项工程因水而起，突出一个“水”字，强化一个“绿”字，展现一个“美”字，核心是做“水”的文章，体现的是“水”的文化内涵，增强人与自然的亲和力，以达到完善城市功能、丰富城市内涵、提高城市品位、改善城市人居环境和投资环境的目标。预计该工程2008年10月完工后，在耤河整治工程基础上建成的耤河风情线，必将延伸耤河文化的深远内涵，使耤河重新焕发出光彩照人的青春风采，古老的“天河注水”的传说也将成为现实。

（二）挖掘文化资源，开发文化旅游

“‘今天的文化是明天的经济。’随着国内旅游业方兴未艾的发展，这句话从本质上道出了旅游的真谛。旅游业要成为一个成熟的产业，必须对旅游资源从文化的层面上进行提炼，才能使这一产业焕发出持久的活力。如果仅仅把旅游当成一种文化的东西来经营，仍然是不够的，还必须把旅游中发掘出的文化最终变成旅游的内容，使发掘提炼出来的文化资源反哺旅游，才能提高旅游业的档次和品位，这就是从文化到经济的再生过程。”

“三源孕鸟鼠，一水兴八朝。”渭河，源远流长，横贯秦陇，以宽广而博大的胸怀，滋养了勤劳淳朴的渭河儿女，孕育了灿烂的渭河文化，把周、秦、汉、唐等8个王朝推向了历史颠峰。正是有几千年渭河文化的沉淀，使得渭河流域历史遗迹和文化遗址俯首可拾。挖掘这些潜藏的文化资源，以渭河自然生态系统的保护为基础，以重要支流汇流区湿地保护、城市段娱乐生态景观建设为重点，改善渭河流域生态环境，开发深厚的人文景观，发展文化旅游，融自然风光与历史文化于一体，让游客欣赏自然风景的同时，了解历史文化曾经的脚印，也了解渭河，了解渭河儿女，从而唤醒全民对渭河的热爱和保护意识，促进人水和谐。

曾经贫甲一方的甘肃漳县以文化旅游和休闲旅游为产业龙头，借举办全国攀岩精英赛的良机开发多种文化旅游项目，带动了全县经济的发展，也让漳县走向全国，全国了解漳县。如今，甘肃渭源县也借渭水源头鸟鼠山、首阳伯夷叔齐双冢、汉代墓群等独特的文化资源优势，做“水”的文章，倾力打造“甘肃生态旅游名县”，相信不久，名列经传的鸟鼠山将不再沉默。

（三）文化文明整合，发展文化产业

渭河文化在中华文化史和文明史上的重要地位和独特魅力，为渭河流域发展地方产业提供了得天独厚的文化条件，更是一笔不可多得的文化财富。以不断提高渭河儿女的精神文化生活水平和发展走向全国、甚至走向世界的地方产业为出发点，渭河流域各市（县）在文化建设和发展地方经济方面只有进行积极的探索和有力的整合，才能让文化的品牌资源发挥更大的优势，让地方产业借文化之势而走向全国、走向世界，也让厚重的渭河历史文化借现代物质文明焕发出新的生机与活力。在文化资源保护与文化品牌开发的过程中，要利用独特的渭河文化资源基础条件，注重文化品牌开发的典型性、独特性、市场性、多样性、持续性和有序性，走出了一条自然资源开发与文化资源开发相结合、旅游产业建设与民族文化产业建设相结合、民族文化建设与社会主义市场经济建设相结合的发展道路。同时，在保护文化资源和文化遗产的基础上，开发和巩固在国内外有影响的品牌文化产品、文化产业，做到开发是可持续的开发、是保护性的开发而非掠夺性的开发。

甘肃渭水酒业集团以百年老字号的优势，将“天下李姓出陇西”的李氏文化与现代化的酿酒技术相结合，长期陈酿，精心酿制，开发了酒质清澈透明、窖香浓郁、诸味谐调、余味悠长的李氏宗亲系列酒，既宣扬了享誉海内外的李氏文化，又以此奠定了陇西因文化而走向全国的文化产业，引起省内外的普遍关注。

（四）开发保护并重，再现关中辉煌

渭河上游为山地，于宝鸡凤阁岭附近流入陕西，流经宝鸡峡后进入富饶的关中平原，史称“八百里秦川”，中华民族的祖先在这里奠定了华夏文明的根基。长期以来，由于对水资源的无节制开发利用，导致了江河断流、地下水超采、地面下沉；由于过度地开荒造地，侵占了河道，降低了河湖调蓄能力和行洪能力，加剧了洪水灾害；由于破坏了生态环境，致使水土流失严重，造成江河淤积；由于人为地污染水体，造成了严重的生态问题，严重的水土流失将大量泥沙带入河道淤积，河床抬高、甚至高出地面成为“悬河”。对于渭河的保护和发展，要让渭河可持续发挥水体功能造福渭河儿女，那就要渭河儿女限制渭河的同时，也要规范自己的行为，全社会应加强环保意识和环保行为，还渭河以澄清，还渭河以自然。因此，在城市发展的具体实践中，渭河中下游地市应坚持保护文化资源与开发建设并重，治理环境和开发文化资源并重，扩大城市规模与保护文化形态并重，扩大城市规模与延续城市文化根脉和创新城市文化形态共同推进，不断提高城市文化竞争力和影响力。

随着广运潭生态景观区项目一期工程的破土动工，西安市正式拉开了倾力打造“西部第一水城”的序幕。落闸门、涌清流、出平湖，陕西宝鸡渭河综合治理工程让古老的陈仓大地以水为镜，涤荡一身飞尘。120万平方米的绿色生态公园和140万平方米的水面相映生辉。“水在城中”不仅使宝鸡的城市环境实现了质的跨越，而且使市区防洪能力达到了百年一遇的标准。宝鸡几代人梦寐以求的“两条林带、一片水面、城在林中、水在城中”的生态园林城市蓝图终于变为现实。同样，陕西咸阳“咸阳湖”的建成实现了人文景观、生态和环境与城市的总体规划的相互融合，在促进咸阳构建环境友好、人水和谐社会的同时，也将带来可观的经济效益、提升了城市的品牌。西安、宝鸡和“咸阳湖”渭河的成功治理无疑给关中平原在治理渭河和城市方面提供了科学的经验和启示，也只有“咸阳湖”一样的脚步，才能也让渭河重新滋养三秦大地，关中文明也将在新世纪再创辉煌和灿烂。

四、结论

水是大自然生态系统的控制因子，又是生命元素、文明源泉和经济社会发展的基础。渭河自“禹贡导渭自鸟鼠同穴”起，不断滋养着华夏大地、渭河儿女，正是一代代川流不息和生生不息，渭河儿女用智慧和勤劳创造了灿烂而辉煌的渭河文化，中华文明也因此翻开了最为耀眼的一页。在新世纪的今天，在经历了渭河的叹息和渭河给予我们的灾难之后，我们要爱护渭河、保护渭河、保持水土、维系优良生态、合理开发利用水资源、保护和开发渭河文化，将光耀千秋的渭河文化和高速发展的现代文明融合在一起，才能在渭河的开发和治理上开辟出空前的途径，也让“人水和谐”的主题在现代科学和历史文化相整合的层面上真正地体现出来。

参考文献

[1] 窦贤. 黄土高原上的文化奇迹：大地湾遗址 [N]. 泉州晚报，2003-01-25.

[2] 李志，曹明明. 关中地区水资源问题及对策研究 [J]. 水土保持学报，2003 (3) .

[3] 王松涛. 从旅游文化到文化旅游 [N]. 光明日报，2002-03-16.

[4] 蔡其华. 论人水和谐 [D]. 长江水利网，2006-03-20.

[5] 靳润成，李友东，马振兴. 从关中地区看中华文明起源的历史地理背景 [J]. 天津师范大学学报，2002 (2).

[6] 吴加安. 汉水上游和渭河流域“前仰韶”新石器文化的性质问题 [J]. 考古，

1984 (11).

[7] 杨东晨，杨建国. 渭河古文化区中令人神往的天水——兼论渭水是孕育华夏文化的神奇地域 [J]. 天水师范学院学报，2002（1）.

[8] 何光岳. 炎黄源流史 [M]. 南昌：江西教育出版社，1992.

[9] 张玉清. 渭河流域水污染成因的探析及防治对策 [J]. 西安联合大学学报（自然科学版），2002，3（1）.

[10] 史鉴. 关中地区水资源合理开发利用与生态环境保护. '95攻关项目.

[11] 秦延安. 陕西宝鸡亲水环境增添城市竞争力 [N]. 中国水利报，2005-06-10.

人水和谐在水务活动与水文化的交融中升华

松辽水利委员会水文局信息二科　相玉梅

“人水和谐”是人类在走过许多弯路之后的积极思索。网上宣布2008年萨拉戈萨世博会的主题定为“水与可持续发展”；世博会中国馆的主题为“人与水：复归和谐”，充分体现了人类痛定思痛后的理性回归。

水是基础性的自然资源，又与粮食、能源并称为战略资源，还是生态环境的控制性要素和不可或缺的文化资源。文化则体现了人类的主观能动作用，是人类在认识、改造客观世界的过程中创造并积累起来的物质和精神财富。“历史证明，经济兴可以带动文化兴，而文化兴又可促进经济和社会的发展。经济、文化和社会之间相辅相成。”[1]

从意识与实践的角度看，“水务活动”应该是行为水文化，而“水文化”则属意识水文化。水活动和水意识一直伴随着人类社会的发展而发展。客观存在的水及水旱灾害产生了人们的水意识，水意识作用的结果催生了水活动，水活动升华了水意识，水意识又反过来推动了水活动的深入。从人类最初的趋利避害到人水和谐，从“壅防百川，堕高堙庳”到三峡工程，都有力地说明了这一点。

水文化是水与文化的统一，是自然属性的水与社会属性的文化的相互融合。水、水意识及水活动是产生水文化的土壤。水文化在人类水活动的基础上形成，又在人类水活动中发展壮大。反映了社会发展各个时期人类对水的认识程度、思维模式和行为方式。如果没有水，没有人类用水、管水、治水、爱水、节水等一系列活动，水文化也就不复存在，所谓“皮之不存，毛将焉附”。人类在与水“打交道”的过程中，创造了水文化，现代水利又丰富和发展了水文化，水文化又通过文化的力量，积极促进了水务活动的实施和发展。可以说，水与文化的联系是密不可分的，文化是无处不在的。人把水与文化糅合到一起，文化则把人与水紧密相联，人、水、文化三者相互依存，相互联系。“在经济全球化的今天，经济与文化、科技与文化的融合日益紧密。文化已成为推进经济和科学技术发展的重要措施和强大动力”[2]。

人水和谐是水务活动与水文化的有机结合点，要把这个抽象的哲学概念转变为现实，一是要发挥文化的力量，统一人们的认识，达到行动的一致。二是要在水务活动中践行人水和谐，努力认真地做好每一项具体工作。水务活动是到达人水和谐终极目标的系列的、具体的水利工作。这些工作一定要围绕现代水利和可持续发展水利进行，为人水和谐奠定坚定的基础，为水文化建设提供良好的发展环境；水文化的实质在于形成和发挥文化的力量，并将这种力量渗透于水利职工和广大公众的主体意识之中，形成全社会的共识，为水务活动的开展扫清认识障碍，以求早日实现人水和谐的大好局面。水文化与水务活动要相互配合、互相促进，在人水和谐的实践中发挥好“文官”、“武将”的作用，并形成巨大的“合力”，从而在整个社会形成重视水、爱护水、节约水的大水利局面。

水短缺和水污染是人水和谐的“天敌”，只有从根本上解决水短缺和水污染的现状，才能实现根本意义上的人水和谐。

一、节水型社会建设需要文化的支持

建设节水型社会是实现人水和谐的当务之急。

中国被联合国定为13个贫水国之一，水资源供需矛盾日益尖锐，用水保证率日趋下降，在供水紧张时期，不但工农业生产用水得不到满足，有些城市对居民生活用水也不得不采取限时、限量的供给方式。资源性缺水、水质性缺水、工程性缺水在很多地区一定程度上普遍存在。

吉林省的缺水现状更为严重：作为西部门户的白城地区过去是十年九旱，现在变成十年十旱。近几年降水量不足300毫米，地下水位不断下降，严重的地方下降了8米，荒漠化正以每年1公里的速度向中东部发展，而荒漠化治理的最大障碍却是水资源的严重短缺。著名的向海湿地也在受到缺水的"侵扰"。

对于并不富裕的水资源来说，"精打细算"尚且不足，但现实中水资源的浪费却是惊人的。据报载，我国自来水一年就漏掉100亿吨。消息称，水龙头跑冒滴水一个小时约3.6公斤，一个月约2.6吨；而水龙头"细流水"，一个小时约17公斤，一个月约12吨。

一方面是水资源的短缺，一方面是水资源的惊人浪费。造成这种现象的原因固然有多种，但人们对水资源的错误认识却是问题的关键所在。一直以来，人们的头脑中就存在着水是"取之不尽，用之不竭"的观念，现实中表现出来的是对水的"漫不经心"，浪费也就在所难免。

要解决人们对水的认识问题，需要采取多种手段，而文化手段是必不可少的。文化具有"渗透力"，所谓渗透力，是指文化在人们的社会实践中所起的作用和影响，具有教育、导向、激励、凝聚、推动性质的力量。水文化在节水型社会建设中自然而然地担当起"公益广告"的角色。

人的行为是受思想观念支配的。观念是哪来的？观念就是从文化的影响中来的，观念是文化意识的表现。思想观念的转变是实现人水和谐的前提条件。而全社会人们"涉水"观念的转变，要靠水文化去完成。节水型社会建设需要水利人和全社会的努力，水文化要利用教育和导向功能，通过精神创造，提高水利人和社会公众的文化素质与认知能力，转变人们对水的错误看法，树立正确的水理念，进而在全社会统一认识，达成共识。

人类的亲水理念从社会之初就存在于人们的头脑中，远古时期人类的临水而居及当时的鱼龙图腾表现的就是人对水的依恋。现代人类的亲水理念已远远超越了古人，人水和谐体现的就是当今人类对水的亲近。

现在许多水利工程在建设时都把“水文化”作为一个方面考虑进去；一些旅游景点把“水文化”的文章做得十足，以水来吸引游客；一些房地产商也把“水文化”作为招牌，刺激销售；人们对九寨沟、乌镇和西湖的狂热更体现着人类的亲水情结。只是这种亲水理念是潜意识的，没有与时俱进地变成“亲水”行动。水文化要结合长江已难觅白鳍豚的踪迹、哈尔滨停水事件等加强宣传力度，激活人们亲水的潜意识，使亲水意识变成亲水行动。

节水型社会的建立不是一蹴而就的，有很多工作需要我们去做。在解决人们认识问题的同时，还要在具体工作上下工夫，重点解决好体制和管理的问题。“节水型社会建设的核心是进行制度建设，要通过建立总量控制与定额管理相结合的用水管理制度，建立以水权、水市场理论为基础的水资源管理体制，形成以经济手段为主的节水机制，建立起自律式发展的节水模式，不断提高水资源利用效率和效益，促进经济、资源、环境协调发展”[3]。我们要充分发挥价格机制在节水工作中的控制性作用，积极制定有利于促进节水的水费和水资源费征收标准；积极推进节水型社会试点工作并及时总结推广；加强节水技术的创新，提高单位水量的效益……促进经济、资源、环境协调发展。黑龙江省牡丹江市经过5年多的努力，最近在全国率先对城市“二次供水”实行统一管理，每年可节约水资源400多万吨。2000年以前，由于“分段管水”，牡丹江市水资源跑、冒、滴、漏现象严重，老百姓吃水非常困难。为改变这种局面，自2000年以来，他们对管理体制进行了改革，出台了《牡丹江市供水、用水管理办法》；陆续将此前非自来水公司管理的居民供水泵房和“二次供水”管网全部纳入市自来水公司统一管理，取消单体泵房593个；对原有供水设施进行改造，铺设改造配套管网89.6公里；新建区域性加压泵房32座。收到了很好的节水效果。

节水型社会建设是一个庞大的系统工程，需要全体人民的参与，需要所有企业和单位的配合，广泛的宣传和正确的引导是十分必要的。我们要宣传节水的重要性，宣传节水技术，宣传节水器具……大到理论，小到具体操作，让节水的意识深入到每一个人的心中，真正建立起人人爱水、人人节水的社会。

二、在防治水污染中彰显文化的力量

人水相亲是和谐社会的一个重要方面，是人类用水、管水、治水的最高境界。我们与水“打交道”时，既要用好水、管好水、治好水，更要用心爱护水，“在防止水对人的伤害的同时，更要注意防止人对水的伤害”[4]，以求水资源的永续利用。

最近从报纸上看到，全国有70%的江河水系受到污染，40%基本丧失了使用功能，流经城市的河流95%以上受到严重污染；1/3的国民喝不到干净水，世界上污染最严重的20个城市我国占了16个，“污染吞掉每年GDP的10%”。我国每年工业和生活污水排放量约600亿吨，排放的污水80%未经处理，既造成了严重的资源浪费，又破坏了水环境。中国工程院重大咨询项目“东北地区有关水土资源配置、生态与环境保护和可持续发展的若干问题研究”报告显示，东北地区的生态环境状况已到达临界状态，如不及时刹车，将严重影响其可持续发展。松花江、辽河的干支流和部分湖泊水库污染严重，影响到城市居民集中饮用水源质量。水污染是人水和谐和水资源短缺的一大“凶手”，预防和治理水污染，既能促进水环境的改善，又能增加可利用的水资源量。

防治污染应注重事先预防，不能只疲于事后治理。对已经被污染的水体要加强治理，对未被污染的水体要采取措施加以保护。针对水污染状况，长春市规划建设4座污水处理厂，按国家要求，到2010年，市区污水二级处理率要达70%；吉林省向国务院上报了松花江治理项目，项目总投资达52亿多元；长春市计划将伊通河下流泄洪区、污染区建成7.3平方公里的长春“北湖”。北湖建设必须彻底解决伊通河、新开河等水体污染问题，与此联动的北郊污水处理厂预计2007年竣工，形成日二级处理39万吨污水的能力。伊通河为长春的母亲河，经过几年的治理，已经变得美丽迷人，一改过去无人问津的局面，现在已成为长春人民节假日垂钓和休闲的最佳场所；2006年5月初，松花江飞来了上百只海鸥，令在江边住了几十年的居民感到惊奇。江边护鸟人说："松花江上飞来海鸥是很罕见的事，过去几十年都不曾发生过。它们的到来说明松花江畔生态环境和水质都得到了改善，除了海鸥，清明前后还有很多种鸟类途经松花江迁徙繁殖。"人水和谐是和谐社会的一个重要方面，我们一定要加强水污染防治力度，通过水利人和全社会的努力，使不久的将来呈现出人、水、自然和谐相处的喜人场景，让人们生活在一片和谐之中。

我们平时讲的水污染，其实大多都是"人对水的伤害"，只有减少了人对水的伤害，水才能更好地为人类效力，人水才能和谐相处。要彻底根除水污染，首先要做好人的工作。水文化有着强烈的现实意义，它从诞生那天起就承担起服务于水利事业的重任。人水和谐为水文化注入了新的血液，水文化以"水"为基点，最后还要把落脚点放到"水"上，在人水和谐的实践中体现其文化价值。在水污染防治工作中，水文化要与可持续发展水利步调一致，利用激励和推动功能，结合实际，利用正反两个方面的典型事例进行大张旗鼓的宣传，起到广而告知的作用。宣传的范围要广，力度要大，手法要新。宣传时要加强细节的熏染，用具体的数据、生动的事迹、鲜明的事例说话，以求达到最佳宣传效果。通过宣传，让全社会了解水资源的现状，了解水污染的危害，了解防治污染的现实意义和深远意义；引起对水污染问题的重视，发挥人的主观能动性，切切实实投入到水污染防治工作中，少做或不做对"水的伤害"的事情。了解是行动的前奏曲，人水和谐的曼妙之音才能由此"渐入佳境"。

《再说长江》中有一组画面，几尾鲜活的鱼在水中游动，乍一看，还以为鱼在河水中嬉戏，听了解说才恍然大悟，原来那是江阴兴澄钢厂为检验排出的废水是否达标而养的鱼，养鱼的水便是钢厂排出的废水。钢厂通过察看鱼的情况来判断排出的废水是否达到排放标准。而兴澄钢厂的做法又是被德国莱茵河边某企业相关人员的言行感动的结果。此例说明，污水排放是可以控制的，污水经过处理就会“不污”，甚至变废为宝；只要我们有高度的责任心和爱心，顾全大局，在追求经济效益的同时，更能兼顾社会效益和环保效益，就一定能够减少人为的污染。这一点我们应该向兴澄钢厂学习，重视防污和治污，为子孙后代造福。兴澄钢厂的领导人能被德国人的言行感动，相信中国许多企业和单位的领导也一定会在水文化的影响下行动起来，积极投入到水污染的预防和治理中来，健康的河流、洁净的水资源就会越来越多。

在和谐社会的旗帜下，水文化和水务活动要紧密配合，从实际出发，抓重点，抓特点，做好节约用水和防治水污染工作，以实际行动谱写人水和谐这篇大文章。

注　释

[1] 敬正书《加强水文化建设　促进可持续发展》。

[2]《中国首届水文化高峰论坛在人民大会堂举办》，《水文化》2006年第2期第6页。

[3] 汪恕诚《人与自然和谐相处》，《水利天地》2006年第7期第47页。

[4] 汪恕诚《人与自然和谐相处》，《水利天地》2006年第7期第46页。

城中水 水中城
英雄城南昌着力打造秀水之城

江西省赣州市水文局 刘英标

南昌，是“八一”军旗升起的地方，是江西省省会城市。南昌地处鄱湖之滨、赣江之畔，历为“东引瓯越、西控蛮荆”的战略要地，具有承东启西、沟通南北的独特优势。南昌自古就是钟灵毓秀之地、文化礼仪之乡。南昌自然山水优美，人文景观丰富。红色故土、绿色家园、古色风情、蓝色波光、金色田野，构成南昌天人合一的人居环境。江西的母亲河赣江像一条飘动的“哈达”穿城而过，玉带河、抚河犹如两条晶莹夺目的“玉腰带”环拥城区，城内湖泊点缀，城外河湖环绕，得天独厚的丰富水资源，尤显水之灵之本色，为英雄城增添了许多天赋灵性。城中水，水中城，城与水共息，水伴城相依。整个南昌城河道纵横，港湾交错，湖塘星罗棋布，江南水乡的秀色体现得淋漓尽致。

南昌，从灌婴筑城开始，到宋代、明代、清代直至今天两千多年的历史变迁，自古都是因水而盛，水为南昌城增添了灵性。南昌城有一江(赣江)、二河（抚河、玉带河)、二十湖（象湖、青山湖、艾溪湖、梅湖、东湖、西湖、北湖、南湖等)。先前“东”、“西”、“北”、“南”曾经为洪都（先前南昌叫洪都）府城最有名气的四大内湖。明以前只有东湖之称，以其处赣江之东岸、城墙之东隅而得名。明时由于洪恩、状元、灵应三桥的架设，始以自身位置分东、西、北三湖，至民国后才又划出南湖。当年的东湖沿岸遍植垂柳，又建内外闸，以节制湖水。人们临湖望去，但见湖光潋滟，荷花满池，丝柳成行，与空蒙的山色相映成趣，好一个都市悠闲的所在！中唐诗人李绅有诗赞云：“菱歌罢唱鹢舟回，雪鹭银鸥左右来。霞散浦边云锦截，月升湖面镜波开。鱼惊翠羽金鳞跃，莲脱红衣紫药摧。淮口值春偏怅望，数株临水是寒梅。”

宋时的东湖沿岸有褒贤阁、临湘阁、羡鱼亭、吏隐亭、涵虚阁、皆春园和东园等楼台亭榭，雕梁画栋在柳荫、花丛的掩映下显得格外诱人。辛稼轩词《送元济之归豫章》“二月东湖湖上路，宫柳嫩，野梅残”句，道出了诗人满怀深情送友时转而对东湖早春景致的赞叹。

令人称奇的是，东湖中突兀三座小岛，岛上青葱蔚翠，百花竞妍，俗称三洲，雅号百花洲，初得名于宋人向士堰的《蝶恋花·百花洲》。南宋绍兴时节度使张澄于湖中操演水军，曾在风景如画的百花洲上建“讲武亭”。一壁厢刀光剑影、橹篙劈波、杀声震天，一壁厢天光云影、鱼虾戏波、芬芳袭天，相悖却又相谐，对立统一而浑然天成。况志宁诗云：“讲武亭前水四流，游蜂飞蝶满芳洲。西风战舰知何处，赢得斜晖伴白鸥。”细细品来，颇耐人寻味。清康熙时改“讲武亭”为“冠鳌亭”，亭下广砌太湖石。乾隆时洲上阁园整修一新，布政使彭家书刻“百花洲”三字，置大青石为铭，亭榭又题为“水木清华之馆”，清雅之至。“百花洲”芳名从此流传开来。

汤显祖和他的师兄弟们曾在今南湖中的杏花楼“闲云馆”与师对弈吟诗，著书立说，成立“杏花楼社”，著有《闲云馆集》。这位文学大师诗赞杏花楼云：“茂林修竹美南洲，相国宗侯集胜游。大好年光与湖色，一尊风雨杏花楼。”杏花楼即现在的“水观音亭”，为二层楼阁，四周以极具江南雅韵的风火花墙围砌，两旁各配单层厢房，整幢建筑粉墙黛瓦，朱柱彩梁，飞檐翘角，镂窗嵌雕，玲珑多变，错落有致，尤其是高耸的屋脊，陡峭的房顶，在全城的古建筑中别具一格，游人无不驻足回眸。现代画家傅抱石、徐悲鸿都曾居此挥毫丹青，其作品的旷世绝伦，恐怕也融进了当年杏花古楼观音流盼的几分灵气，难怪南昌画院的慧眼高手们相中了这块风水宝地而移师长驻。

城南梅湖倒映着青云谱道院的靓影，显得格外清洌雍雅。这座已有2500多年历史的道院，因明末清初著名画家——八大山人朱耷的隐居修道、挥毫作画而名震遐迩。道院青砖灰瓦白墙红柱，殿宇森森，环境清幽秀丽。百年古樟、苦槠、罗汉松等叶茂枝繁，遮天蔽日。明太祖朱元璋十世孙、别号八大山人的朱耷19岁时突遭改朝换代之巨变，由锦衣玉食的皇室贵胄一夜间沦为颠沛流离的山野难民。他或僧或道，大半辈子隐于书画之中，将满腔哀愤与儒、释、道理念怪异而又巧妙地融会于其书画艺术。青云谱道院被辟为八大山人纪念馆后，他那乖戾、飘逸、翻着白眼的鸟兽虫鱼、花草木石画卷，静穆、洒脱、超凡脱俗、独具个性的书法挂幅，让人目不暇接。朱耷之人品、画品启迪着三百年来画坛上"扬州八怪"以及吴昌硕、齐白石、潘天寿、张大千、李苦禅等一代又一代大师，其艺术生命放射出异样光彩而久不衰竭。难怪著名文学家余秋雨先生对南昌梅湖之畔的这一景观推崇备至而予专文详述。

但是，随着岁月的流逝，河湖年久失修，已失去当年的亲水靓丽秀色。加之城市建设和工业兴起，建筑、工业、生活垃圾和污水，流入河湖、淤塞河道，见证着南昌沧桑的"二河二十湖"却一度成为死水、臭水。

世纪交替，春回大地。在21世纪的开局之年，南昌实施"蓝天"、"碧水"、"绿化"、"宁静"工程建设，陆续掀起"河、湖"整治高潮。2001年7月，抚河治理全面开工，吹响了"河、湖"整治号角，翻开了唤回"水之灵"新的一页，其他河湖的治理也随之展开。2001年11月起，青山湖清淤145万平方米，湖岸建成4700多米的排污渠，湖滨、相思林、燕鸣岛公园相继建成开放；玉带河的亮丽景观尽收眼底，2005年元旦正式通水通船；象湖这个曾经又脏又臭的水塘一改往日的窘境，形成了"环湖一条路、湖心一座岛、湖中两条堤、西南一座山"的风景格局，集生态、旅游、休闲、水上运动于一体；艾溪湖景区、梅湖公园、赣江公园和铁线湖公园工程建设以及瑶湖、前湖、贤士湖、蝶子湖的整治相继竣工；八一公园、人民公园、孺子亭公园、八大山人等景区进行了更新改造，实现了一园一水塘；新建了青云水厂、牛行水厂，建设了青山湖、象湖、红谷滩污水处理厂；投入12亿元改造五大排水系统，彻底解决了南昌"水上漂"。

今天的英雄城南昌，碧波荡漾的河水、随风轻摆的垂柳、扑面而来的清新空气……繁花似锦、满目青葱。突出了“江湖环绕”的滨水城市风貌，营造了多种风格、多种形式的亲水空间和滨水风光，将人脉、文脉、山脉、水脉合为一体。二十个湖泊像二十面晶莹剔透的多边形水晶宝镜，镶嵌在楼台亭榭、大道广厦之间，交相辉映。九曲十八弯的玉带河，透明丝带般串联起这二十面水晶宝镜，缀成一组光芒四射、美不胜收的环城项链。玉带河源于活流，去于活流，带来了城水的清澈，带走了水城的污浊，为湖泊注入了生机灵性，为城市注入了玉液琼浆。河水更清——“龙须沟”变“玉腰带”；城区更绿——出门500米就有绿地；天空更蓝——空气质量中部第一；夜色更美——10万华灯点亮“不夜天”；水电更足——唯一不拉电闸的省会；道路更宽——公交车开进小街巷；交通更顺——“水陆空”四通八达；建筑更靓——百年老街重焕青春；新区更旺——红谷滩上崛起南昌“浦东”。从江南名楼腾王阁，到“都市候鸟”天香园；从青葱卧龙山，到秀美象湖，都蕴含着“人、文、山、水”，一座美丽的“水城”，一座鸟语花香的园林城市，已展现在世人的面前。使“水之灵、山之魂、文之韵、人之本”相融的南昌，正成为“长珠闽”的后花园、“港澳台”的观光地。

南昌变了！英雄城靓了！凡是外地的朋友来南昌，都会夸赞这里的风光越来越迷人，白天看水、晚上看灯。抚河两岸、青山湖畔、秋水广场处处流光溢彩、美不胜收，让人流连忘返。的确，如今的南昌，花木葱茏、天蓝水绿，玉带河经过“大换水”变得风景如画，污染严重的青山湖也已泛起碧波，实现了“水亮南昌”。还有那一片片的草坪、花木，以及绿化景观大道，叫我们怎能不越来越爱南昌。

未来的英雄城南昌，将形成“一江两岸、南北双城、沿江延伸、外带组团”的网络化布局和“一轴、一环、一链、八区、九廊”的城市绿化体系布局，依托“一江二河二十湖”自然景观，加大“蓝天”、“碧水”、“绿化”、“宁静”工程建设力度，达到天更蓝、水更清、地更绿、城更美的最佳人居生态环境，创建现代文明花园城市和诚信和谐城市，更显英雄城的生机和活力，成为最适宜人居和最适宜创业的城市。

重视城市“运河文化生态”构建“运河生态旅游”保护体系

海河水利委员会漳卫南运河聊城河务局　郭爱民

京杭大运河是中国历史上最重要的南北漕运通道，在两千多年的漫长岁月里，京杭大运河两岸留下了无数令后人感慨不已的文化遗产。那些古老的传说、歌舞、曲艺、皮影、剪纸、绘画、雕刻、民俗礼仪等非物质文化遗产，无不蕴藏着中华民族珍贵的文化“基因”，它们共同构成我们世代赖以生存的文化生态的一部分。

河北省运河文物考古调查队队长白晓燕说，京杭大运河河北段的庙宇、民居、驿站、会馆等永久性建筑比京杭大运河江苏、浙江段要更加丰富，在廊坊地区发现的石器时代的人类器物说明这里早在史前时期就有了人类的活动，而在沧州的发现也可以说明汉代已有居民在此处繁衍生息。在目前发现的150处文化遗迹当中，有六成为古村落遗址，这些古村落遗址大部分是金元时期的。此外，还发现了众多的墓葬、碑刻、沉船点等。白晓燕特别强调，在大运河文物调查项目中，运河沿线的风土人情调查是很重要的一项内容，运河文化生态对沿线居民的影响是深刻而久远的。她介绍说，在运河沿岸的古纤道遗址，当地的男女老少都还会哼唱祖祖辈辈流传下来的船夫号子。

每个城市都有自己的“文化生态”结构。尤其是像北京、上海、天津、西安、南京、杭州、重庆这样的名城，更是以强烈的区域性“文化生态”要素来形成明确的城市风范，从而孕育了千百年的城市人文精神。在经济高速发展的今天，以集约式的城镇化与创建大都市文化为基本目标的地区与城市，必须面对一个新的课题：如何保护好一个区域之所以为区域的文化形态；如何保存既有的历史文化资源，营造适合本区域特色的地域文化特征。

目前，全国各地都在大搞城建、大兴土木，值得注意的是，在一些历史悠久的城市，不少有价值的东西正在推土机的轰鸣中变成瓦砾，一大批用现代材料工艺堆砌起来的“假古董”、仿古建筑群招摇过市；大批古镇、老街、民居、村落被“重新”整修得失去了原有的文化韵味。担心本应造福子孙的“城市化进程”，会蜕变成毁坏历史文化积淀与遗产的短视之举。

“文化生态”是一个结构性的存在，它包含了许多必不可少的区域性文化要素。正是因为有了它，北京、上海、南京、杭州、张家界、九寨沟、黄山、泰山才会成为它们的现时形态。“文化生态”既表现为一个明确的“空间关系”，如湖、山、建筑、林木、空间的内容和比例，它是“即时”的；但同时，它又表现为一种顺时序积淀而成的时间进程——如江南富庶之地的沪、宁、杭，至少作为大都市已有千年以上的历史积淀。城市里自然生态的山山水水，都是这种积淀而成的城市结构（空间分布结构）的结晶——我认为：它在物质上是体现为自然山水与建筑人居景观的结晶；但在精神上，它是几千年历史文化的人文结晶，犹如北京、西安的城市生态，是由上古与中古文化积蕴起来的一种宝贵的结晶一样。看不到作为时间进程的历史人文积淀，只认为这是自然的山水人居关系因而可以任意挪动变化，是要为此付出无可挽回的牺牲与代价的。想一想，像杭州西湖这样一个具有得天独厚、独一无二文化资源的所在，申报世界文化遗产时竟会如此艰难；联想到大运河拱墅段历史文化遗迹的被破坏，再想到如湖南张家界等著名风景点被黄牌警告，都使我们必须正视“文化生态”保护问题。

目前我国的城市规划往往滞后于发展实际，有很多规划屈从于现实需要，没有起到规划应有的引导、开启、牵引现实的功效。致使不少城市在规划出台前振振有辞，而一旦出台却引来诸多非议。在很多城市规划中只注重功能性，而忽略其间应有的文化含量；只把眼睛盯着建筑、道路、人居、交通、广场、商贸等城市的物质结构，而忽略了文化生态、人文精神含量、历史文化内涵等城市文化内容。因此，我国的城市规划如果不从功能性规划上升为人文型规划，极易导致各地多年形成的城市文化特色丧失殆尽，从南到北千城一面，那时我们将愧对后人。

想起一句古诗“暖风熏得游人醉，只把杭州作汴州”。现在有几多的人“只把广州作郑州”？一样的建筑模式，一样的钢筋混凝土森林，满世界这样子的建筑多恐怖啊！

为把单一的“功能性规划”引向综合性“人文型规划”，在城市规划中，除了规划专业人士之外，还应该多吸收历史学家、人文与社会学家、文化学者们参与。

一、挖掘运河文化生态的思考

古运河是沿岸城市的“母亲河”，我们在打造“文化生态旅游区”时，无论如何不能冷落和忽视它。建议把以下内容纳入打造“文化生态旅游区”的总体战略和“十一五”发展规划之中。

（一）成立有关组织，加强对运河文化的保护和研究

要调查运河历史文化遗存，摸清运河两岸的遗存、传说、掌故，规划设计运河两岸保护和改造方案，抢救挖掘历史遗存，尤其是一些具有历史地理坐标意义的地理实体（如古街、古门、古桥、古河埠、古渡口、古碑等）。千万不要让传承了上千年的运河文化文脉在我们这一代人的手中毁断。

（二）建设本地区运河文化展览馆

在运河两岸整体规划中，应留出展馆位置。前期可先收集有关资料，可展示的内容很多：古运河的设计、开挖、疏浚与变迁，历代漕运、盐运与货运，治水与水利，闸堤、桥梁与渡口，帝王下江南巡游、名人夜泊，军事争霸，造船业，特种工艺、艺文、胜迹，乃至帝王龙舟、庞大船队，巨商、文人墨客的各种船只等。形式可以是实物、模型、沙盘、文字、图片、画稿、声音、图像、演示、游客参与，等等。

（三）加快古运河的恢复整修建设

要提高对整修古运河的认识，要看到整修后的长远利益和社会效益。京杭大运河杭州至山东微山湖段已于2000年通航，全长900公里，是全程的二分之一。北方段目前不通航，但通航只是个时间问题。

（四）建设古运河商贸、文化旅游带

借鉴通州、扬州、杭州、聊城等地的做法，沿古运河两岸规划建设运河文化生态旅游区，组织古运河游览，可成立古运河游览公司，企业化运作，实现古运河旅游资源整合，把运河文化旅游业做大。

（五）开展保护运河文化生态行动

弘扬运河文化与保护运河的生态环境是一致的，要教育人们热爱古运河，保护古运河，使开发后的古运河不再造成污染。

二、运河沿线城市和地区对运河的研究及开发建设情况

北京：在京杭大运河的起点通州，利用大运河知名度，打造运河文化品牌，已被列入通州区的“十五”规划，沿运河两岸20多公里建设“运河文化产业带”，两岸规划了84个景点。2003年9月11日，北京段大运河通航，全长11公里。以大运河为主题创作的300多米长的名人名家书画正在申请吉尼斯世界纪录。2004年1月22日至28日，通州还举办了首届运河文化春节庙会。2000年10月，北京还在大运河东岸建成了京城最大的运河文化广场。2004年2月，通州区以恢复运河的“世界名河”地位，招标设计新通州，全球7个公司参与以挖掘和弘扬运河文化为主题的设计。

天津：建设运河经济文化商贸区，2003年3月30日完成设计方案评选。运河经济文化商贸区位于三岔河口，是海河总体规划确定的传统文化商贸区的重要节点。四至范围：北至规划的西青道延长线，东至子牙河，南至南运河，西至河北大街，规划总面积63.97公顷。规划目标：依托深厚的历史文化资源，展现运河文化和码头文化，体现天津本土文化特色，使该地区成为延续天津城市历史脉络、国内外具有较高知名度

的核心区域。大力发展旅游、商贸等第三产业，从而带动周边地区的发展。2004年5月14日，天津市政协举办了运河文化商贸区建设论坛。

山东：山东师范大学安作璋教授承担的国家社科基金项目的最终成果《中国运河文化史》于2001年正式出版。位于运河“水脊”的济宁，紧紧抓住“南水北调”的机遇，2004年2月26日，召开中国京杭大运河文化带旅游活动领导小组工作会议，决定中国京杭大运河文化艺术节于9月中旬在济宁市举办。山东全省目前正在对大运河沿岸文物古迹和沿线文物埋藏区进行全面、系统的调查与勘探，对其中一些已着手制定和实施保护方案，部分地段正配合南水北调工程进行必要的抢救性考古发掘工作。

江苏：扬州市提出将古运河沿线打造成“东方的莱茵河”，依托古运河两岸人文古迹、水利工程和都市风貌，包装“古运河水乡之旅”；通过古运河及支流水系，把唐城、宋城和明清古城连接起来；打“中国运河”、“中国漕运”牌，将沿途的古城、古镇、古寺、古景和水乡自然风光融为一体，开辟运河文化及“邵伯湖、高邮湖、宝应湖”文化生态游览线。淮安2002年9月在市区建设竣工了大运河文化广场，占地6300平方米，总投资1亿元。同时，淮安还将运河的开发纳入城市发展的整体范畴，重点整合和盘活以运河文化为代表的无形资产，大大提高了城市的知名度。无锡对9.5公里的古运河实施了永久禁航，规划建设“运河民俗文化旅游带”。

浙江：在京杭大运河的终点杭州，从1991年开始整治运河，耗资数亿元，1994年12月整治完工。2000年8月举办首届运河文化艺术节，2001年5月举办首届“运河游船节”。2001年7月，总投资达9.4亿元、服务区域为70平方公里的运河杭州段截污工程全面建成并开通。2001年7月，“挖掘运河文化”被市政府列入“旅游西进”战略。2001年11月，杭州召开运河文化研讨会。杭州市拱墅区专门成立了运河文化建设领导小组，行程数百里，实地考察了运河沿岸27个城市，收集整理了30余万字的文字资料与一批珍贵图片资料，并与浙江大学等高校合作，进行运河文化可持续发展的研究。浙江桐乡在弘扬运河文化中以名人文化为亮点，在乌镇运河文化开发的第一年，就接待游客185万人，成为旅游界的一匹“黑马”。杭州目前正筹建古运河博物馆。

生态旅游既有自然生态保护问题，而且应该延伸到城市文化生态保护层面，自然生态需要保护完整，城市历史人文生态也需要完整保护。生态旅游与遗产保护涉及面广，需要方方面面的努力，政府方、旅游经营方、旅游者和以世界自然遗产和世界文化遗产为代表的观光旅游胜地等各自承担着不同的责任。对生态旅游的认识、理解、保护、开发，必须以法律为基础进行。生态旅游是人类社会和自然风光及优秀历史文化和谐对话的方式，它是一个游人、一个国家的观念、行为举止、生活环境、文化健康质量的反映；也关系到国家和地区的领导管理素质乃至一国的文明水平。

三、生态旅游是一种先进的旅游方式

在工业化、后工业化的过程中，在人类生存环境面临危机的全球大背景下，20世纪80年代国际自然保护联盟特别顾问、墨西哥专家谢贝洛斯·拉斯喀瑞首次提出了“生态旅游”一词。1992年联合国世界环境和发展大会提出并推广了可持续发展的概念和原则之后，生态旅游作为旅游业实现可持续发展的主要形式，在世界范围内被广泛地研究和实践，随后这一定义被不断完善、丰富。

生态旅游的目标是：保护自然资源和生物的多样性、维持资源利用的可持续性，实现旅游业的可持续发展。

生态旅游是在生态保护的前提下，以自然生态为主，社会文化生态为辅，为游客提供认识自然、享受自然的旅游经历，并做到生态效益、社会效益、经济效益和谐统一的一种新型旅游模式。在保护生态的前提下，追求生态、社会、经济三大效益的最优化，是人类社会可持续发展观念在旅游业中的体现。生态旅游开发在任何情况下，都不得以生态资源的浪费、生态环境的破坏为代价，来满足游客的需求和获取短期的经济效益。这些原则同样适用于历史文化遗产的保护和利用！

生态旅游与传统旅游的区别是明显的，首先是目标不同。传统旅游追求利润最大化，享受最优化。而生态旅游要保证环境和旅游开发的优化，保证当地文化、环境、旅游经济的可持续发展。其次是受益者不同。传统旅游的受益者为开发商和游客，生态旅游追求的则是开发商、游客、当地社区和居民利益的统一。其三是管理方式不同。管理方式从“游客第一，有求必应”转换为“自然生态景观第一，游客保护生态环境第一”。社会影响从单一的经济发展转变为经济和环境可持续发展，促进交通、旅游和基础设施的改善与环境资源保护协调，达到经济、社会和生态效益的优化。

从以上的定义和解释，不难看出，“保护”二字成为生态旅游的核心词、主题词、关键词。所谓没有发展何来保护的说法，不过是旅游利润最大攫取者们的诡辩、借口和幌子！一些地方打着经济建设的旗号，干的却是毁掉自然遗产和城市文化遗产的事情。如此这般，怎不令人哀哉痛哉？

归纳起来，对生态旅游的看法主要有两类：一种是环境保护主义者的，将生态旅游看做是旅游资源可持续利用的关键途径、旅游活动及其规划的一条准则以及旅游运作的理想境界。它以可持续发展为实践的指导和理论研究的基础。另一种是部分旅游经营管理者的，将生态旅游看做是一类推向市场的、满足人们回归自然这种趋向的生态旅游产品，带有或明或暗的追求利润的印迹，是在发展旅游才能保护的观念下，最大限度地追求经营利益的冠冕堂皇的招牌。这种理由指导下的“生态旅游”所造成的后果往往令人不堪回首，事实上，已经有了许多不可挽回的损失和惨痛教训。

尊重自然、尊重历史，就是尊重人类自己。有很多的人类古老文明灭绝、失去了踪影，究其原因，是那里的人们自身的行为断送了自身生存和发展的根。这样的教训吸取起来是非常不容易的——需要抑制个人的利益，牺牲个人的享受，付出个人的劳动；为了生态的绿色，这是需要高尚道德支撑的。实际上，在多数人还没有自觉行动的时候，强制性的法律法规的约束更为重要！

旅游地社区群众没有或很少从生态旅游中获益。一些地方缺乏必要的管理机制，政府部门、旅游经营者、游客和旅游地所在地区没有形成良性互动。缺乏规划，过度开发、盲目建设问题突出。据早些时候我国人与生物圈国家委员会一份调查资料显示：一些自然保护区违反有关管理条例，在缓冲区甚至核心区内开展生态旅游活动。在已开展生态旅游的自然保护区中，有44%的保护区存在垃圾公害，12%出现水污染，11%有噪声污染，3%有空气污染，22%的自然保护区由于开展“生态旅游”而造成保护对象受到损害，11%出现旅游资源退化。

我们的生态旅游和生态保护面临着两个方面的严重挑战，一个是擅自扩大经营，对自然景观和生态带来严重影响和破坏；一是以经济建设的名义造成了对生态严重的影响乃至严重破坏。

综上所述，在生态旅游和文化保护工作中，存在的问题是一些地方政府没有予以高度重视，不懂或者不愿意弄明白生态旅游和文化保护的内容、责任，管理散、软、慢；有关立法和法律执行监督急需加强；信息不透明，应该给广大纳税人尤其是旅游者一个透明的监督说明；缺乏生态旅游的经营资格，低水平的管理使得管理气血不足；一些世界级、国家级的瑰宝，比如大运河，比如北京曹雪芹旧居，没有予以及时认证，丧失了全面保护的机会。

以上是本人作为运河人的一点点肤浅认识，希望各位同仁专家不吝赐教。

参考文献

[1] 俞孔坚，李迪华，李伟. 论大运河区域生态基础设施战略和实施途径 [J]. 地理科学进展，2004（1）.

附录

中国水利
文学艺术协会文件

水文协[2007]08号

关于第五次全国水文化论文征文评奖结果的通　知

部属各单位，各省、自治区、直辖市水利（水务）厅（局），计划单列市水利（水务）局文协：

为贯彻落实科学发展观，全面推进水资源的可持续利用，统筹人与自然和谐发展，深入研究探讨“人水和谐”的治水观念，由北京市水务局承办，于2007年6月13~15日在北京召开了中国水利文协第五次全国水文化研讨会，此次会议共收到全国25个单位98名作者86篇应征论文（其中5篇典型发言不参加评奖）。经有关专家认真评审，评出一等奖2名，二等奖4名，三等奖8名，优秀奖14名；同时评出组织奖8个。现将评奖结果通知如下：

一等奖（2篇）

《文化视野里的中国水资源问题》

水利部　刘宁

《“利水水利”——水利发展高级阶段的理性思维模式》

江苏省泰州市水利局　董文虎

二等奖（4篇）

《珍水万世焉——千古传承的都江堰可持续发展之道》

四川省都江堰管理局　吴萌春

《“亲水”休闲与水文化》

湖北省南水北调工程管理局　李文芳

《从传播学的角度看水文化的大众传播》

北京市水务局　姚羽中

《保护、传承绍兴水文化的认识和实践》

浙江省绍兴市水利局　邱志荣

三等奖（8篇）

《都江堰的人文水利》

四川省都江堰东风渠管理处　何三怡　刘冠美

《与水为善　永续利用》

山西河津水事文化研究会　张俊祥

《哈尼梯田水文化及其保护初步研究》

云南农业大学水资源与节水灌溉重点实验室　王龙　王琳　杨保华　李靖

《挖掘泉文化内涵　提升泉城旅游业层次》

中国水利学会　于飞　李贵宝　张文雷　傅桦

《水文化与河流健康探讨》

黄委黄河小北干流陕西河务局　薛选世

《水的伦理与水的品德》

世界水文化研究会　李复兴

《取文化之精华　创盛事之伟业》

黑龙江省水利厅普阳农场水务局　刘继光

《浅谈人水和谐中的美学因素》

北京市水务局　富萌

优秀奖（14篇）

《从儒家哲学思想看“人与自然”关系》

江苏省水利厅信息中心　史新明

《水利院校要重视水文化教育与研究》

安徽水利水电职业技术学院　金绍兵　张焱

《北京，建设中的人水和谐生态城市》

北京市水务局　杨金华

《人类文明需要人水和谐》

四川省都江堰人民渠第一管理处　朱蕾

《发展浙江水文化的策略研究》

中国水利博物馆筹建处　张志荣

《人水和谐是可持续发展水利的核心理念》

江苏省水利厅　王羊宝　王铭

《论水生态、水文化与水管理》

山东省诸城市水利水产局　孙友　周德宝

《云南少数民族水文化及其现实意义》

云南省水利水电学校　耿鸿江

《洪湖农村水环境现状、问题、成因与对策》

湖北省洪湖市水利局　王炎阶　陆剑

《论和谐水电企业的文化建设》

湖南省南津渡水电站　周作斌

《解读渭河文化与现代文明的碰撞和融合》

甘肃省陇西县文峰中学　董新民

《人水和谐在水务活动与水文化的交融中升华》

松辽委水文局信息二科　相玉梅

《城中水　水中城　英雄城南昌着力打造秀水之城》

江西省赣州市水文局　刘英标

《重视城市“运河文化生态”　构建“运河生态旅游”保护体系》

海委漳卫南运河聊城河务局　郭爱民

组织奖

江苏省水利厅文协

北京市水务局文协

四川省水利厅文协

江西省水利厅文协

湖北省水利厅文协

黑龙江省水利厅文协

湖南省水利厅文协

浙江省水利厅文协

颁发奖状、奖牌，以资鼓励。

二〇〇七年六月十五日

主题词：　论文　评奖结果　通知

报送：部领导、机关司局、机关党委、政研会、综合事业局